国家出版基金项目
NATIONAL PUBLICATION FOUNDATION

金星科学探索

魏 勇 耿 言 张荣桥 等 编著

中国宇航出版社
·北京·

图书在版编目（ＣＩＰ）数据

金星科学探索 / 魏勇等编著 . －－ 北京：中国宇航
出版社，2024.3

ISBN 978－7－5159－2245－4

Ⅰ.①金… Ⅱ.①魏… Ⅲ.①金星－研究 Ⅳ.
①P185.2

中国国家版本馆 CIP 数据核字(2023)第 151671 号

责任编辑　张丹丹　　封面设计　王晓武

出版发行	中国宇航出版社
社 址 北京市阜成路 8 号　**邮 编** 100830	**版 次** 2024 年 3 月第 1 版
(010)68768548	2024 年 3 月第 1 次印刷
网 址 www.caphbook.com	**规 格** 787×1092
经 销 新华书店	**开 本** 1/16
发行部 (010)68767386　　(010)68371900	**印 张** 15.5　**彩 插** 14 面
(010)68767382　　(010)88100613 (传真)	**字 数** 399 千字
零售店 读者服务部　(010)68371105	**书 号** ISBN 978－7－5159－2245－4
承 印 北京中科印刷有限公司	**定 价** 108.00 元

本书如有印装质量问题，可与发行部联系调换

航天科技图书出版基金简介

航天科技图书出版基金是由中国航天科技集团公司于 2007 年设立的，旨在鼓励航天科技人员著书立说，不断积累和传承航天科技知识，为航天事业提供知识储备和技术支持，繁荣航天科技图书出版工作，促进航天事业又好又快地发展。基金资助项目由航天科技图书出版基金评审委员会审定，由中国宇航出版社出版。

申请出版基金资助的项目包括航天基础理论著作，航天工程技术著作，航天科技工具书，航天型号管理经验与管理思想集萃，世界航天各学科前沿技术发展译著以及有代表性的科研生产、经营管理译著，向社会公众普及航天知识、宣传航天文化的优秀读物等。出版基金每年评审 1～2 次，资助 20～30 项。

欢迎广大作者积极申请航天科技图书出版基金。可以登录中国航天科技国际交流中心网站，点击"通知公告"专栏查询详情并下载基金申请表；也可以通过电话、信函索取申报指南和基金申请表。

网址：http：//www.ccastic.spacechina.com

电话：(010) 68767205，68767805

《金星科学探索》编写组成员

（按姓氏笔画排序）

马毅臻	王　燕	申建勋	任志鹏	刘建军
李　杨	李　星	李佳威	肖智勇	张广良
张立华	张志刚	张荣桥	张晓静	林　巍
林玉峰	尚海滨	周继时	秦　琳	耿　言
顾　浩	柴立晖	徐长仪	崔　峻	鄢建国
魏　勇				

前　言

航天科技的发展，为人类探索太空提供了新手段和新视角。太空探索的一系列新发现，深刻改变了人类对宇宙的认知。我国以火星探测为起点，开启了中国人的行星探测之路，对星辰大海的探索不会止步。

在民用航天十四五"金星/水星探测顶层设计与关键技术研究"项目资助下，我们组织国内相关领域和学科的专家，以水星、金星为研究对象，面向重大科学问题，开展了广泛调研、系统整理、深入分析等工作，梳理了人类对水星和金星研究取得的成果，同时在现有认知基础上，探讨提出了水星和金星未来探测中的前沿科学问题、重点研究方向。

本书共8章。第1章基本物理量和轨道运动，简要描述了金星基本物理参数、运动特征，及其临近小天体基本参数。第2章空间环境，系统整理了常见金星空间环境探测手段、探测历史，描述了金星的行星际环境及弓激波、感应磁层、电离层的空间结构。第3章大气环境，描述了金星大气成分和特性、结构、运动、电场、典型现象和科学载荷及探测目标。第4章热环境，介绍了金星大气热环境、表面热环境。第5章地质学特征，描述了金星地质年代演化、表面物质组成、地形地貌和地质作用过程、表面物理特性。第6章重力场与分层结构，介绍了金星重力场模型构建方法、重力场与内部结构。第7章内部结构与动力学，介绍了金星内部结构和成分、金星内部动力学。第8章生命信号的探测，介绍了金星环境演化、早期金星的宜居环境、现存金星生命的可能性和信号探测，对表面与内部、云层与大气、实验室与数值模拟分析等内容进行介绍与展望。每一章结尾提出了前沿科学问题及未来研究方向。

希望本书能为从事行星探测事业的科学家和工程技术人员提供有益参考，为日后持之以恒地寻微探深带来一些启发。基于有限的认识，书中难免会有错误和疏漏，恳请读者和专家批评指正。

在编写本书过程中，得到高艾、戎昭金、李陶、黄金水、张子占、赵宇鴳等专家的指导和帮助，在此表示诚挚谢意！

目　录

第 1 章　基本物理量和轨道运动

掌握行星的基本物理量和轨道运动情况是开展行星探测的基本前提，时间系统和坐标系统是描述天体及航天器运动的基础。本章首先对金星的基本物理参数、轨道运动参数及其岁差与章动特性进行了详细介绍，然后介绍了几种常用的时间系统、坐标系统及其转换关系，最后根据小天体数据库的信息统计了金星的临近小天体，为金星科学探索活动提供信息支撑。

1.1　基本物理参数

金星是八大行星中距离太阳第二近的行星，在金星和太阳之间只有一颗行星，即水星。金星没有卫星，它的基本参数见表 1-1。

表 1-1　金星的基本物理参数及其与地球基本物理参数的比较

基本参数	金星	地球
近日距	0.718 440 AU	0.983 AU
远日距	0.728 213 AU	1.017 AU
轨道半长轴	0.723 327 AU	1 AU
公转周期	224.701 地球日	365.26 地球日
自转周期	−243.018 5 日（逆行）	0.997 3 日
自转轴倾角	2.64°	23.44°
平均轨道速度	35.02 km/s	29.783 km/s
轨道偏心率	0.006 7	0.017
轨道倾角	3.394 58°（以黄道为基准）	0°
赤道半径	6 051.8 km	6 378 km
扁率	0	0.003 35
质量	$4.867\ 6\times10^{24}$ kg	5.98×10^{24} kg
与地球的质量比	0.815	1
与地球的体积比	0.857	1
平均密度	5.243 g/cm³	5.5 g/cm³
重力加速度	8.87 m/s²	9.75 m/s²
逃逸速度	10.36 km/s	11.2 km/s
太阳辐射度	2 601.3 W/m²	1 361.0 W/m²

续表

基本参数	金星	地球
反照率	0.689(几何)	0.434(几何)
	0.77(球面)	0.306(球面)
平均温度	464 ℃	15 ℃
磁场强度	微弱	0.24～0.66 Gs(表面)
天然卫星数	0	1

1.2　轨道运动

将金星看作全部质量集中在质心的质点，将金星的轨道运动看作质点围绕太阳做的平面椭圆轨道运动。

1.2.1　金星的轨道特性

金星的轨道特性见表 1-2。

表 1-2　金星的轨道特性

特性	参数
远日距	108 939 000 km (0.728 213 AU)
近日距	107 477 000 km(0.718 440 AU)
半长轴	108 208 000 km(0.723 327 AU)
偏心率	0.006 7
轨道周期	224.701 日(0.615 198 年,1.92 金星太阳日)
会合周期	583.92 天
平均轨道速度	35.02 km/s
平近点角	50.115°
轨道倾角	3.394 58°(以黄道为基准)
	3.86°(以太阳赤道为基准)
	2.19°(以不变平面为基准)
升交点黄经	76.678°
近心点幅角	55.186°
已知卫星	无

金星是太阳系中从太阳向外排列的第二颗行星，以平均距离 0.72 AU（即 108 000 000 km）的轨道绕着太阳公转，完成一圈的时间大约是 224.701 地球日。虽然所有行星的轨道都是椭圆形，但是金星的轨道偏心率非常小，为 0.006 7，最接近圆形。金星位于地球和太阳的连线之间时，称为下合（内合）。这时它是所有行星中最靠近地球的，距离约为 4 100 万 km。它与地球的平均会合周期约为 584 天。由于地球的轨道偏心率衰

减，金星与地球的最小距离将在数万年内变得更大。

1.2.2　金星的自转

从地球的北极方向观察，太阳系所有的行星都以逆时针方向在轨道上运行。大多数行星的自转方向也是逆时针的（称为顺行自转），但是金星的自转方向是顺时针的（称为逆行自转）。金星的自转速度是所有行星中最慢的，需要 243 地球日才能完成一圈自转。由于它的自转如此缓慢，所以它的形状非常接近球体。金星的恒星日比金星的一年长。金星赤道的线速度为 6.5 km/h，而地球的则接近 1 670 km/h。因为金星是逆行自转，一个太阳日的长度明显短于恒星日，仅为 116.75 地球日。一个金星年的长度是金星日（太阳日）的 1.92 倍。金星上的观测者会看见太阳从西边升起、从东边落下，但实际上由于不透明云层的存在，在金星表面是看不见太阳的。

1.2.3　金星凌日

由于金星是位于地球绕日公转轨道以内的"地内行星"，因此当金星运行到太阳和地球之间时，可以看到太阳表面有一个小黑点慢慢穿过，这种天象称为"金星凌日"。天文学中，往往把相隔时间最短的两次"金星凌日"现象分为一组。这种现象的出现规律通常是 8 年、121.5 年、8 年、105.5 年，如此循环。最近一组金星凌日的时间为 2004 年 6 月 8 日和 2012 年 6 月 6 日。这主要是由于金星围绕太阳运转 13 圈后，正好与围绕太阳运转 8 圈的地球再次互相靠近，并处于地球与太阳之间，这段时间相当于地球上的 8 年。

1.3　岁差与章动

行星极的空间运动直接依赖于行星的岁差和章动。行星的岁差和章动一方面可用理论去模拟，另一方面则需要由空间探测获得的观测资料来分析。对行星极运动的观测值与理论值进行比较是检验行星动力学模型的重要手段，也是为改进行星的岁差和章动理论提供依据的有效途径。

某一行星的岁差通常由"日月"岁差和行星岁差两部分组成。一般情况下，"日月"岁差是由太阳、行星的卫星对行星椭球的引力作用引起的，可通过基于地面或空间探测器的观测求得；而行星岁差则是由太阳系其他行星对该行星公转运动的摄动引起的。与地球岁差不同的是，金星没有卫星，即"日月"岁差仅由太阳引起。

在对行星运动方程进行求解后，通常可以得到对应长期运动的项和对应周期运动的项，前者即传统意义上的岁差，后者即章动。

由于测量数据尚不充分，根据不同理论分析得到的岁差和章动相关数据有较大差异。根据文献（L., et al., 2009），金星的岁差速率为 (4 474.35±66.5)″/Jcy，周期为 (28 965.10±437) 年，最大章动系数对应振幅为 2.19″，周期为 112.35 天。

1.4　时间系统

在广义相对论框架下，参考系表示为四维时空。在以不同参考系对空间进行描述时，相应的时间变量由于局部引力场的不同也会产生差异。在处理任何动力学问题时，都需要有一个准确的时间系统来对所研究的动力学过程进行描述。

时间系统规定了时间测量的参考标准，包括时刻的参考标准和时间间隔的尺度标准。时间系统也称为时间基准或时间标准。频率基准规定了"秒长"的尺度，任何一种时间基准都必须建立在某个频率基准的基础上，因此，时间基准又称为时间频率基准。时间系统框架是在某一区域或全球范围内，通过守时、授时和时间频率测量技术，实现和维持统一的时间系统。

现行常用时间系统的定义及各时间系统之间的相互转换关系如下：

（1）动力学时

在太阳系内，最重要的惯性参考系有两个：一个参考系的原点在太阳系质心，相对于遥远类星体定向，叫作太阳系质心参考系，通常称为质心天球参考系 BCRS（Barycentric Celestial Reference System），所有太阳系天体的运动都与它相联系；另一个参考系的原点在地球质心，叫作地心参考系，通常称为地心天球参考系 GCRS（Geocentric Celestial Reference System），包括地面观测者在内所有地球物体的运动都与它相联系。在上述两个参考系中，用作历表和动力学方程的时间变量基准分别是质心动力学时 TDB（Barycentric Dynamical Time）和地球动力学时 TDT（Terrestrial Dynamical Time），1991 年后改名为地球时 TT（Terrestrial Time）。两种动力学时的差值 TDB－TT 是由相对论效应引起的，它们之间的转换关系由引力理论确定。对实际应用而言，2000 年国际天文学联合会（IAU）决议给出了两者之间的转换公式

$$\text{TDB} = \text{TT} + 0.001\ 657^{\text{s}}\sin g + 0.000\ 022^{\text{s}}\sin(L - L_{\text{J}})$$

式中，g 是地球绕日运行轨道的平近点角；$L - L_{\text{J}}$ 是太阳平黄经与木星平黄经之差，各由下式计算

$$\begin{cases} g = 357.53° + 0.985\ 002\ 8°t \\ L - L_{\text{J}} = 246.00° + 0.902\ 517\ 92°t \end{cases}$$

$$t = \text{JD}(t) - 2\ 451\ 545.0$$

这里的 JD(t) 是时刻 t 对应的儒略（Julian）日。上式的适用时段为 1980—2050 年，误差不超过 30 μs。在地面附近，如果精确到毫秒量级，则近似地有

$$\text{TDB} \approx \text{TT}$$

在动力学中常常会遇到历元的取法以及几种年的长度问题。一种是贝塞耳（Bessel）年，或称假年，其长度为平回归年的长度，即 365.242 198 8 平太阳日。常用的贝塞耳历元是指太阳平黄经等于 280°的时刻，例如 1950.0，并不是 1950 年 1 月 1 日 0 时，而是世界时 1949 年 12 月 31 日 22 h 09 min 42 s，相应的儒略日为 2 433 282.423 4。另一种是儒

略年，其长度为 365.25 平太阳日。儒略历元中一年的开始，例如 1950.0 即 1950 年 1 月 1 日 0 时。显然，使用儒略年较为方便。因此，从 1984 年起，贝塞耳年被儒略年代替。与上述两种年的长度对应的回归世纪和儒略世纪的长度分别为 36 524.22 平太阳日和 36 525 平太阳日。

为了使用方便并增加有效字长，常使用修正儒略日 MJD（Modified Julian Date）代替儒略日计时，修正儒略日定义为

$$MJD = JD - 2\ 400\ 000.5$$

例如 1950.0 对应的儒略日与修正儒略日分别为 JD2 433 282.5 与 MJD33 282.0。

（2）原子时

受相对论效应影响，动力学时难以精确测量，具体实现地球时 TT 的是原子时 TAI（法文 Temps Atomique International 缩写，Atomic Time）。用原子振荡周期作为计时标准的原子钟出现于 1949 年，1967 年第十三届国际度量衡会议规定铯 133 原子基态的两个超精细能级在零磁场下跃迁辐射振荡 9 192 631 770 周所持续的时间为一个国际制秒，作为计时的基本尺度，其零点为 1958 年 1 月 1 日世界时 0 时。从 1971 年起，原子时由设在法国巴黎的国际度量局根据遍布世界各地的 50 多个国家计时实验室的 200 多座原子钟的测量数据加权平均得到并发布，原子时和地球时只有原点之差，两者的换算关系为

$$TT = TAI + 32.184^s$$

原子时是当今最均匀的计时基准，其精度已接近 10^{-16} s，10 亿年内的误差不超过 1 s[①]。

（3）恒星时

在地球上研究各种天体与各类探测器的运动问题，既需要一个反映天体运动过程的均匀时间尺度，又需要一个反映地面观测站位置的测量时间系统，这个系统应能够反映地球自转的情况。采用原子时 TAI 作为计时基准前，地球自转曾长期作为这两种时间系统的统一基准。但由于地球自转的不均匀性和测量精度的不断提高，问题也愈发复杂化，既要有一个均匀时间基准，又要与地球自转相协调，还需要同天体的测量相联系。因此，除均匀的原子时 TAI 计时基准外，还需要一个与地球自转相关联的时间系统，以及两种时间系统之间的协调机制。

恒星时 ST（Sidereal Time）系统将春分点连续两次过中天的时间间隔称为一个恒星日，相应的恒星时 ST 就是春分点对应的时角，它的数值等于上中天恒星的赤经 α，即

$$S = \alpha$$

在由本初子午线定义的经度系统中，若上述恒星时为经度 λ 处的恒星时，则格林尼治恒星时可以通过如下方法计算

$$S_G = S - \lambda$$

恒星时由地球自转所确定，那么地球自转的不均匀性就可通过它与均匀时间尺度的差

别来测定。由于格林尼治恒星时有真恒星时 GST（Greenwich Sidereal Time）与平恒星时 GMST（Greenwich Mean Sidereal Time）之分，它们之间的转换关系为

$$\theta_{GST} = \theta_{GMST} + \Delta\Phi\cos\sigma$$

式中，θ_{GST} 为真恒星时 GST；θ_{GMST} 为平恒星时 GMST；$\Delta\Phi$ 为黄经章动角；σ 为真黄赤交角。

　　（4）世界时

　　世界时 UT（Universal Time）与恒星时类似，也是根据地球自转测定的时间，它以平太阳日为单位，1/86 400 平太阳日为秒长。根据天文观测直接测定的世界时，记为 UT0，它对应于瞬时极的子午圈。加上引起测站子午圈位置变化的地极移动的修正，就得到对应平均极的子午圈的世界时，记为 UT1，即

$$UT1 = UT0 + \Delta\lambda$$

式中，$\Delta\lambda$ 是极移改正量。

　　由于地球自转的不均匀性，UT1 并不是均匀的时间尺度。而地球自转不均匀性呈现三种特性：长期慢变化，每百年使日长增加 1.6 ms；周期变化，主要是季节变化，一年里日长约有 0.001 s 的变化，除此之外还有一些影响较小的周期变化；不规则变化。这三种变化不易修正，只有周年变化可用根据多年实测结果给出的经验公式进行改正，改正值记为 ΔT_s，由此引进世界时 UT2

$$UT2 = UT1 + \Delta T_s$$

　　相对而言，这是一个比较均匀的时间尺度，但它仍包含着地球自转的长期变化和不规则变化，特别是不规则变化，其物理机制尚不清楚，至今无法改正。

　　周期项 ΔT_s 的振幅并不大，而 UT1 又直接与地球瞬时位置相关联，因此，对于过去一般精度要求不太高的问题，就用 UT1 作为统一的时间系统。而对于高精度问题，即使 UT2 也不能满足，必须寻求更均匀的时间尺度，这正是引进原子时 TAI 作为计时基准的必要性。国际原子时 TAI 作为计时基准的起算点靠近 1958 年 1 月 1 日的 UT2 零时，有

$$(TAI - UT2)_{1958.0} = -0.003\ 9^s$$

　　因原子时 TAI 是在地心参考系中定义的具有国际单位制秒长的坐标时间基准，从 1984 年起，它就取代历书时 ET（Ephemeris Time）正式作为动力学中所要求的均匀时间尺度。由此引入地球时 TT 与原子时 TAI 的关系，它们之间的转化关系根据 1977 年 1 月 1 日 00 h 00 min 00 s（TAI）对应 TDT 为 1977 年 1.000 372 5 日而来，此起始历元的差别就是该时刻历书时与原子时的差别，这样定义起始历元就便于用地球时 TT 系统代替历书时 ET 系统。

　　（5）协调世界时

　　有了均匀的时间系统地球时 TT 与原子时 TAI，只能满足对精度日益增高的历书时的要求，也就是时间间隔对尺度的均匀要求，但它无法代替与地球自转相连的不均匀的时间系统，如世界时 UT。必须建立两种时间系统的协调机制，这就引进了协调世界时 UTC（Coordinated Universal Time）。尽管会带来一些麻烦，且国际上一直有各种争议，但至今仍无定论，结果仍是保留两种时间系统，各有各的用途。

在 1958 年 1 月 1 日世界时零时，上述两种时间系统 TAI 与 UT1 之差约为零

$$(UT1-TAI)_{1958.0} = +0.003\ 9^s$$

如果不加处理，由于地球自转长期变慢，这一差别将越来越大，会导致一些不便之处。针对这种现状，为了兼顾世界时时刻和原子时秒长两种需要，国际时间局引入第三种时间系统，即协调世界时 UTC。该时间系统仍旧是一种均匀时间系统，其秒长与原子时秒长一致，而在时刻上则要求尽量与世界时接近。从 1972 年起规定两者的差值保持在 $\pm 0.9^s$ 以内。为此，可能在每年的年中或年底对 UTC 做一整秒的调整，即拨慢 1 s，也叫闰秒，具体调整由国际时间局根据天文观测资料做出规定，可以在 EOP（Earth Orientation Data）数据中得到最新的相关调整信息。至今已调整 37 s，故有

$$TAI = UTC + 37^s$$

由 UTC 到 UT1 的换算过程需要先从 IERS 网站下载最新的 EOP 数据。对于过去距离现在超过一个月的时间，采用 B 报数据；对于其他时间，则采用 A 报数据。之后通过插值得到 ΔUT，然后按下式计算即可得到 UT1

$$UT1 = UTC + \Delta UT$$

通常给出的测量数据对应的时刻 t，如不加以说明，则均为协调世界时 UTC，这是国际惯例。

1.5　坐标系统

1.5.1　基准参考系

当前的观测数据，如太阳系行星历表等，都是在国际天球参考系（International Celestial Reference System，ICRS）中描述的，该参考系的坐标原点在太阳系质心，其坐标轴的指向由一组精确观测的河外射电源的坐标确定，称作国际天球参考架（ICRF），而具体实现方法是使其基本平面和基本方向尽可能靠近 J2000.0 平赤道面和平春分点。由河外射电源确定的 ICRS，坐标轴相对于空间固定，所以与太阳系动力学和地球的岁差、章动无关，也脱离了传统意义上的赤道、黄道和春分点，因此更接近惯性参考系。引入 ICRS 和河外射电源定义参考架之前，基本天文参考系是由动力学定义并考虑了恒星运动学修正的 FK5 动力学参考系，基于对亮星的观测和 IAU1976 天文常数系统，参考系的基本平面是 J2000.0 的平赤道面，X 轴指向 J2000.0 平春分点。很明显，这样定义的动力学参考系是与历元相关的。最新的动力学参考系的定义仍建立在 FK5 的基础上，相应的动力学参考系即 J2000.0 平赤道参考系，通常称其为 J2000.0 平赤道坐标系。考虑到参考系的延续性，ICRS 的坐标轴与 FK5 参考系在 J2000.0 历元需尽量地保持接近。ICRS 的基本平面由 VLBI 观测确定，它的极与动力学参考系的极之间的偏差大约为 20 毫角秒。ICRS 的参考系零点的选择也是任意的，为了实现 ICRS 和 FK5 的连接，选择 23 颗射电源的平均赤经零点作为 ICRS 的零点。ICRS 和 FK5 动力学参考系的关系由三个参数决定，分别是天极的偏差 ξ_0 和 η_0，以及经度零点差 $d\alpha_0$。它们的值分别为

$$\begin{cases} \xi_0 = -0.016\ 617'' \pm 0.000\ 010'' \\ \eta_0 = -0.006\ 819'' \pm 0.000\ 010'' \\ \mathrm{d}\alpha_0 = -0.014\ 6'' \pm 0.000\ 5'' \end{cases}$$

于是 ICRS 和 J2000.0 平赤道坐标系的关系可以写为

$$\begin{cases} \vec{r}_{\mathrm{J2000.0}} = B\vec{r}_{\mathrm{ICRS}} \\ \boldsymbol{B} = R_x(-\eta_0)\,R_y(\xi_0)\,R_z(\mathrm{d}\alpha_0) \end{cases}$$

式中，$\vec{r}_{\mathrm{J2000.0}}$ 和 $\vec{r}_{\mathrm{ICRS}}$ 是同一个矢量在不同参考系中的表示；常数矩阵 $\boldsymbol{B}$ 称为参考架偏差矩阵，由三个小角度旋转组成。

J2000.0 平赤道坐标系是普遍采用的一种地心天球参考系（GCRS），如无特殊要求，上述参考架偏差就不再提及。但在高精度动力学问题中需要详细考虑上述转换关系。

1.5.2　地球坐标系

为了更清楚地刻画天球参考系与地球参考系之间的联系，首先明确中间赤道的概念。天轴是地球自转轴的延长线，交天球于天极。由于进动运动，地球自转轴在天球参考系（CRS）中的指向随时间而变化，具有瞬时的性质，从而天极和天赤道也具有同样的性质。为了区别，IAU2003 规范特称现在所说的这种具有瞬时性质的天极和天赤道为中间赤道和天球中间极（Celestial Intermediate Pole，CIP）。

为了在天球参考系中进行度量，需要在中间赤道上选取一个相对于天球参考系没有转动的点作为零点，称其为天球中间零点（Celestial Intermediate Origin，CIO）。同样地，为了在地球参考系中进行度量，需要在中间赤道上选取一个相对于地球参考系没有转动的点作为零点，称其为地球中间零点（Terrestrial Intermediate Origin，TIO）。CIO 是根据名为天球参考架的一组类星体选定的，接近国际天球参考系的赤经零点（春分点），TIO 则是根据名为地球参考架的一组地面测站选定的，接近国际地球参考系的零经度方向或本初子午线方向，又称为格林尼治方向。

在天球参考系中观察时，中间赤道与 CIO 固连，称为天球中间赤道，TIO 沿赤道逆时针方向运动，周期为 1 恒星日。反之，在地球参考系中观察时，中间赤道与 TIO 固连，称为地球中间赤道，CIO 以同样周期沿赤道顺时针方向运动。这两种观察所反映的都是地球绕轴自转的运动，CIO 和 TIO 之间的夹角是地球自转角度的度量，称为地球自转角（Earth Rotating Angle，ERA）。

通过 GCRS、CIO 与 ERA，可以定义常用的地心坐标系。

（1）地心天球坐标系

此坐标系实为历元（J2000.0）地心天球坐标系，即前面提到的 J2000.0 平赤道参考系，简称地心天球坐标系。其坐标原点 O 是地心，XY 坐标面是历元 J2000.0 时刻的平赤道面，X 轴指向该历元的平春分点，它是历元 J2000.0 的平赤道与该历元时刻的瞬时黄道的交点。这是一个消除了坐标轴因地球赤道面摆动引起转动的惯性坐标系，它可以将不同时刻运动天体轨道放在同一个坐标系中来表达，便于比较和体现天体轨道的实际变化，已是国内外习惯采用的空间坐标系。

（2）地固坐标系

地固坐标系即地球参考系（Terrestrial Reference System，TRS），是一个跟随地球自转一起旋转的空间参考系。在这个坐标系中，与地球固体表面连接的测站的位置坐标几乎不随时间改变，仅仅由于构造或潮汐变形等地球物理效应而有很小的变化。与 ICRS 要由 ICRF 具体实现一样，地球参考系也要由地球参考框架（TRF）实现。地球参考框架是一组在指定的附着于 TRS 中具有精密确定坐标的地面物理点。最早的地球参考框架是国际纬度局（International Latitude Service）根据 1900－1905 年的观测提出的国际习用原点 CIO 以及第三轴的指向，即地球平均地极指向。

在上述定义下，地固坐标系的原点 O 是地心，XY 坐标面接近 1900.0 平赤道面，X 轴指向接近参考平面与格林尼治子午面交线方向，即本初子午线方向，亦可称其为格林尼治子午线方向。各种地球引力场模型及其参考椭球体也都是在这种坐标系中确定的，它们应该是一个自治系统。目前所使用的地固坐标系通常符合 WGS 84（World Geodetic System）标准。对于该系统，有

$$GE = 398\ 600.441\ 8\ \text{km}^3/\text{s}^2$$

$$a_e = 6\ 837.137\ \text{km}, \quad \frac{1}{f} = -298.257\ 223\ 563$$

式中，GE 是地心引力常数；a_e 是参考椭球体的赤道半径；f 是该参考椭球体的几何扁率。在地固坐标系中，测站坐标矢量 $\vec{R}_e(H,\lambda,\varphi)$ 的三个直角坐标分量 X_e，Y_e，Z_e 与球坐标分量 (H,λ,φ) 之间的关系为

$$\begin{cases} X_e = (N+H)\cos\varphi\cos\lambda \\ Y_e = (N+H)\cos\varphi\sin\lambda \\ Z_e = [N(1-f)^2+H]\sin\varphi \end{cases}$$

式中

$$N = a_e[\cos^2\varphi + (1-f)^2\sin^2\varphi]^{-1/2}$$
$$= a_e[1-2f(1-f/2)\sin^2\varphi]^{-1/2}$$

球坐标的三个分量 (H,λ,φ) 分别为测站的大地高、大地经度和大地纬度（亦称测地纬度），有

$$\tan\lambda = Y_e/X_e, \quad \sin^2\varphi = Z_e/[N(1-f)^2+H]$$

（3）地心黄道坐标系

地心黄道坐标系的原点 O 是地心，XY 坐标面是历元 J2000.0 时刻的黄道面，X 轴方向与上述天球坐标系的指向一致，即该历元的平春分点方向。该坐标系和日心黄道坐标系是平移关系。

（4）地平坐标系

地平坐标系即站心地平坐标系，坐标原点为观测站中心，参考平面为过站心与地球参考球体相切的平面，即地平面，其主方向是地平面中朝北的方向，即天球上的北点方向，

该坐标系的 Z 轴方向即天球上的天顶方向。

　　若在地平、地心赤道和地心黄道坐标系中，将天体的坐标矢量各记为 $\vec{\rho}$，$\vec{r}$，$\vec{R}$，则相应轨道力学算法的球坐标分别为 ρ，A，h，r，α，δ 和 R，λ，β。式中，ρ，r，R 各为天体到坐标原点的距离；A 为地平经度，沿地平经圈上的北点向东点顺时针方向计量；α 为赤经，从春分点方向沿赤道向东计量；δ 是赤纬；λ 是黄经，从春分点方向 γ 沿黄道向东计量；β 是黄纬。在各自对应的直角坐标系中，有下列关系

$$\vec{\rho} = \rho \begin{bmatrix} \cosh \cos A \\ -\cosh \sin A \\ \sin h \end{bmatrix}, \quad \vec{r} = r \begin{bmatrix} \cos\delta \cos\alpha \\ -\cos\delta \sin\alpha \\ \sin\delta \end{bmatrix}, \quad \vec{R} = R \begin{bmatrix} \cos\beta \cos\lambda \\ -\cos\beta \sin\lambda \\ \sin\beta \end{bmatrix}$$

　　站心赤道坐标系和地心黄道坐标系中的位置矢量用 $\vec{r}'$ 和 $\vec{R}'$ 表示，相应的表达式各与 $\vec{r}$ 和 $\vec{R}$ 相同，只需将 r 改为 r'，R 改为 R'，α，δ 和 λ，β 应理解为站心赤道坐标和地心黄道坐标。

　　上述几种坐标系之间的转换关系是简单的，仅涉及平移和旋转，有

$$\vec{r}' = R_z(\pi - S) R_y\left(\frac{\pi}{2} - \varphi\right)\vec{\rho}$$

$$\vec{r} = \vec{r}' + \vec{r}_A$$

$$\vec{R}' = R_z(\varepsilon)\vec{r}$$

$$\vec{R} = \vec{R}' + \vec{R}_E$$

式中，$S = \alpha + t$ 是春分点的时角，即测站的地方恒星时；φ 是测站的天文纬度；$\vec{r}_A$ 是测站的地心坐标矢量；ε 是黄赤交角；$\vec{R}_E$ 是地心的日心坐标矢量。

　　上述坐标转换中涉及的旋转矩阵由下式表达

$$R_x(\theta) = \begin{bmatrix} 1 & 0 & 0 \\ 0 & \cos\theta & \sin\theta \\ 0 & -\sin\theta & \cos\theta \end{bmatrix}$$

$$R_y(\theta) = \begin{bmatrix} \cos\theta & 0 & -\sin\theta \\ 0 & 1 & 0 \\ \sin\theta & 0 & \cos\theta \end{bmatrix}$$

$$R_z(\theta) = \begin{bmatrix} \cos\theta & \sin\theta & 0 \\ -\sin\theta & \cos\theta & 0 \\ 0 & 0 & 1 \end{bmatrix}$$

　　由于测控和上注下传等需求，工程任务中还需要使用其他地球坐标系。表 1-3 给出了常用的地球坐标系。

表 1-3　各种地心坐标系的定义

坐标系名称	坐标原点	基本平面	X 轴
J2000.0 地心系	地球质心	J2000.0 地球平赤道面	J2000.0 平春分点
瞬时平赤道坐标系	地球质心	瞬时地球平赤道面	瞬时平春分点
瞬时真赤道坐标系	地球质心	瞬时地球真赤道面	瞬时真春分点
准地固坐标系	地球质心	瞬时地球真赤道面	格林尼治子午圈
地固坐标系	地球质心	与原点和 CIO 的连线垂直	格林尼治子午圈
地心黄道坐标系	地球质心	J2000.0 黄道面	J2000.0 平春分点
站心地平坐标系	测站中心	站心地平面	正北方向

1.5.3　金星坐标系

对于金星附近的工程任务，通常采用以金星为中心的坐标系进行描述，这里主要介绍金星赤道惯性坐标系和金星固连坐标系。

金星赤道惯性坐标系的原点位于金星质心，X 轴指向 ICRF 地球赤道面与金星赤道面的升交点，Z 轴为金星自转轴，Y 轴与 X 轴、Z 轴组成右手直角坐标系。

金星固连坐标系的原点位于金星质心，X 轴指向金星赤道面与金星本初子午线的交点，Z 轴为金星极轴，垂直于金星赤道面，Y 轴与 X 轴、Z 轴组成右手直角坐标系。该坐标系随金星的自转而转动。

国际天文学联合会使用行星自转轴指向的赤经与赤纬定义行星极轴；使用行星表面的特殊地标定义行星本初子午线。对于大多数可观测到的刚性表面的天体，经度系统是通过参考表面特征（如火山口）来定义的。文献（Archinal，2018）给出了关于国际天球参考架（ICRF）的旋转参数的近似表达式。

北极是位于太阳系固定平面北侧的旋转极点。它的方向由赤经 α_0 和赤纬 δ_0 的值决定。天体赤道在 ICRF 赤道上的两个节点位于 $\alpha_0 \pm 90°$。如图 1-1 所示，节点 Q 被定义在 $\alpha_0 + 90°$ 的位置。本初子午线与赤道的交点定义为 B。B 的位置由 W 的值来决定，其中 W 是从 Q 点到 B 点沿着天体赤道向东测量的角度值。行星赤道与天体赤道的夹角是 $90° - \delta_0$。只要行星均匀旋转，W 几乎随时间线性变化。由于行星或卫星的旋转轴的进动，参数 α_0、δ_0 和 W 可能随时间而变化。如果 W 随时间增加，则行星是正转（或前进）；如果 W 随时间减少，则旋转称为逆行。

角度 W 指定了本初子午线的星历位置，W_0 是 W 在 J2000.0 处的值（或者有时，如对于彗星，是在一些其他指定的历元处的值）。对于没有精确观测到固定表面特征的行星或卫星，W 的表达式定义了本初子午线，因此不需要进行修正。旋转速率可以通过一些其他的物理性质（例如，观察物体磁场的旋转）来重新定义。当本初子午线的位置由一个可观测的特征定义时，选择 W 的表达式使得星历表的位置尽可能地跟随该特征的运动。当完

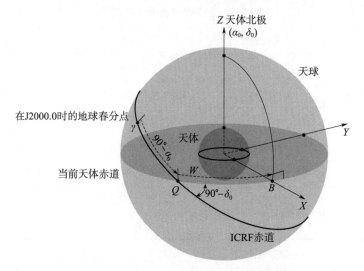

图 1-1　用于确定行星及其卫星方向的参考系

成更高精度的映射或得到 W 的新值时，必须保持定义特征的经度不变。金星的本初子午线定义为穿过 Ariadne 陨石坑中心峰的经线，其推荐值见表 1-4。

表 1-4　金星的本初子午线的推荐值

	本初子午线的推荐值
金星	$\alpha_0 = 272.67$ $\delta_0 = 67.16$ $W = 160.20 - 1.481\,368\,8d$

注：α_0、δ_0——历元 J2000.0 的 ICRF 赤道坐标。

不变平面的北极的近似坐标为 $\alpha_0 = 273.85°$，$\delta_0 = 66.99°$。

d——从标准历元开始的天数间隔。

标准历元为 JD 2 451 545.0，即 2000 年 1 月 1 日 12 小时 TDB。

1.5.4　星体坐标系

为了便于描述探测器围绕金星的运动，这里定义几个坐标原点在卫星上的星体坐标系。

1）卫星轨道坐标系：坐标原点为卫星质心，Z 轴由卫星质心指向地心，Y 轴指向轨道面的负法向，X 轴在轨道面内与 Z 轴垂直并指向卫星运动方向，X、Y、Z 轴构成右手系。

2）卫星惯性坐标系：坐标原点为卫星质心，坐标轴指向与地心赤道惯性坐标系保持平行。

3）地心-太阳坐标系：坐标原点为卫星质心，以卫星-地球-太阳平面为坐标平面，Z 轴在此平面内并指向地心，X 轴在此平面内与 Z 轴垂直并朝向太阳，Y 轴与 X、Z 轴满足右手正交关系且与太阳方向垂直。

4）太阳-黄道坐标系：坐标原点为卫星质心，以太阳黄道面为坐标平面，X 轴指向太阳中心，Z 轴指向黄极，Y 轴位于黄道平面且与 X、Z 轴满足右手正交关系。

5）卫星星箭对接坐标系：坐标原点为对接锥下法兰框上三个定位销钉所确定的理论圆心，X 轴过坐标原点，垂直于星箭分离面，沿卫星纵轴方向，指向三舱方向为正，Z 轴过坐标原点，位于星箭分离面内，指向对接面板方向为正，Y 轴位于星箭分离面内，与 X 、Z 轴构成右手系。

6）卫星质心坐标系：坐标原点为卫星质心，三轴平行于整星机械坐标系的对应轴。

1.6　临近小天体

临近小天体包括小行星、彗星、流星体等。根据国际天文学联合会运营的小天体数据中心网站[①]公布的轨道数据，截至 2022 年年底，有观测记录的小行星共有 123.3 万（1 232 961）颗，其中与金星轨道相交的有 5 804 颗。有观测记录的彗星共有 959 颗，其中与金星轨道相交的有 37 颗。

---

① https：//www.minorplanetcenter.net/data

参 考 文 献

［1］ Archinal B A，Acton C H，A'Hearn M F，et al. Report of the IAU Working Group on Cartographic Coordinates and Rotational Elements：2015 ［J］. Celestial Mechanics and Dynamical Astronomy，2018，130（3）：22. DOI：10. 1007/s10569 - 017 - 9805 - 5.

［2］ L Cottereau J，et al. Rotation of rigid Venus：a complete precession - nutation model ［J］. Astronomy & Astrophysics，2009，507（3）：1635 - 1648.

第 2 章　空间环境

2.1　引言

　　行星空间环境是指行星周围大气层以外的太空环境，主要包括行星周围的等离子体环境、电磁场环境和重力场环境等。行星空间环境是伴随着美苏太空探测诞生和发展起来的研究方向，主要通过人造卫星搭载各种粒子、电磁场、重力场探测器和光谱仪等进行原位和遥感探测来开展研究。行星空间环境的主要组成部分一般从内到外依次为：被太阳极紫外辐射电离的高层大气区域（称为电离层）、由磁场起主要控制作用的区域（称为磁层）、被弓激波压缩加热的太阳风区域（称为磁鞘），以及弓激波外的行星周围太阳风和太阳辐射环境（称为行星际空间）。不过，不同的星体，由于具有不同的内部磁场、大气、海洋和内核等条件，行星空间环境组成部分也各有不同。

　　金星空间环境被认为是造成金星失去水、失去宜居性、走上和地球不同的地质和内部演化途径的可能原因之一。金星空间环境主要由电离层、感应磁层、磁鞘和弓激波组成。其中，感应磁层是金星电离层和太阳风相互作用感应产生的。这与地球磁层是来自地球内部磁发电机产生的偶极磁场完全不同。相比于地球巨大的偶极磁层（半径约为 10 个地球半径），金星的感应磁层只比金星本身略大一点，而且金星感应磁层的磁场强度也远小于地球的偶极磁场。没有巨型偶极磁层的保护，高速的太阳风能直接与金星电离的大气发生相互作用。这种直接相互作用，可以使金星大气中的水以离子的形式从太阳风获得能量，然后向太空逃逸，由此剥蚀金星的大气和水。

　　金星空间环境一直是金星探测的重要组成部分，金星探测始于 20 世纪 60 年代。20 世纪 60～70 年代美国的"水手"（Mariner）系列 2 号、5 号和 10 号探测器对金星进行了飞掠探测，苏联的"金星"（Venera）系列 1～16 号探测器对金星进行了环绕和着陆探测。水手号和金星系列都对金星的空间环境进行了探测，初步确定了金星没有地球那样的明显偶极磁场。这一点很多科学家都出乎意料，这意味着金星内核演化和地球完全不同。同时，地球空间环境主要由来自地球内部的偶极磁场所控制，而金星空间环境主要由太阳风和金星电离层相互作用产生的感应磁场控制。1978 年发射的美国"先驱者金星"（Pioneer Venus Orbiter，PVO）1 号和 2 号，对金星空间环境的感应磁层和电离层进行了探测，对金星感应磁层的大小、形状和基本结构，以及金星电离层的强度、高度和输运等方面进行了研究。2006 年发射的欧洲"金星快车"（Venus Express），进一步对金星空间环境进行了探测，利用携带的磁场和离子探测器，对金星感应磁层三维结构、金星大气和海洋是否以离子形式从太空逃逸等问题进行了深入研究。2030 年左右，金星将迎来另一个探测高峰期，美国真理号（VERITAS）和达芬奇号（DAVINCI＋）将对金星的地质和大气等展开探测，欧洲远景号（EnVision）也将对金星板块、矿物和大气展开探测。其中，远景号也将继续对金星空间环境进行探测。另外，"帕克"太阳探测器（Parker Solar Probe）在2020—2024年间会7次飞掠金星，探测水星的贝皮·科伦坡号目前也已有两次飞掠金星的探测，这些飞掠也会为研究金星空间环境提供更多的探测机会。

无论过去还是将来，金星空间环境一直是金星探测的重点之一。过去多次的金星探测在金星空间环境方面积累了大量观测数据。这些观测数据，帮助我们了解到金星空间环境与地球的不同，并帮助我们建立了金星空间环境的基本结构，但由于过去探测手段、探测数据精度和轨道等的限制，也留下了众多未解之谜。

2.2　空间环境探测

2.2.1　探测意义

金星没有明显的偶极磁场，其空间环境主要由感应磁场控制。当携带行星际磁场的太阳风吹向金星时，会与金星电离层发生直接相互作用，在金星周围形成感应磁层（图2-1）。感应磁层与地球的偶极磁层不同。地球偶极磁层的磁场是由地球内部磁发电机产生的。地球偶极磁场会在其周围形成一个半径约为10个地球半径的巨大空腔，并将高速的太阳风等离子体挡在磁层外，使太阳风与地球电离的大气和水发生间接相互作用。而金星的感应磁层与金星本身尺度相近，而且感应磁层的磁场强度也远小于地球的偶极磁场。没有巨型偶极磁层的保护，高速太阳风与金星电离的大气和水发生直接相互作用。

按经典太阳系形成演化理论，太阳系中的行星都具有基本相同的演化起点。但是，今天我们看到金星和地球有着完全不同的演化结果。金星表面环境极其恶劣，表面温度高达460℃，表面大气压接近92个地球大气压。当前主流观点认为，金星失控的温室效应、没有板块运动和偶极磁场的缺失，都与金星缺少水有关，而金星的水的缺少又可能与金星空间环境有关。金星高层大气和电离层与超声速太阳风发生的直接相互作用，会剥蚀掉金星氧、氢等离子，最终会造成金星水逃逸到太空中，使金星失去了海洋和宜居环境（Barabash, et al., 2007b; Donahue, et al., 1982）。海洋的缺失，造成金星板块运动很难启动，并进一步导致金星恶劣的表面环境和偶极磁场的缺失（Lammer, et al., 2006; Hashimoto, et al., 2008; Smrekar, et al., 2014, p323）。

然而，现有数据和理论并不能证明金星水逃逸一定与空间环境有关。地球巨大的偶极磁层不一定能保护地球大气和水，而是在帮助地球的大气和水逃逸（Ramstad, et al., 2021）。地球巨大的偶极磁层，会造成地球与太阳风相互作用的截面更大，那么可以获得的太阳风能量就更多。如果这些能量转换为逃逸粒子的逃逸动能，就可能导致更多的地球粒子向太空逃逸。

由此可见，行星空间环境对行星水是保护还是促进逃逸，依旧没有确定的答案。要研究空间环境影响行星宜居性和内部演化的程度、具体的影响机制，需要有一对很好的对比

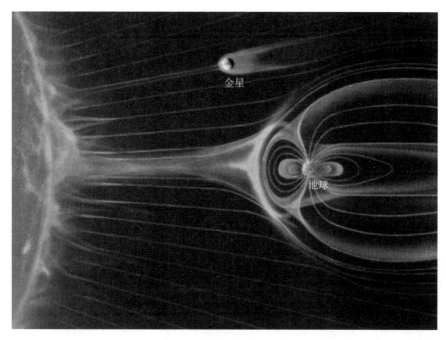

图 2-1　金星（上）与地球（下）空间环境的尺度对比。金星空间尺度半径约为 1～2 个金星半径，地球
空间尺度半径约为 10 个地球半径，两者的空间环境体积之比可达 1 000 倍

观测（图 2-2）。金星和地球，具有太阳系中最相近的质量、体积、离日距离，以及截然
不同的空间环境。因此，金星空间环境是研究行星空间环境影响行星宜居性和内部演化的
最佳观测实验室。

图 2-2　金星（左）和地球（右）空间环境的对比（NASA）。在地球上，是地球偶极磁场与太阳风
相互作用，并在地球周围形成了一个巨大的偶极磁层。在金星上，由于金星没有
偶极磁场，金星高层大气和电离层直接与太阳风发生相互作用

2.2.2　探测手段

空间环境主要包括等离子体环境、电磁场环境和太阳辐射环境。常见的探测手段对象包括金星周围空间的磁场矢量探测、太阳风电子和质子（e^-、H^+）的探测、金星电离层离子（O^+、O_2^+、CO_2^+ 等）和电子（e^-）的探测、金星高层大气中性气体（O、O_2、CO_2 等）的探测，以及金星附近的太阳极紫外辐射（EUV）强度等的探测。以下主要介绍常用的磁场探测、等离子体和粒子探测、电子探针、等离子体波动探测。

（1）磁场探测

尽管金星本身没有明显的偶极磁场，但太阳风中的行星际磁场通过与金星电离层的相互作用，可以在金星周围感应出磁场，形成感应磁层。感应磁层是金星空间环境的重要组成部分，对金星大气和离子逃逸有着至关重要的作用。因此，历次探测金星空间的计划都携带了磁强计，来探测金星周围的磁场结构（图 2-3）。

金星先驱者号（PVO）磁强计（PVO magnetometer，OMAG）是一种磁通门型磁强计，安装在一个 4.7 m 长的刚性升杆上。PVO 磁强计的测量范围为 ±128 nT，测量分辨率随磁场分量的大小而变化，对于 64 nT 或更强的磁场，分辨率为 ±1/2 nT；对于小于 16 nT 的磁场，分辨率为 ±1/16 nT。该磁强计每秒可完成多达 12 次的矢量测量，能够以高达 128 Hz 的频率对磁场进行测量，改进的分辨率和采样率将能够研究波或湍流等现象（Russell，et al.，1980）。但是由于升杆的长度有限，很难去除航天器产生的干扰磁场，这限制了磁场数据的某些应用。

金星快车（VEX）磁强计（MAG）由两个三轴磁通门磁强计组成。内侧磁强计安装在距卫星 10 cm 的位置，外侧磁强计安装在一个 1 m 伸杆的顶端。金星快车的磁强计具有一个较大的、动态的测量范围，从 ±32.8～±8 388.6 nT，对应的测量精度为 1～128 pT。外侧磁强计范围为 ±262 nT，内侧磁强计范围为 ±524 nT。在工作期间，为了抵消探测器的偏离磁场扰动，一个人为制造的 ±10 000 nT 的磁场可以分别应用到两个磁强计上。磁场测量仪的标准模式频率为 1 Hz。当探测器靠近星球近地点的前后 1 h，测量频率改为 32 Hz。另外，在探测器靠近星球近地点的前后 1 min，测量频率改为 128 Hz（Zhang，et al.，2006）。

（2）等离子体和粒子探测

金星空间环境最重要的研究热点就是金星大气离子怎么逃逸、逃逸量是多少。而这些逃逸离子需要经历被太阳风和磁场加速、加热的过程。研究这些过程，需要探测太阳风粒子（主要由电子和质子组成）的能谱，计算其密度、速度和温度，还需要探测金星大气和电离层中的中性和带电粒子（O^+、O^{2+}、CO^{2+} 等）的运动特征。因此，探测金星空间环境的计划都携带了粒子探测仪，来探测金星周围不同成分的等离子体分布（图 2-4）。

金星快车的等离子体和能量原子分析仪（Analyser of Space Plasmas and Energetic Atoms，ASPERA-4）由一个中性粒子成像仪（Neutral Particle Imager，NPI）、中性粒子探测器（Neutral Particle Detector，NPD）、电子能谱仪（Electron Spectrometer，ELS）

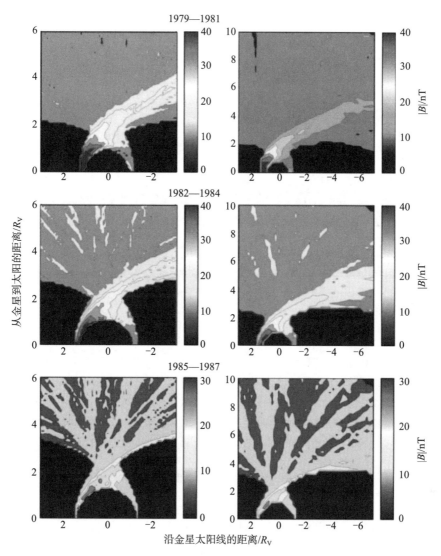

图 2-3　金星先驱者号（PVO）在金星周围观测到的磁场强度分布。从上到下观测周期分别为
1979—1981、1982—1984、1985—1987。由图可以看出，金星感应磁层的磁场强度随着太阳活动
从高年（上）到低年（下）逐渐变弱（Russell，et al.，2006）（见彩插）

和离子质谱仪（Ion Mass Analyser，IMA）组成。NPI 能够测量能量中性原子（Energetic
Neutral Atom，ENA）（0.1～60 keV）的积分通量，不区分质量和能量，但有高精度方位
角信息。NPD 能够测量能量中性原子的能量（0.1～10 keV）和质量（H 和 O），具有较
低的方位角分辨率。ELS 能探测能量在 0.01～15 keV 范围内的电子。IMA 能够测量在
0.01～36 keV/电荷能量范围内的主要离子成分 H$^+$、He^{2+}、He$^+$、O$^+$，以及荷质比在
20～80 的分子离子（Barabash，et al.，2007a），具体参数见表 2-1。

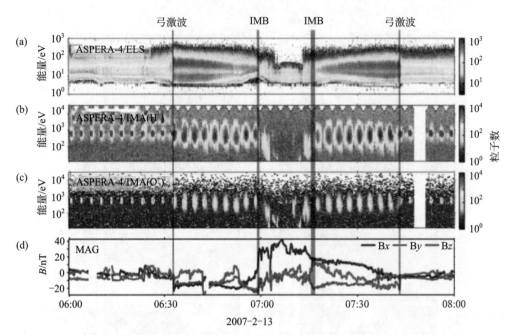

图 2-4　金星快车在 2007 年 2 月 13 日的轨道上观测到的典型粒子和磁场数据。分别为 ASPERA-4/ELS
观测到的电子能谱（a）、ASPERA-4/IMA 观测到的氢离子 H⁺ 能谱（b）和氧离子 O⁺ 能谱（c），
以及磁强计观测到的磁场（d）。可以看出，卫星在 6∶35 和 7∶45 左右穿入和穿出弓激波（Bow Shock），
弓激波以内能量电子的密度增加（a），同时质子温度升高（b）。卫星在 7∶00 和 7∶18 左右穿入和穿出
感应磁层边界（IMB），感应磁层边界以内可以看到金星氧离子（c），同时热电子急剧减少（a），
磁层强度增加（d）（Futaana，et al.，2017）（见彩插）

表 2-1　NPI、NPD、ELS 和 IMA 的观测参数（Barabash，et al.，2007a）

参数	NPI	NPD	ELS	IMA
被观测的粒子	ENA	ENA	Electrons	Ions
能量/(keV/电荷)	≈0.1～60	0.1～10	0.01～15	0.01～36
能量分辨率/⟨ΔE/E⟩	—	0.8	0.07	0.07
质量分辨率	—	H,O	—	$m/q=1、2、4、8、16、32、>40$
内禀视场	9°×344°	9°×180°	10°×360°	90°×360°
角度分辨率/(FWHM)	4.6°×11.5°	5°×30°	10°×22.5°	4.5°×22.5°
G 因子/[像素/(cm²·sr)]	2.7×10⁻³	6.2×10⁻³	7×10⁻⁵	3.5×10⁻⁴
有效率(%)	≈1	0.5～15	Incl. in G-factor	Incl. in G-factor
时间分辨率（全 3D）/s	32	32	32	196
质量/kg	0.7	0.65 each	0.3	2.4

（3）电子探针

与地球相比，金星具有更浓密的大气、更靠近太阳的位置，因此金星也和地球一样具有电离层。金星先驱者号的电子温度探针（Orbiter Electron Temperature Probe，OETP）

可以探测电离层电子的密度（图 2-5），其观测显示金星电离层的电子密度可以高达 $10^6/cm^3$，且金星电离层有明显的电离层顶（Ionopause）结构（Brace，et al.，1979）。

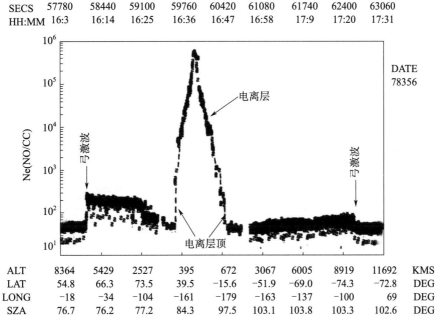

图 2-5　金星先驱者号观测到的金星电离层（Ionosphere）的电子密度（Ne）。
其中，金星弓激波和电离层顶都清晰可见（Brace，et al.，1979）

（4）等离子体波动探测

金星周围空间环境充满了各种等离子体电磁波动。这些波动对加速加热粒子、促进离子逃逸有重要作用。另外，苏联金星系列在金星大气观测到了大量闪电，这些金星闪电可能在电离层中引起磁场高频波动（Russell，1991）。先驱者号轨道器电场探测仪（Orbiter Electric Field Detector，OEFD）可以用于观测金星周围的波动（Strangeway，1991），给出金星闪电的波动证据（Strangeway，1995）。对金星周围频率在电子 Langmuir 振荡频率（30 kHz）和离子声波频率（5.4 Hz）附近的波动进行观测，发现 Langmuir 振荡主要在金星弓激波的电子前向激波附近（图 2-6 左上角图），离子声波主要在磁鞘附近（图 2-6 右上角图）（Strangeway，Crawford，1995；Crawford，et al.，1998；Russell et al.，2006）。

2.2.3　探测历史

金星探测始于 20 世纪 60 年代。在 20 世纪六七十年代美国的"水手"系列开始飞掠金星。苏联从 1961—1983 年间，发射了金星 1～16 号系列探测卫星，开展了大量的环绕和着陆探测，得到了金星大气和地质等方面的信息，并在 1984 年发射了在金星大气释放气球的"织女星号（Vega 1 和 Vega 2）"。美国 1978 年发射了金星先驱者号，1989 年发射了主要探测地形地貌的麦哲伦号。欧洲 2005 年发射了"金星快车"。日本 2010 年发射

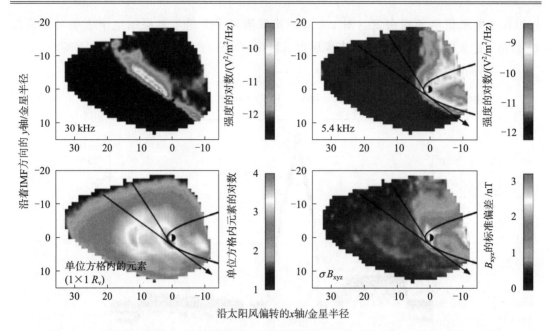

图 2-6　金星先驱者号在金星周围观测到的不同频率磁场扰动分布。左图为 30 kHz 磁场
扰动强度，右图为 5.4 kHz 磁场扰动强度（Russell，et al.，2006，PSS）（见彩插）

了主要探测金星大气的拂晓号，该卫星第一次入轨失利，最终于 6 年后进入了金星轨道（关于金星所有探测计划的详细信息，详见附录）。

早期关于金星空间环境的探测，主要集中在对金星偶极磁场的探测。随着人造卫星探测金星的距离越来越近，探测得出的金星偶极磁矩的上限也越来越小。金星先驱者号通过对金星夜侧磁场的近距离观测，给出了金星偶极磁场上限的最小值（Russell，et al.，1979a）。金星先驱者号（1978 — 1992 年）和金星快车（2006 — 2015 年）携带了大量探测金星空间环境的载荷，并都完成了长期的环绕探测。我们对金星空间环境的认识大多来自这两颗卫星的探测。

（1）水手系列

水手（Mariner）系列的 2 号、5 号和 10 号探测器对金星进行了飞掠探测。水手号对金星空间环境进行了探测，初步确定了金星没有地球那样明显的偶极磁场，更倾向于金星电离层与太阳风发生直接相互作用的结论。

人类首次飞掠金星是水手 2 号于 1962 年完成的，在距离金星 41 000 km（约为 6.6 个金星半径）的地方进行了观测，并未发现太阳风或行星际磁场有任何被扰动的信号（Neugebauer，et al.，1965）。相对地，地球在 10 个地球半径处就能观测到弓激波和偶极磁场。

水手 5 号探测器于 1967 年飞掠金星，离金星最近的距离是 3 990 km（约为 0.66 个金星半径）。水手 5 号探测器观测到了金星弓激波，发现它比地球弓激波小很多，但水手 5 号探测器还是没有观测到偶极磁场，也没有观测到类似地球辐射带的高能粒子，因此可以确定，金星偶极磁矩上限不到地球的 10^{-3}（Bridge，et al.，1967；Van Allen，et al.，

1967）。同时期，苏联的金星 4 号和金星 6 号进入了金星大气层（离金星表面约 25 km），也都没有观测到金星偶极磁场。

水手 10 号探测器于 1974 年飞掠金星，与金星最近的距离是 5 760 km（约为 0.95 个金星半径）。水手 10 号探测器观测到了金星的弓激波和磁尾，但还是无法确定金星是否有偶极磁场（Ness，et al.，1974）。

（2）苏联金星系列

苏联的"金星"系列 1～16 号探测器对金星进行了环绕和着陆探测，主要探测金星的大气和地质环境。

金星 4 号探测器于 1967 年成为人类首次进入金星大气层的人造卫星，在金星 25 km 高度处失去信号。金星 4 号探测器携带了磁强计，在金星 200 km 高度处的磁场观测显示金星磁矩低于地球的 1/10 000。金星 6 号探测器于 1969 年进入金星大气层，并传回了 51 min 的观测数据，它也没有观测到金星偶极磁场的证据（Ness，et al.，1974）。

金星 9 号和 10 号探测器于 1975 年成为苏联首批环绕金星的探测器。它们携带了电子、离子和磁场探测器，研究了弓激波、电离层顶、磁尾等离子体特征等（Gringauz，et al.，1976；Vaisberg，1976；Keldysh，1977；Verigin，et al.，1978）。

金星 13 号和 14 号探测器于 1981 年发射。它们携带了电子、离子和磁场探测器，以及伽马射线探测仪等，研究了太阳风与金星的相互作用。基于金星先驱者号和金星 13 号、14 号探测器的磁场观测（图 2-7 和图 2-8），确定了金星没有地球那样的偶极磁场，而是以感应磁层为主。感应磁层的磁尾主要由两个磁场方向相反的尾瓣（lobe）组成（Russell，et al.，1985）。

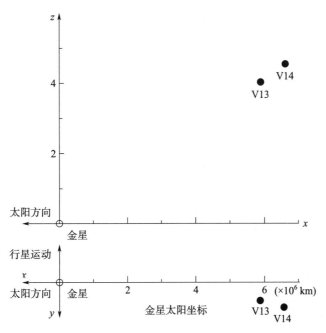

图 2-7　金星 13 号、14 号探测器 1982 年 2 月 11 日观测到最强磁场时的位置（Russell，et al.，1985）

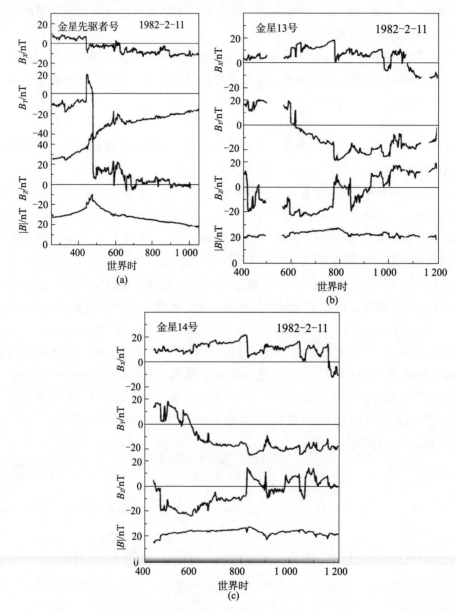

图 2-8　金星先驱者号（a）和金星 13 号（b）、14 号（c）1982 年 2 月 11 日在金星磁尾
观测到的磁场（Russell，et al.，1985）

（3）金星先驱者号

1978 年发射的美国"金星先驱者"1 号和 2 号，主要对金星空间环境的感应磁层和电离层进行了探测，对金星内部磁场，金星感应磁层的大小、形状和基本结构，以及金星电离层强度、高度和输运等方面进行了研究。

1）进一步降低了金星偶极矩的上限值：连续几颗人造卫星对金星的飞掠和环绕观测都显示金星没有明显的内禀磁场。先驱者号近距离观测了金星周围的磁场，如图 2-9 所示，当先驱者号靠近金星时，观测到的磁场强度并没有明显增强，磁场方向也主要与太阳风中的磁场方向相关，用这一观测计算得到的金星内禀磁场磁矩上限为10^{22} Gs/cm³，仅为地球偶极磁场的2‰（Russell，1979a）。

金星没有明显的偶极磁场，这一点出乎了很多科学家的意料，这意味着金核与地核内的磁发电机演化完全不同。关于金星为什么没有像地球一样具有明显的偶极磁场、金星过去和未来是否具有较强的偶极磁场，尚存在众多争议。有观点认为，金星在刚诞生的几亿年里，具有和地球相似的内禀偶极磁场，后来由于金星铁核固化导致磁发电机停止；也有观点认为，金星由于没有板块运动，内部热量通过低效的热传导形式向外传输（对应的地球是高效的热对流形式），导致金星的磁发电机无法启动（Smrekar，et al.，2018；Krymskii，et al.，1988）。无论原因是什么，现在的金星确实没有明显的偶极磁场。因此，在金星上与太阳风相互作用的是电离层和高层大气，而不是地球上那样的巨大的偶极磁层。这造成金星的空间环境与地球的空间环境截然不同。

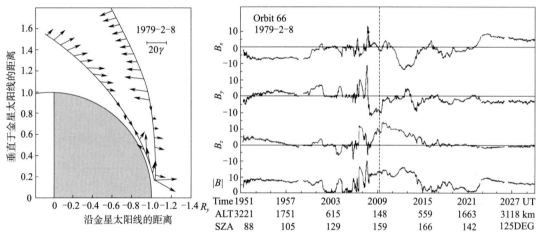

图 2-9　金星先驱者号对金星磁场的观测，显示金星上没有明显的偶极磁场

（Russell，et al.，1979a）

2）给出了金星感应磁层的三维结构：利用金星先驱者号对金星周围磁场的多年观测数据，统计出了金星周围的感应磁层结构和强度（Russell，et al.，1979b；Saunders，Russell，1986），如图 2-10 所示。同时，还就金星磁尾的磁场加速机制和动力学过程进行了大量研究。

3）发现了金星电离层内的小尺度磁通量绳结构：利用金星先驱者号在金星电离层内的磁场观测，发现金星电离层内存在大量小尺度磁通量绳结构。Russell 等人（1979）尝试给出了这些磁通量绳的形成机制（图 2-11）。然而该问题极为复杂，由于金星先驱者号缺少较好的等离子体观测仪，因此对金星电离层中小尺度磁场的起源，需要进一步探测。

（4）金星快车

2005 年发射的欧洲"金星快车"，进一步对金星空间环境进行了探测，利用其携带的

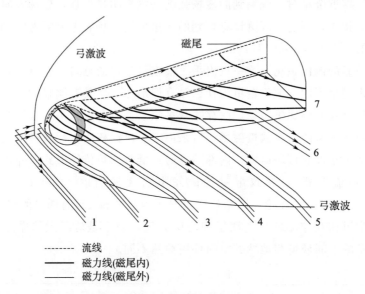

图 2-10　金星先驱者号观测得到的金星感应磁层三维结构（Saunders，Russell，1986）

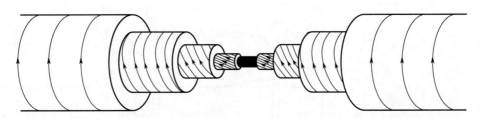

图 2-11　基于金星先驱者号在金星电离层中对小尺度磁场的观测，
建立的磁通量绳模型（Russell，et al.，1979）

磁场和离子探测器，对金星感应磁层三维结构、磁场重联、金星大气和海洋是否以离子逃逸形式从太空逃逸等问题进行了研究。

1）发现金星磁尾离子逃逸与水丢失有关：金星快车携带的等离子体观测仪（IMA）可以区分离子成分。Barabash 等人（2007a）发现在金星磁尾观测到 H^+ 和 O^+ 的通量比为 2∶1，这与水分子（H_2O）中的 H、O 含量比值一致，因此 Barabash 等人认为这是金星的水以离子形式逃逸的证据（图 2-12）。

2）在金星磁尾观测到了和地球磁尾类似的磁场重联现象：地球的磁尾由南北两极方向相反的两个磁场尾瓣（Magnetic Lobe）组成，在两个尾瓣中间经常会观测到磁场重联现象。金星没有地球那样的偶极磁场，但金星感应磁层的磁尾磁场方向也是相反的，这也可能会造成磁场重联现象。金星快车携带的磁强计和等离子体仪在金星磁尾观测到了等离子体团和类似磁场重联现象（图 2-13，Zhang，et al.，2012）。这对金星磁尾动力学和离子逃逸研究有重要意义。

3）研究了金星磁尾离子逃逸机制和逃逸率：金星快车携带的离子质谱仪（IMA）可

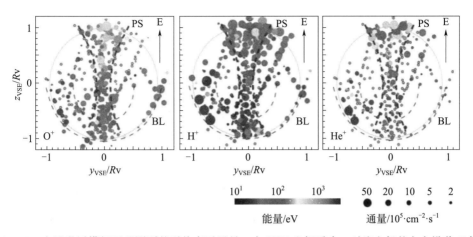

图 2 - 12　金星磁尾横切面观测到的平均离子通量，在 VSE 坐标系中，对流电场的方向沿着 Z 轴，
观测到的来自金星的出流离子种类从左至右分别为 O^+、H^+、He^+。圆点的
颜色代表了离子能量，圆点的大小代表了通量（Barabash，et al.，2007a）（见彩插）

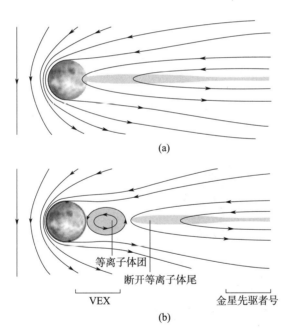

图 2 - 13　基于金星快车观测，发现的金星磁尾重联现象（Zhang，et al.，2012）

以测量离子密度和速度。基于对金星周围长期的等离子体观测，金星快车给出了金星离子
逃逸率约为 $10^{24}/s$（图 2 - 14）。基于金星快车的数据，对金星空间离子逃逸机制和逃逸率
以及空间结构都有了新的认识（图 2 - 15）（Futaana，et al.，2017）。

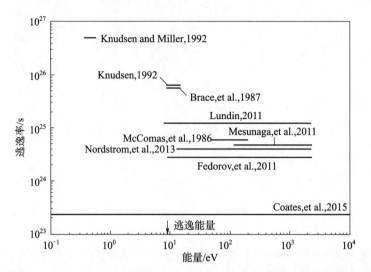

图 2-14　对金星离子总逃逸率的研究总结。由图看出，离子观测仪器的能段越低，观测分析得到的逃逸率越大。而金星快车 ASPERA-4 的大部分研究显示在太阳极小年金星上的离子逃逸率为 $(3\sim6)\times10^{24}/s$（Futaana，et al.，2017）

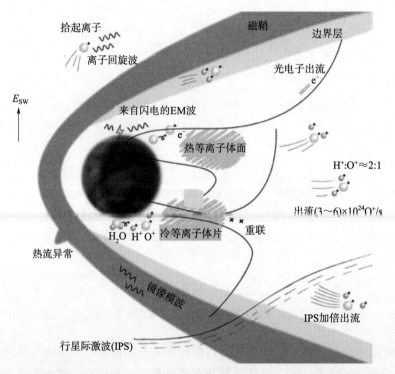

图 2-15　金星快车对金星周围磁场和等离子体观测的总结。其中，显示了感应磁层磁场结构（黑色曲线）、水（H_2O）被电离后的逃逸机制（改编自 Futaana，et al.，2017）

2.3 空间环境的重要组成部分

2.3.1 行星际环境

行星际空间环境的基本物理参数包括太阳风速度、密度、温度和行星际磁场的强度与方向等，以及衍生出来的关键物理参数，如太阳风动压、磁压、等离子体 β 值、阿尔芬/磁声马赫数等。这些物理参数随离日距离而变化，同时受太阳活动周的调制。

典型的太阳风参数离日距离变化如图 2-16 所示。太阳风密度和 IMF 强度随着日心距离的平方而减小。而太阳风速度随离日距离变化不明显，平均速度为 430 km/s，但是具有明显的即时变化性，峰值可以达到 800 km/s。表 2-2 给出类地行星轨道处典型行星际环境参数。

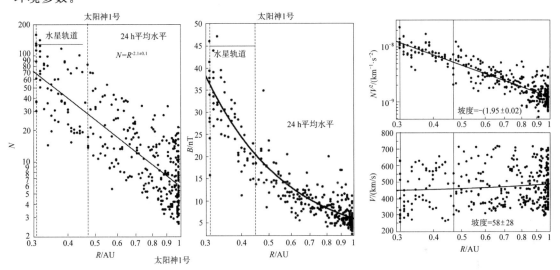

图 2-16 典型的太阳风参数离日距离变化。左：太阳风密度；中：行星际磁场强度；右：太阳风动量通量及速度。数据来源于太阳神 1 号探测器（Burlaga，2001）

表 2-2 所示为类地行星轨道处典型行星际环境参数（Slavin，Holzer，1981）。表中给出了水星、金星、地球和火星处的日星距离 R，太阳风速度 V_{sw}，太阳风质子密度 n_p，磁场强度 B，质子温度 T_p，电子温度 T_e，太阳风动压 P_{sw}，声波马赫数 M_s，阿尔芬马赫数 M_A，等离子体参数 β，$Q=M_A=\frac{1}{2}P_{sw}8\pi/B^2$，$\frac{c}{\omega_{pi}}=228/n^{1/2}$，以及行星际磁场螺旋角度。

表 2-2 类地行星轨道处典型行星际环境参数（Slavin，Holzer，1981）

行星	R/AU	V_{sw}/(km/s)	n_p/cm³	B/nT	T_p/10^4K	T_e/10^4K
水星	0.31	430	73	46	17	22
	0.47	430	32	21	13	19
金星	0.72	430	14	10	10	17

续表

行星	R/AU	$V_{SW}/(km/s)$	n_p/cm^3	B/nT	$T_p/10^4K$	$T_e/10^4K$
地球	1.00	430	7	6	8	15
火星	1.52	430	3.0	3.3	6.1	13
比例	—	R^0	R^{-2}	$R^{-1}(2R^{-2}+2)^{1/2}$	$R^{-2/3}$	$R^{-1/3}$

行星	R/AU	$P_{SW}/(10^{-8} dyne/cm^2)$	M_s	M_A	β	Q	$c/\omega_{pi}/km$	螺旋角/(°)
水星	0.31	26	5.5	3.9	0.5	15	27	17
	0.47	11	6.1	5.7	0.9	32	40	25
金星	0.72	5.0	6.6	7.9	1.4	62	61	36
地球	1.00	2.5	7.2	9.4	1.7	88	86	45
火星	1.52	1.1	7.9	11.1	2.0	120	130	57

2.3.2 空间结构

金星是离太阳第二远的行星，轨道位于 0.72AU 处。因此，很多随日心距离增加而平方衰减的参数，如太阳辐射、太阳风密度和行星际磁场等，其强度在金星处都是地球的 2 倍左右。正如观测数据所示，金星处行星际磁场强度（或太阳风驱动电场）平均约为 12 nT（Chai, et al., 2019），约是地球轨道的 2 倍（表 2-2）。另外，金星电离层也较强，这主要是由于金星离太阳近且与大气密度较高有关，因此金星电离层热压大多数情况下是可以抵御外界太阳风动压的，从而在大多数情况下是为磁化的电离层，即金星电离层内部磁场为零。

金星空间环境是指由太阳风与金星电离层相互作用形成的区域（图 2-17）。当超声速的太阳风（主要由氢离子 H^+、氦离子 He^{++} 和电子 e^- 组成）遇到金星电离层这一障碍物后，会在金星周围形成一个弓激波。弓激波以内是磁鞘（浅灰色区域），该区域主要是被压缩、加热的太阳风。再往内就是由太阳风中的行星际磁场（B_{IMF}）与电离层相互作用而感应产生的感应磁层（Induced Magnetosphere）（深灰色区域）。感应磁层的外边界称为感应磁层顶（Induced Magnetopause）。在感应磁层的磁尾部分，能观测到大量逃逸离子（Escaping Ions）。这些逃逸离子主要是 H^+、O^+ 和 He^+。统计观测显示磁尾是离子逃逸的主要通道。

（1）金星弓激波

金星弓激波（Planetary Bow Shocks）是超声速太阳风遇到行星磁层或电离层等障碍物后在金星前方形成的驻激波。太阳风经过金星弓激波，在弓激波短短几个质子回旋半径内（Sonett, Abrams, 1963；Ness, et al., 1964），从超声速（400～750 km/s）急剧下降，将巨量的动能快速转化为热能，使弓激波后太阳风温度突然升高。金星弓激波代表了金星空间环境的最外层边界，是金星与太阳风发生相互作用的第一站，它能够通过压缩和偏转太阳风，对金星的磁层或电离层起到一定的保护作用。金星弓激波的大小和位形，受

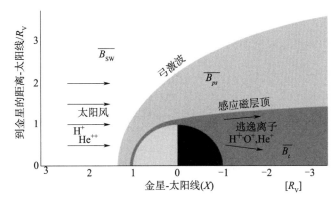

图 2-17　金星空间环境，主要由金星周围太阳风、金星弓激波、
感应磁层顶组成。其中，逃逸离子主要分布在磁尾（Svedhem, et al., 2007）

到很多因素的控制，如行星际磁场强度和方向、太阳风速度、太阳风动压、太阳辐射和各种太阳风马赫数。从人类探测空间环境开始，金星弓激波就一直是空间物理的重点研究对象。它在太阳风向行星空间的能量传输、粒子的加热和加速、等离子体的异常传输过程等方面的研究中，都占有极其重要的地位。特别是，金星弓激波位形和其受控机制的研究，对了解整个行星空间环境与太阳风发生相互作用的方式和效率、行星空间环境内部磁层与电离层的结构和耦合，以及基本等离子体快速加热等物理过程，都有非常重要的意义。

金星弓激波（图 2-18）代表了弱磁行星与太阳风相互作用形成的弓激波类型，它与地球弓激波在大小、不对称性和对太阳风条件的响应方面都有很大不同（Zhang, et al., 2004；Balogh, Treumann, 2013）。金星体积基本与地球相同，但没有地球那样的内禀偶极磁场，这使金星电离层作为阻挡物直接与太阳风发生相互作用，并在电离层前形成弓激波（Russell, et al., 1988）。在地球上，地球巨大的磁层作为阻挡物与太阳风发生相互作用，形成地球弓激波。地球磁层的大小会随着太阳风动压的改变而变化，另外，行星际磁场还会与地球偶极磁场发生重联，进而剥蚀地球磁层顶，使其变小（Dmitriev, et al., 2004）。地球磁层大小的变化会传递到地球弓激波的大小变化中（胡友秋，等，2010），这使我们很难从地球弓激波大小变化中提取行星际磁场的影响。与地球磁层相比，金星电离层大小的变化幅度很小。卫星观测也已证实，金星弓激波大小不受太阳风动压的影响（Zhang, et al., 2004；Martinecz, et al., 2009），而且金星内禀磁场的缺失也排除了日侧磁场重联的干扰。由于电离层高度主要与太阳 EUV 辐射通量有关，所以金星弓激波大小与太阳极紫外辐射非常相关（Russell, et al., 1988）。而太阳活动较稳定的时期，金星电离层可近似看作一个大小恒定的障碍物，此时金星弓激波的位置变化主要由太阳风和行星际磁场控制，这为研究行星际磁场控制行星弓激波位形的物理机制提供了一个更理想的天然实验室（Chai, et al., 2014）。如表 2-3 所示，在太阳 EUV 辐射变化很小，且时间较长的太阳极小年（2006—2010 年），金星弓激波大小与太阳风各种参数、行星际磁场、太阳 EUV 辐射存在相关性。

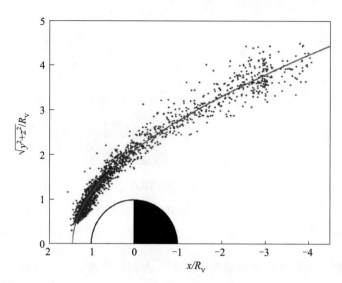

图 2-18 金星弓激波位置 (Chai, et al., 2014)。圆点是金星快车穿越金星弓激波的位置点，曲线是
拟合得出的金星弓激波位形

表 2-3 金星弓激波大小与参量 x 的线性拟合统计结果。参量从上至下分别为
太阳 EUV 辐射、太阳风动压、太阳风速度、行星际磁场强度、行星际磁场的径向和横向分量，
以及行星际磁场与弓激波法向之间角度的线性拟合结果

x	p	r^2	c	Δc	k	Δk
EUV/(10^{10}光子数/cm^2/s)	0.007	0.45%	2.000	0.057	0.045	0.028
P_{dyn}/nPa	0.339	0.07%	2.092	0.011	0.003	0.005
V_{sw}/(km/s)	0.192	0.13%	2.073	0.031	0.000	0.000
$\|B\|$/nT	0.000	10.22%	1.968	0.016	0.018	0.002
$\|B_{tang}\|$/nT	0.000	20.89%	1.962	0.018	0.024	0.003
$\|B_{norm}\|$/nT	0.646	0.02%	2.109	0.016	−0.001	0.004
θ_{Bn}	0.000	8.40%	1.966	0.027	0.137	0.025
θ_{Bn}(0 nT$\leqslant\|B\|<$ 6nT)	0.000	5.86%	1.959	0.034	0.086	0.032
θ_{Bn}(6 nT$<|B|<$9 nT)	0.000	10.14%	1.964	0.040	0.144	0.037
θ_{Bn}(9 nT$<|B|<$25 nT)	0.000	9.28%	2.006	0.075	0.178	0.068

　　由表 2-3 可以看出，金星弓激波不仅与行星际磁场强度有很好的相关性，而且与行
星际磁场的方向也相关。金星弓激波大小与行星际磁场的切向分量呈很好的相关性，这很
好地解释了在金星弓激波中发现的不对称性（图 2-19）和赤道-两极不对称性（图 2-
20）。金星上这种明显的不对称性，也在地球弓激波的位形中观测到了，虽然不如金星明
显（Peredo, et al., 1995）。由此可见，行星弓激波位形普遍存在相对于 IMF 方向的垂直
-平行不对称性。但是，人们对这种观测现象的形成机制还没有形成统一定论（Cloutier,
1976；Romanov, et al., 1978；Walters, 1964；Alexander, et al., 1985）。Russell 等人
（1988）提出快磁声波波速各向异性可能是造成金星弓激波不对称性的物理根源，但是他
们无法从观测上对该理论进行定量的验证。而 Chai 等人（2014）的观测研究表明，快磁

声波理论与观测到的弓激波不对称性的一些性质并不相符。这对研究磁场方向对弓激波大小的影响，以及磁场对平行和垂直弓激波的物理影响，都非常有帮助。

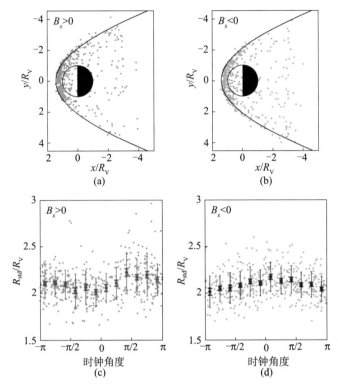

图 2-19　金星弓激波的晨昏不对称性。当行星际磁场方向指向 ($B_x > 0$) 或背向 ($B_x < 0$) 太阳时，金星弓激波呈现明显的晨昏不对称性

（2）金星感应磁层

金星不仅没有像地球一样的偶极磁场，也没有像火星那样的显著的岩石剩余磁场。因此，金星一直是研究太阳风与无磁有气星体（包括火星、土卫六、近日彗星等）作用过程的最佳天然实验室，金星感应磁层也是行星感应磁层的典型代表（Luhmann，1990；Luhmann，2004），如图 2-21 所示。由于金星电离层的高导电率对太阳风中的行星际磁场有屏蔽效应，人们经常将金星-太阳风相互作用过程，简化为一个金属导体球壳在环境磁场中的电磁感应效应，即当周围磁场变化时，导电的金属球壳会在其表面产生感应电流，而该感应电流产生的磁场与环境磁场相抵消，使类似良导体的电离层内磁场为零。

将金星电离层类比为良导体，这一简化模型能很好地解释在太阳活动极大年或太阳风动压较弱时金星电离层内无磁场的现象（图 2-22），即电离层处于"非磁化"状态。而在太阳极小年或太阳风动压较强时，由于电离层电子浓度偏低、电导率低，电离层电流无法完全屏蔽外界的行星际磁场，此时部分行星际磁场会穿透进入金星电离层内部，即电离层处于"磁化"状态（Luhmann，et al.，1980）。该电离层磁场的方向完全由外界行星际磁场方向确定。这些理论框架建立在美国金星先驱者号（1978—1992 年）的大量观测之上，

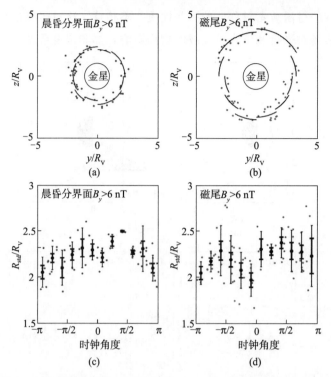

图 2-20　金星弓激波的赤道-两极不对称性。当行星际磁场方向切向分量（B_y）较强时，
金星弓激波呈现明显的赤道-两极不对称性，且该不对称性越靠近尾侧越明显

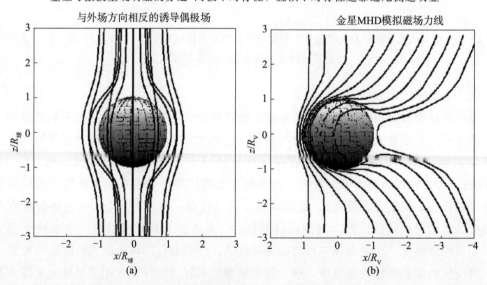

图 2-21　金星感应磁层形成示意图（Luhmann, et al., 2004）

并被学术界普遍接受。

　　金星感应磁层的磁场位形，可形象地用太阳风中的行星际磁场（IMF）像河流中的水草一样拖挂在金星电离层这个障碍物上来形容，进而形成拖拽磁场位形结构。这种结构在金星、火星和近日彗星上都有观测到。然而，当行星际磁场的发现与日星连线平行时，感

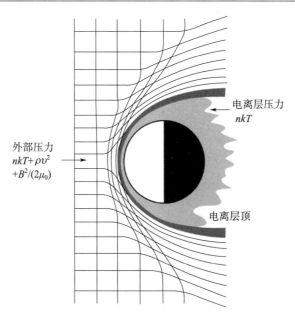

图 2-22 金星感应磁层与其上下边界层的压力平衡（改编自 Zhang 等人，1991）

应磁层又会是什么结构呢？当水草平行于水流的方向时，还能挂在石头上吗？Zhang 等人（2009）在金星快车的观测中找到了一个行星际磁场方向与日星连线平行的观测事例，他们发现，这时金星向阳面的感应磁层几近消失，如图 2-23（d）所示。

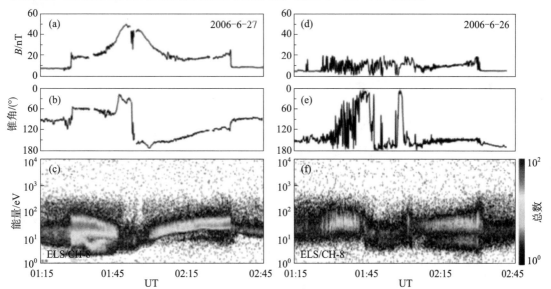

图 2-23 在行星际磁场垂直于日星连线时，金星感应磁层会呈现标准的拖拽结构 ［(a) ~ (c)］，
而当行星际磁场平行于日星连线时，金星感应磁层会"消失" ［(d) ~ (f)］
(Zhang, et al., 2009)（见彩插）

欧洲金星快车的近地点在金星北极，观测发现金星北极上空的金星电离层磁场方向经常指向晨侧方向，即金星北极上空的磁场方向具有偏向性，且该方向与行星际磁场方向不

相关。因此，金星北极上空的晨向反常磁场，无法用现有的太阳风-金星相互作用理论来解释。该现象一经发现就立刻在学术界引起了广泛兴趣，并产生了激烈的辩论。Zhang 等人（2012）认为这些磁场是巨大磁通量绳的部分结构，并猜测金星北半球可能存在剩余地壳磁场。Dubinin 等人（2013；2014）认为这种现象是由于金星电离层对流电场和极化电场的方向不同造成的。Villarreal 等人（2015）认为这些磁场是由向阳面延伸过来的磁场带（Magnetic Belt）形成的。

Chai 等人（2016）通过统计分析金星周围的磁场观测数据（图 2-24），发现金星上存在一个环绕着金星磁尾的全球性环形磁场（图 2-25 红色圆圈）。该环形磁场方向为逆时针（从行星后方望向太阳），它不随上游行星际磁场方向的变化而变化。进一步研究发现，火星、土卫六和近日彗星这些无磁有气星体周围，也存在环形磁场现象，即环形磁场是无磁有气星体的共同现象（Chai, et al.，2019）。根据安培定理可知，在环形磁场的内外边界上应该分别有逆阳和向阳两个电流（绿色箭头）。如果这两个电流由逃逸离子（O^+、H^+）和沉降电子携载，那么环形磁场对应的电流方向有利于增加逃逸离子和沉降电子的通量。

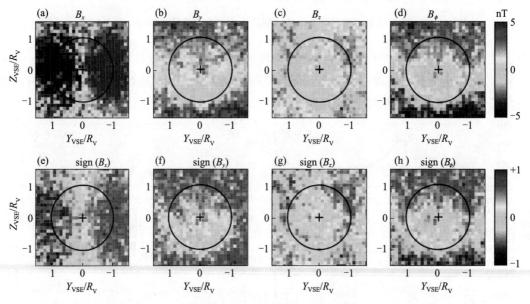

图 2-24　利用金星快车磁场观测，统计分析了在 VSE 坐标系下金星磁尾的磁场分量（x，y，z，ϕ）的强度 ［(a) ～ (d)］ 和方向 ［(e) ～ (h)］ 的分布（Chai, et al.，2016）（见彩插）

（3）金星电离层

由于没有全球内禀磁场保护，金星电离层直接与太阳风、行星际磁场相互作用，形成很多独特的金星电离层结构（图 2-26）。

金星日侧电离层主要由太阳紫外辐射引起的光致电离产生，并在 140 km 高度附近达到峰值（图 2-27）。在这个高度，虽然金星高层大气在该高度的主要中性成分为 O_2，但是其直接电离形成的离子成分 CO_2^+ 不够稳定，会迅速转化为 O_2^+，导致该高度主导的电离层成分为 O_2^+（Kumar and Hunten，1974）。在 O_2^+ 为主要成分的高度范围内（一般高

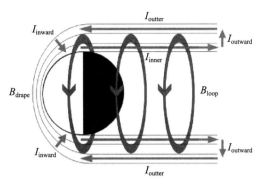

图 2-25　基于金星快车在磁尾的观测，构建的金星磁尾环形磁场（红色圆圈）和该磁场对应的
电流体系（绿色箭头）（Chai，et al.，2016，JGR）（见彩插）

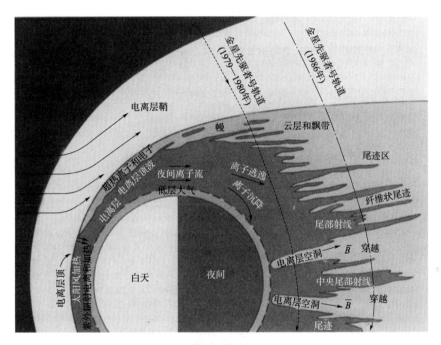

图 2-26　金星电离层、磁场等空间环境（Brace and Kliore，1991）

度低于 180 km），金星电离层的形成主要由光化学过程主导，其时空变化可以较好地由
Chapman 理论预测。除了以上两种成分，该高度还存在 O^+、N^+ 等其他成分。

在更高高度，O^+（峰值高度在 200 km 附近）成为金星电离层主要离子成分，沿磁力
线的输运过程等电离层动力学过程会显著影响电离层的时空变化。如日下点附近电离层等
离子体的垂直分布主要受到垂直扩散的影响，而随着太阳天顶角的增大，沿着磁力线方向
的等离子体水平输运逐渐成为主要的控制因素。金星先驱者号观测表明，在晨昏分界面附
近由日夜压力梯度驱动的金星电离层等离子体水平输运最高能达到 km/s 的量级，在夜侧
能达到超声速并会发生明显的减速过程（图 2-28）。

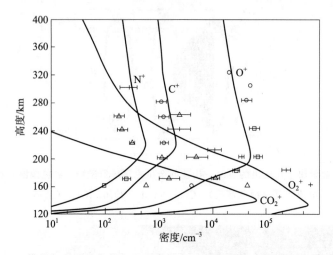

图 2 - 27　模拟与观测给出的金星电离层离子密度剖面 （Nagy，et al.，1980）

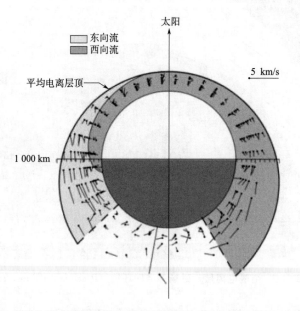

图 2 - 28　金星先驱者号测量的金星离子漂移速度 （Miller，Whitten，1991）

　　缓慢的金星自转导致金星夜侧电离层光致电离过程长时间缺失，金星夜侧电离层密度
显著下降，但是从日侧输运到夜侧的等离子体以及沉降高能电子与中性大气的碰撞电离仍
然维持了一个较为稳定存在但变化十分剧烈的夜侧电离层（图 2 - 29）。如金星先驱者号的
观测表明，不同时间同一路径上的电子密度可以相差一个数量级，并在夜侧发现过电离层
消失、电子空洞、等离子体云等多种特殊的电离层现象。如在夜侧南北半球径向磁场强度
较强的区域各发现一个大尺度电子密度空洞（Brace，et al.，1982），这些空洞可能是由上
游太阳风对电离层的侵蚀作用形成大尺度等离子体管道造成的。

　　在金星顶部电离层附近，当等离子体热压与磁压近似相等时，电子密度会有明显衰

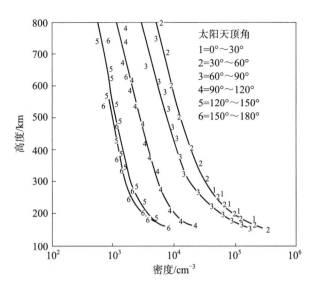

图 2-29　太阳极大年条件观测到的电子密度随太阳天顶角变化情况（Miller，et al.，1980）

减，电子密度梯度显著变化，该区域被称为电离层顶。金星电离层顶是太阳风动压与电离层热压加磁压达到平衡的高度，它会随着太阳风动压增强而降低高度，但在动压超过一定阈值后会稳定在 350 km 高度附近。电离层顶也会随着太阳天顶角增加而上升。在上游太阳风动压较强的时候，整个金星电离层被磁化，出现大尺度的水平磁场；当太阳风动压较小时，金星电离层不会被磁化，但是充斥大量磁场强度较大的小尺度磁通量管（图 2-30）。

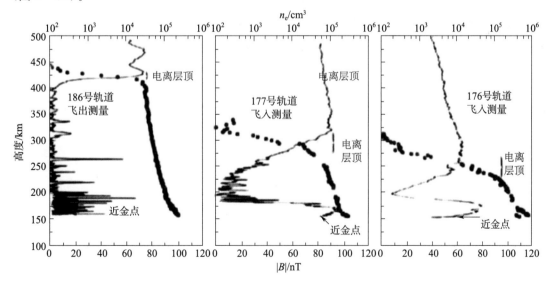

图 2-30　非磁化与磁化下金星电离层电子密度剖面（Russell，Vaisberg，1983）

2.4　前沿科学问题及未来研究方向

（1）金星没有偶极磁场是否是造成金星失去水、没有板块运动、不具宜居性的原因

金星大气同位素显示金星上发生过严重的水逃逸。但是金星由于质量大（远大于火星）、重力大，使金星大气发生中性热逃逸的概率较低（远低于火星）。超高速的太阳风在与金星电离层发生直接相互作用时，可以提供足够的动量和能量。因此，相比火星，金星上的水以离子形式逃逸到太空中去可能是很大的。研究金星空间的离子逃逸机制以及逃逸率，将有助于我们理解金星空间环境是否是金星发生水逃逸、不再宜居的原因。因此，金星是研究行星空间环境影响行星宜居性和内部演化的最佳天然实验室。

（2）金星到底有没有偶极磁场，有没有岩石剩磁

尽管金星先驱者号已经给出了金星偶极磁场磁矩上限是地球的千分之一，但已经不能否定金星没有偶极磁场。以后随着探测器离金星的距离越近，比如在金星大气层内的磁场探测，可以得到更加准确的结论。另外，在金星快车最后坠入金星大气的阶段，探测到一些磁场现象，有人提出可能是金星的岩石剩磁。由于金星偶极磁场和岩石剩磁都是随着离星球距离的增加而剧烈衰减的，因此，探测器的高度越低，测得的偶极矩和金星岩石剩磁就越精确。未来期待可以从金星大气层内下降过程或在金星表面探测的磁场数据中来得到答案。

（3）金星为什么逆向自转，金星超厚的大气是否是造成金星逆向自转的原因

金星是太阳系内唯一逆向自转的星球，其自转速度也最慢。金星逆向自转的原因众说纷纭，其中很多人认为是金星超强的大气潮汐和环流造成的，因此金星大气环流和运动结构一直是金星探测的重点。欧洲金星快车发现了金星极区存在超旋结构。日本拂晓号也针对金星大气进行了大量探测，不过拂晓号入轨高度太高。未来期待能有近距离研究金星大气的探测器。

参 考 文 献

[1] Alexander C J, Russell C T. Solar Cycle Dependence of the Location of the Venus Bow Shock [J]. Geophysical Research Letters, 1985, 12: 369 – 371. https: //doi. org/10. 1029/GL012i006p00369.

[2] Balogh A, Treumann R A. Physics of Collisionless Shocks (Vol. 12)　　 [M]. Springer New York, 2013.

[3] Barabash S, Fedorov A, Sauvaud J J, et al. The Loss of Ions From Venus Through the Plasma Wake [J]. Nature, 2007b, 450: 650 – 653. https: //doi. org/10. 1038/nature06434.

[4] Barabash S, Sauvaud J A, Gunell H, Andersson H, Grigoriev A, Brinkfeldt K, et al. The Analyser of Space Plasmas and Energetic Atoms (ASPERA – 4) for the Venus Express mission [J]. Planetary and Space Science, 2007a, 55: 1772 – 1792. https: //doi. org/10. 1016/j. pss. 2007. 01. 014.

[5] Brace L H, Kliore A J. The Structure of the Venus Ionosphere [J]. Space Science Reviews, 1991, 55: 81 – 163.

[6] Brace L H, Theis R F, Krehbiel J P, et al. Electron Temperatures and Densities in the Venus Ionosphere: Pioneer Venus Orbiter Electron Temperature Probe Results [J]. Science, 1979, 203 (4382): 763 – 765. https: //doi. org/10. 1126/science. 203. 4382. 763.

[7] Brace L H, Theis R F, Mayr H G, et al. Holes in the Nightside Ionosphere of Venus [J]. Journal of Geophysical Research: Space Physics, 1982, 87: 199 – 211.

[8] Bridge H S, Lazarus A J, Snyder C W, et al. Mariner V: Plasma and Magnetic Fields Observed near Venus [J]. Science, 1967, 158: 1669 – 1673. https: //doi. org/10. 1126/science. 158. 3809. 1669.

[9] Burlaga L F. Magnetic Fields and Plasmas in the Inner Heliosphere: Helios Results [J]. Planetary and Space Science, 2001, 49 (14): 1619 – 1627. https: //doi. org/10. 1016/S0032 – 0633 (01) 00098 – 8.

[10] Chai L, Fraenz M, Wan W, et al. IMF Control of the Location of Venusian Bow Shock: The Effect of the Magnitude of IMF Component Tangential to the Bow Shock Surface [J]. Journal of Geophysical Research: Space Physics, 2014, 119 (12): 9464 – 9475. https: //doi. org/ 10. 1002/2014JA019878.

[11] Chai L, Wan W, Wei Y, et al. The Induced Global Looping Magnetic Field on Mars [J]. The Astrophysical Journal Letters, 2019, 871 (2): L27. https: //doi. org/10. 3847/2041 – 8213/aaff6e.

[12] Chai L, Wei Y, Wan W, et al. An Induced Global Magnetic Field Looping Around the Magnetotail of Venus [J]. Journal of Geophysical Research: Space Physics, 2016, 121 (1): 688 – 698. https: //doi. org/10. 1002/2015JA021904.

[13] Cloutier P A. Solar – wind Interaction with Planetary Ionospheres [J]. NASA Special Publication, 1976, 397: 111 – 119.

[14] Crawford G K, Strangeway R J, Russell C T. Statistical Imaging of the Venus Foreshock Using

VLF Wave Emissions [J]. Journal of Geophysical Research: Space Physics, 1998, 103 (A6): 11985 - 12003. https://doi.org/10.1029/97JA02883.

[15] Dmitriev A V, Suvorova A V, Chao J K, et al. Dawn - dusk Asymmetry of Geosynchronous Magnetopause Crossings [J]. Journal of Geophysical Research: Space Physics, 2004, 109: A05203. https://doi.org/10.1029/2003ja010171.

[16] Donahue T M, Hoffman J H, Hodges R R, et al. Venus Was Wet: A Measurement of the Ratio of Deuterium to Hydrogen [J]. Science, 1982, 216: 630 - 633. https://doi.org/10.1126/science.216.4546.630.

[17] Dubinin E, Fraenz M, Fedorov A, et al. Ion Energization and Escape on Mars and Venus [J]. Space Science Reviews, 2011, 162: 173 - 211. https://doi.org/10.1007/s11214 - 011 - 9831 - 7.

[18] Dubinin E, Fraenz M, Zhang T L, et al. Magnetic Fields in the Venus Ionosphere: Dependence on the IMF Direction: Venus Express Observations [J]. Journal of Geophysical Research: Space Physics, 2014, 119: 7587 - 7600. https://doi.org/10.1002/2014ja020195.

[19] Dubinin E, Fraenz M, Zhang T L, et al. Plasma in the Near Venus tail: Venus Express Observations [J]. Journal of Geophysical Research: Space Physics, 2013, 118: 7624 - 7634. https://doi.org/10.1002/2013ja019164.

[20] Futaana Y, Stenberg Wieser G, Barabash S, et al. Solar Wind Interaction and Impact on the Venus Atmosphere [J]. Space Science Reviews, 2017, 212 (3): 1453 - 1509. https://doi.org/10.1007/s11214 - 017 - 0362 - 8.

[21] Gringauz K I, Bezrukikh V V, Breus T K, et al. Plasma Observations Near Venus Onboard the Venera 9 and 10 Satellites by Means of Wide - Angle Plasma Detectors. In D. J. Williams (Ed.), Physics of Solar Planetary Environments: Proceedings of the International Symposium on Solar - Terrestrial Physics [M]. June 7 - 18, 1976 Boulder, Colorado Volume II (Vol. II, pp. 918 - 932). Boulder, Colorado. http://doi.wiley.com/10.1029/SP008p0918.

[22] Hashimoto G L, Roos - Serote M, Sugita S, et al. Felsic Highland Crust on Venus Suggested by Galileo Near - Infrared Mapping Spectrometer Data [J]. Journal of Geophysical Research: Planets, 2008, 113: E00B24. https://doi.org/10.1029/2008JE003134.

[23] Jarvinen R, Kallio E, Dyadechkin S. Hemispheric Asymmetries of the Venus Plasma Environment [J]. Journal of Geophysical Research: Space Physics, 2013, 118: 1 - 13. https://doi.org/10.1002/jgra.50387.

[24] Keldysh M V. Venus Exploration with the Venera 9 and Venera 10 Spacecraft [J]. Icarus, 1977, 30 (4): 605 - 625. https://doi.org/10.1016/0019 - 1.035 (77) 90085 - 9.

[25] Krymskii A M, Breus T K. Magnetic Fields in the Venus Ionosphere: General Features [J]. Journal of Geophysical Research: Space Physics, 1988, 93: 8459 - 8472. https://doi.org/10.1029/JA093iA08p08459.

[26] Kumar S, Hunten D M. An Ionospheric Model with an Exospheric Temperature of 350 K [J]. Journal of Geophysical Research, 1974, 79: 2529.

[27] Lammer H, Lichtenegger H I M, Biernat H K, et al. Loss of Hydrogen and Oxygen from the Upper Atmosphere of Venus [J]. Planetary and Space Science, 2006, 54 (13): 1445 - 1456. https://doi.org/10.1016/j.pss.2006.04.022.

[28] Luhmann J G, Elphic R C, Russell C T, et al. Observations of Large Scale Steady Magnetic Fields in the Dayside Venus Ionosphere [J]. Geophysical Research Letters, 1980, 7: 917 – 920. https: // doi. org/10. 1029/GL007i011p00917.

[29] Luhmann J G, Ledvina S A, Russell C T. Induced Magnetospheres [J]. Advances in Space Research, 2004, 33: 1905 – 1912. https: //doi. org/10. 1016/j. asr. 2003. 03. 031.

[30] Luhmann J G. The Solar Wind Interaction with Unmagnetized Planets: A Tutorial [M]. In Physics of Magnetic Flux Ropes, 1990, 401 – 411. American Geophysical Union.

[31] Martinecz C, Boesswetter A, Fränz M, et al. Plasma Environment of Venus: Comparison of Venus Express ASPERA – 4 Measurements with 3 – D Hybrid Simulations [J]. Journal of Geophysical Research: Planets, 2009, 114: E00B30. https: //doi. org/10. 1029/2008je003174.

[32] McComas D J, Spence H E, Russell C T, et al. The Average Magnetic Field Draping and Consistent Plasma Properties of the Venus Magnetotail [J]. Journal of Geophysical Research: Space Physics, 1986, 91: 7939 – 7953. https: //doi. org/10. 1029/JA091iA07p07939.

[33] Miller K L, Knudsen C W, Spenner K, et al. Solar Zenith Angle Dependence of Ionospheric Ion and Electron Temperatures and Densities on Venus [J]. Journal of Geophysical Research, 1980, 85: 7759.

[34] Miller K L, Whitten R C. Ion Dynamics in the Venus Ionosphere [J]. Space Science Reviews, 1991, 55: 165.

[35] Nagy A F, Cravens T E, Smith S G, et al. Model Calculations of the Dayside Ionosphere of Venus: Ionic Composition [J]. Journal of Geophysical Research, 1980, 85: 7795.

[36] Ness N F, Behannon K W, Lepping R P, et al. Magnetic Field Observations Near Venus: Preliminary Results from Mariner 10 [J]. Science, 1974, 183 (4131): 1301 – 1306. https: // doi. org/10. 1126/science. 183. 4131. 1301.

[37] Ness, Norman F, Scearce C S, Seek J B. Initial Results of the Imp 1 Magnetic Field Experiment [J]. Journal of Geophysical Research, 1964, 69: 3531 – 3569. https: //doi. org/10. 1029/JZ069i017p03531.

[38] Neugebauer M, Conway W S. Solar – Wind Measurements near Venus [J]. Journal of Geophysical Research, 1965, 70: 1587 – 91.

[39] Peredo M, Slavin J A, Mazur E, et al. Three – dimensional Position and Shape of the bow Shock and Their Variation with Alfvénic, Sonic and Magnetosonic Mach Numbers and Interplanetary Magnetic Field Orientation [J]. Journal of Geophysical Research: Space Physics, 1995, 100: 7907 – 7916. https: //doi. org/10. 1029/94ja02545.

[40] Phillips J L, Russell C T. Upper Limit on the Intrinsic Magnetic Field of Venus [J]. Journal of Geophysical Research: Space Physics, 1987, 92 (A3): 2253 – 2263. https: //doi. org/10. 1029/JA092iA03p02253.

[41] Ramstad R, Barabash S. Do Intrinsic Magnetic Fields Protect Planetary Atmospheres from Stellar Winds? [J]. Space Science Reviews, 2021, 217 (2): 36. https: //doi. org/10. 1007/s11214 – 021 – 00791 – 1.

[42] Romanov S A. Asymmetry of the Region of Interaction of the Solar Wind with Venus Based on Data of the Automatic Interplanetary Stations Venera 9 and Venera 10 [J]. Cosmic Research, 1978, 16: 256 – 258.

［43］　Russell C T, Chou E, Luhmann J G, et al. Solar and Interplanetary Control of the Location of the Venus bow shock ［J］. Journal of Geophysical Research: Space Physics, 1988, 93: 5461 – 5469. https://doi. org/10. 1029/JA093iA06p05461.

［44］　Russell C T, Elphic R C, Slavin J A. Initial Pioneer Venus Magnetic Field Results: Dayside Observations ［J］. Science, 1979b, 203: 745 – 748. https://doi. org/10. 1126/science. 203. 4382. 745.

［45］　Russell C T, Elphic R C, Slavin J A. Initial Pioneer Venus Magnetic Field Results: Nightside Observations ［J］. Science, 1979a, 205: 114 – 116. https://doi. org/10. 1126/science. 205. 4401. 114.

［46］　Russell C T, Elphic R C. Observation of Magnetic Flux Ropes in the Venus Ionosphere ［J］. Nature, 1979, 279: 616 – 618.

［47］　Russell C T, Luhmann J G, Strangeway R J. The Solar Wind Interaction with Venus Through the Eyes of the Pioneer Venus Orbiter ［J］. Planetary and Space Science, 2006, 54: 1482 – 1495. http://dx. doi. org/10. 1016/j. pss. 2006. 04. 025.

［48］　Russell C T, Schwingenschuh K, Phillips J L, et al. Three Spacecraft Measurements of an Unusual Disturbance in the Solar Wind: Further Evidence for a Cometary Encounter ［J］. Geophysical Research Letters, 1985, 12 (7): 476 – 478. https://doi. org/10. 1029/GL012i007p00476.

［49］　Russell C T, Snare R C, Means J D, et al. Pioneer Venus Orbiter Fluxgate Magnetometer ［J］. IEEE Transactions on Geoscience and Remote Sensing, 1980, 18: 32 – 35. https://doi. org/10. 1109/TGRS. 1980. 350256.

［50］　Russell C T, Vaisberg O. The Interaction of the Solar Wind with Venus ［M］. Tucson: University of Arizona Press, 1983.

［51］　Russell C T. Venus Lightning ［J］. Space Science Reviews, 1991, 55 (1): 317 – 356. https://doi. org/10. 1007/BF00177140.

［52］　Saunders M A, Russell C T. Average Dimension and Magnetic Structure of the Distant Venus Magnetotail ［J］. Journal of Geophysical Research: Space Physics, 1986, 91: 5589 – 5604. https://doi. org/10. 1029/JA091iA05p05589.

［53］　Shinagawa H. The Ionospheres of Venus and Mars ［J］. Advances in Space Research, 2004, 33 (11): 1924 – 1931. https://doi. org/10. 1016/j. asr. 2003. 06. 028.

［54］　Slavin J A, Acuña M H, Anderson B J, et al. MESSENGER and Venus Express Observations of the Solar Wind Interaction with Venus ［J］. Geophysical Research Letters, 2009, 36: L09106. https://doi. org/10. 1029/2009gl037876.

［55］　Slavin J A, Holzer R E. Solar wind Flow about the Terrestrial Planets 1. Modeling bow Shock Position and Shape ［J］. Journal of Geophysical Research: Space Physics, 1981, 86 (A13): 11401 – 11418. https://doi. org/10. 1029/JA086iA13p11401.

［56］　Smrekar S E, Davaille A, Sotin C. Venus Interior Structure and Dynamics ［J］. Space Science Reviews, 2018, 214 (5): 88. https://doi. org/10. 1007/s11214 – 018 – 0518 – 1.

［57］　Smrekar S E, Stofan E R, Mueller N. Chapter 15 – Venus: Surface and Interior. In T. Spohn, D. Breuer, & T. V. Johnson (Eds.), Encyclopedia of the Solar System ［M］. Third Edition. 2014, 323 – 341. Boston: Elsevier. https://doi. org/10. 1016/B978 – 0 – 12 – 415845 – 0. 00015 – 3.

［58］　Sonett C P, Abrams I J. The Distant Geomagnetic Field: 3. Disorder and Shocks in the Magnetopause ［J］. Journal of Geophysical Research, 1963, 68: 1233 – 1263. https://doi. org/

10. 1029/JZ068i005p01233.

[59] Strangeway R J, Crawford G K. VLF Waves in the Foreshock [J]. Advances in Space Research, 1995, 15 (8): 29 - 42. https: //doi. org/10. 1016/0273 - 1177 (94) 00082 - C.

[60] Strangeway R J. Plasma Waves at Venus [J]. Space Science Reviews, 1991, 55 (1 - 4): 275 - 316. https: //doi. org/10. 1007/BF00177139.

[61] Strangeway Robert J. Plasma Wave Evidence for Lightning on Venus [J]. Journal of Atmospheric and Terrestrial Physics, 1995, 57 (5): 537 - 556. https: //doi. org/10. 1016/0021 - 9169 (94) 00080 - 8.

[62] Svedhem H, Titov D V, Taylor F W, et al. Venus as a More Earth - like Planet [J]. Nature, 2007, 450 (7170): 629 - 632. https: //doi. org/10. 1038/nature06432.

[63] Taylor F W, Svedhem H, Head J W. Venus: The Atmosphere, Climate, Surface, Interior and Near - Space Environment of an Earth - like Planet [J]. Space Science Reviews, 2018, 214 (1): 35. https: //doi. org/10. 1007/s11214 - 018 - 0467 - 8.

[64] Vaisberg O L, Romanov S A, Smirnov V N, et al. Ion Flux Parameters in the Solar Wind - Venus Interaction Region According to Venera - 9 and Venera - 10 Data. In D. J. Williams (Ed.), Physics of Solar Planetary Environments: Proceedings of the International Symposium on Solar - Terrestrial Physics [M]. June 1976, 7 - 18, Boulder, Colorado Volume II (Vol. 2, pp. 904 - 917) . AGU, Washington, D. C: American Geophysical Union.

[65] Vaisberg Oleg L. Venera Missions. In Encyclopedia of Planetary Science [M]. Dordrecht: Springer Netherlands, 1997: 879 - 887. https: //doi. org/10. 1007/1 - 4020 - 4520 - 4 _ 435.

[66] Van Allen J A, Krimgis S M, Frank L A, et al. Venus: an Upper Limit on Intrinsic Magnetic Dipole Moment Based on Absence of a Radiation Belt [J]. Science (New York, N. Y.), 1967, 158 (3809): 1673 - 1675. https: //doi. org/10. 1126/science. 158. 3809. 1673.

[67] Verigin M I, Gringauz K I, Gombosi T, et al. Plasma Near Venus from the Venera 9 and 10 Wide - angle Analyzer Data [J]. Journal of Geophysical Research: Space Physics, 1978, 83 (A8): 3721 - 3728. https: //doi. org/10. 1029/JA083iA08p03721.

[68] Villarreal M N, Russell C T, Wei H Y, et al. Characterizing the Low - altitude Magnetic Belt at Venus: Complementary Observations from the Pioneer Venus Orbiter and Venus Express [J]. Journal of Geophysical Research: Space Physics, 2015, 120: 2232 - 2240. https: //doi. org/ 10. 1002/2014JA020853.

[69] Walters G K. Effect of Oblique Interplanetary Magnetic Field on Shape and Behavior of the Magnetosphere [J]. Journal of Geophysical Research, 1964, 69: 1769 - 1783. https: //doi. org/ 10. 1029/JZ069i009p01769.

[70] Xu S, Frahm R A, Ma Y, et al. Magnetic Topology at Venus: New Insights Into the Venus Plasma Environment [J]. Geophysical Research Letters, 2021, 48 (19): e2021GL095545. https: // doi. org/10. 1029/2021GL095545.

[71] Zhang T L, Baumjohann W, Delva M, et al. Magnetic Field Investigation of the Venus Plasma Environment: Expected New Results from Venus Express [J]. Planetary and Space Science, 2006, 54: 1336 - 1343. https: //doi. org/10. 1016/j. pss. 2006. 04. 018.

[72] Zhang T L, Baumjohann W, Teh W L, et al. Giant Flux Ropes Observed in the Magnetized

Ionosphere at Venus [J]. Geophysical Research Letters, 2012, 39: L23103. https://doi.org/10.1029/2012gl054236.

[73]　Zhang T L, Du J, Ma Y J, et al. Disappearing Induced Magnetosphere at Venus: Implications for Close - in Exoplanets [J]. Geophysical Research Letters, 2009, 36: L20203. https://doi.org/10.1029/2009gl040515.

[74]　Zhang T L, Khurana K K, Russell C T, et al. On the Venus Bow Shock Compressibility [J]. Advances in Space Research, 2004, 33: 1920 - 1923. https://doi.org/10.1016/j.asr.2003.05.038.

[75]　Zhang T L, Lu Q M, Baumjohann W, et al. Magnetic Reconnection in the Near Venusian Magnetotail [J]. Science, 2012, 336: 567 - 570. https://doi.org/10.1126/science.1217013.

[76]　Zhang T L, Luhmann J G, Russell C T. The Magnetic Barrier at Venus [J]. Journal of Geophysical Research: Space Physics, 1991, 96: 11145 - 11153. https://doi.org/10.1029/91ja00088.

[77]　胡友秋, 彭忠, 王赤. 地球弓激波的旋转非对称性 [J]. 地球物理学报, 2010, 53: 773 - 781. https://doi.org/10.3969/j.issn.0001 - 5733.2010.04.001.

第 3 章　大气环境

3.1　引言

大气特性对于行星宜居性、行星演化过程等具有决定性影响。由于太阳辐射、大气化学成分等系统性差异，金星大气表现出显著不同于地球大气的特征，而这些特性对金星演化过程等具有决定性影响。

自古以来，地球上的人类就用肉眼和望远镜观察金星。由于是在地球内侧的内行星，永远不会远离太阳运行，金星向观察者呈现的只是一个部分照亮的圆盘，但它仍然是地球夜空中除月亮之外最亮的物体。通过望远镜人们发现金星的表面完全永久地被云覆盖着，早期的观测者认为这些云与地球潮湿的热带云层类似，因而金星很可能有海洋。然而，进入太空时代以来的观测表明，相比于地球，金星非常炎热和干燥。

自 20 世纪 60 年代以来，人类已经向金星发射了 40 余个成功或不成功的金星探测器，取得了大量的金星研究成果。1962 年，水手 2 号航天器首次成功到达金星。苏联先后发射了 33 个金星航天器，其中 Venera（金星）系列航天器发射 16 次（编号 1～16），成功 13 次，两个金星气球探测器织女星 1 号和 2 号（Vega-1，2）也都获得成功。苏联在金星探测中主要以着陆器为主，成功实现 10 次金星软着陆，得到了金星地表大气温度、密度、压强、土壤、岩石等的珍贵资料。美国、欧洲、日本也先后执行了 10 个金星探测计划，获取了金星大气的大量观测数据。特别是近 30 年来的金星探测全部由美国、欧洲、日本执行，并获取了大量的金星大气观测数据，取得了丰硕的研究成果。

1962 年，首次成功到达金星的水手 2 号的有效载荷就包括一个小型微波辐射计。该辐射计证实，地球上的射电望远镜探测到的金星发出的高强度长波辐射来自金星表面，而不是某种磁层现象，相应的金星表面平均温度估计超过 500 K，可能高达 1 000 K。1967年金星 4 号首次成功进入金星大气层，并最终下降到 25 km 高度。对金星大气压力、温度、密度、风速和云层结构进行了观测，证实金星大气的主要成分是 CO_2，且不具有明显磁场。金星 5 号和 6 号对金星表面的科学测量证实了高温、高压的存在。1970 年，金星 7号首次实现了金星表面的软着陆，并在高温、高压环境下坚持工作了 23 min，测量金星表面大气的成分、压力和温度等。1975 年，金星 9 号在其着陆点拍摄了一系列引人注目的地形照片中的第一张，展示了金星表面支离破碎的火山平原。

美国的先驱者金星计划由一个轨道飞行器和四个就位探测器共五个航天器组成，除雷达外，其大部分科学载荷的观测重点是金星大气层和近金星空间环境。它进行了详细的金星大气成分测量，证实了早先关于金星大气和云层中含有大量硫化合物的发现，以及金星云层主要由浓硫酸组成。该计划观测到的金星云层分层和金星太阳辐射能量沉积高度廓线揭示了维持金星表面高温的"温室"机制的特征。美国的先驱者金星计划观测获得的大气温度分布图和来自轨道飞行器的红外、可见光和紫外线观测数据提供了金星全球的气象信息，包括赤道到极地的哈德莱环流和两个半球都存在的以极地为中心的巨大的极区涡旋。

1985 年，苏联的两个金星气球探测器织女星 1 号和 2 号在金星 53 km 高度（云层顶部高度）漂浮了 46 h，利用搭载的紫外光谱仪、大气粒子分析仪、气体质谱仪、色谱分析仪和 X 射线荧光分光仪等，详细分析了金星大气的温度、压力、光照水平以及金星云层中的成分。

欧洲的金星快车（Venus Express）于 2006 年 4 月 11 日抵达金星，并于 2016 年停止运行，是第 43 个被派往金星的航天器，也是第 25 个基本成功完成任务的航天器。金星快车计划的科学研究焦点就是金星多云的大气环境和极端的表面气候。金星快车关于金星大气的主要目标包括：1）金星南极的双眼涡旋的动力学研究；2）金星不同区域的大气结构的详细视图，例如云、波等；3）金星大气风场和温度分布，获取金星大气结构和动态的三维数据；4）金星南半球表面温度图；5）金星大气中化学成分；6）金星大气的水逃逸率及其与太阳风的关系；7）金星高层大气中氧气气辉和二氧化碳荧光；8）金星大气中闪电的明确探测。

金星快车运行在一个很扁的椭圆形极地轨道上，因此其遥感仪器可以从不同距离覆盖大气层和表面，并穿过磁层的不同部分，以测量磁场强度以及中性原子和带电粒子的数量和能量。金星快车是第一个从轨道上利用新发现的近红外透明窗口的任务，因此第一个实现了对金星云层下面和里面以及上面的大气层系统的遥感观测。金星快车的有效载荷包括高分辨率红外傅里叶分光计（PFS）、用于恒星掩星和最低点观测的紫外和红外分光计（SPICAM）、紫外可见光红外成像分光计（VIRTIS）和金星检测照相机（VMC）四个遥感载荷，用于测量金星大气特性、金星大气运动和金星表面绘图，以及一个用于调查金星大气气体受太阳风影响导致的损失率（逃逸率）的磁层包：空间等离子体和高能粒子分析器（ASPERA）。此外，金星快车的有效载荷还包括可测量大气温度剖面的等离子探测和无线电掩星包：金星无线电科学仪器（VeRa），以及低频雷达探测器（VENSIS）。

紫外可见光红外成像分光计实际上是一个复合仪器，其中，一个光谱仪以中等的光谱分辨率绘制金星大气，但成像覆盖范围较好，第二个光谱仪以较小的空间和光谱覆盖范围提供更高分辨率的光谱。在绘图模式下，紫外可见光红外成像分光计在紫外、可见和近红外范围内工作，观测的最大波长为 5 μm，空间分辨率从接近行星时的约 250 m（近地点）到航天器高偏心率轨道最远 15 km（远地点）不等。

高分辨率红外傅里叶分光计原计划覆盖 45 μm 的光谱范围，以研究中层和低层大气的温度、成分和气溶胶特性。由于扫描镜中的轴承损坏，该仪器在整个任务中一直盯着校准目标，没有实现科学目标。

紫外和红外分光计组合了三台紫外和近红外光谱仪，利用太阳和恒星掩星观测反演中间层和低热层的垂直结构和组成。这项技术为相对稀少的大气成分的丰度观测提供了特别高的灵敏度，包括主要气体的微量同位素。期望通过精确测量水的同位素物中氘与氢的比例来探索早期金星上可能的海洋演化过程。

金星检测照相机通过紫外、可见和近红外的四个滤光器，使用广角视图观察大气层和金星表面，空间分辨率从近心点 200 m 到远心点 50 km 不等。其主要目标是通过跟踪不同深度的云特征来研究云的形态和大气动力学，但值得注意的是，它也通过近红外"窗口"穿透云，以检测被认为是火山爆发的表面热特征。

空间等离子体和高能粒子分析器利用四个传感器分析了金星的等离子体环境和太阳风与大气层的相互作用：两个高能中性原子探测器，加上电子和离子分光计。这些仪器一起测量了中性粒子、离子和电子的成分和流量，以解决行星际等离子体和电磁场如何影响金星大气的问题，并确定主要的逃逸过程。

金星无线电科学仪器利用航天器无线电系统在 X 和 S 波段发射的信号探测中性大气和电离层的结构，具有几百米的垂直分辨率。

磁力计包括两个磁通门磁强计，用于测量金星磁鞘、磁层顶、电离层和磁尾中磁场的大小和方向，具有高灵敏度和时间分辨率，用于描述等离子体区域之间的边界。磁力计还可以通过测量大气放电产生的电磁波强度来寻找金星上的闪电。

日本拂晓号任务主要利用不同波段的光学观测研究金星的大气结构，特别是分析金星超旋的起源问题。拂晓号包括五个传感器，利用不同的光谱范围和透明度窗口，从紫外到中红外，来获取大气中不同成分的信息。近赤道轨道允许这些载荷跟踪大气中的天气系统，并不断研究它们如何演变。闪电和气辉照相机设计用于寻找可见波长的放电，长波辐射计用于研究近 10 μm 波长的热红外高空云的结构，紫外成像仪用于监测二氧化硫（SO_2）的分布。两个近红外辐射计覆盖了近红外窗口波长，以测绘金星表面和探测大气的底层。

3.2　大气成分和特性

金星大气的化学成分和地球有很大的差异。金星上的大气主要是二氧化碳（CO_2）（按体积分数计算占比约为 96.5%），还有约 3.5% 的氮气（N_2）。除此之外，金星大气中还包括少量微量气体，如 SO_2、水蒸气（H_2O）、一氧化碳（CO）、羰基硫化物（OCS）、卤素气体［氯化氢（HCl）和氟化氢（HF）等］和惰性气体［氦气（He）、氖气（Ne）和氩气（Ar）等］成分。湍流层顶以下的金星大气中 CO_2、N_2、惰性气体和卤素气体等化学性质比较稳定的成分基本是恒定的，但其他气体，如 SO_2、H_2O、CO、OCS 和 SO 等化学性质较为活跃的成分的丰度会有明显的时空变化。

描述大气化学成分的丰度通常使用以下几个物理量：体混合比（按体积分数计算的百分比含量）、质量混合比（按质量分数计算的百分比含量）、数密度和柱密度（单位面积的大气层柱中的粒子数，也称为柱丰度）。表 3-1 给出了金星大气主要化学成分的丰度等信息，其中，体混合比以百分数表示，而对微量气体以百万分之一（ppmv）、十亿分之一

（ppbv）和太分之一（pptv）表示。有些微量成分并未在表 3-1 中给出，如微波和光学观测表明金星云下存在少量 H_2SO_4 蒸气（约几十 ppm），低层大气中存在少量硫蒸气（约为 20 ppb）。

　　CO_2 是金星大气最主要的成分，也是金星碳族气体的主体。火山排气被认为是金星 CO_2 的主要来源，而其主要的损失（汇）包括在金星表面转化为碳酸盐和在金星云层以上高度被太阳紫外辐射光解为 CO 和 O_2。一个有趣的现象是，虽然金星和地球大气的 CO_2 含量有很大差距，但是，地球上壳中的碳含量与金星大气中 CO_2 的柱密度相近。CO 是金星碳族气体的第二重要成分，是高层大气中 CO_2 的主要光解产物。光解产生的 CO 向下循环，在云层和金星表面通过与 OH、O 等氧化剂的氧化反应重新形成 CO_2，因而金星大气中的 CO 丰度会随着高度变化。

表 3-1　金星大气层的化学成分（焦维新，邹鸿，2009）

气体	丰度	源	耗
CO_2	$(96.5\pm0.8)\%$	放气	碳酸盐形成
N_2	$(3.5\pm0.8)\%$	放气	
SO_2	$(150\pm30)\times10^{-6}(22\sim42\ km)$ $(25\sim150)\times10^{-6}(12\sim22\ km)$	放气和 OCS、H_2S 产生	H_2SO_4 和 $CaSO_4$ 形成
H_2O	$(30\pm15)\times10^{-6}(0\sim45\ km)$ $(30\sim70)\times10^{-6}(0\sim5\ km)$	放气	H 逃逸和 Fe^{2+} 氧化
^{40}Ar	$31^{+20}_{-10}\times10^{-6}$	放气（^{40}K）	
^{36}Ar	$30^{+20}_{-10}\times10^{-6}$	原始的	
CO	$(45\pm10)\times10^{-6}$（云顶） $(30\pm18)\times10^{-6}(42\ km)$ $(28\pm7)\times10^{-6}(36\sim42\ km)$ $(17\pm1)\times10^{-6}(12\ km)$	SO_2 光分解	CO_2 的光氧化
^4He	$(0.6\sim12)\times10^{-6}$	放气（U,Th）	逃逸
Ne	$(7\pm3)\times10^{-6}$	放气,原始的	
^{38}Ar	5.5×10^{-6}	放气,原始的	
OCS	$(4.4\pm1)\times10^{-6}$	放气和硫化物风化	转换为 SO_2
H_2S	$(3\pm2)\times10^{-6}(<20\ km)$	放气和硫化物风化	转换为 SO_2
HDO	$(1.3\pm0.2)\times10^{-6}$（云下）	放气	H 逃逸
HCl	$(0.6\pm0.12)\times10^{-6}$（云顶） $0.5\times10^{-6}(35\sim45\ km)$	放气	Cl 矿物形成
^{34}Kr	25^{+13}_{-18} ppb	放气,原始的	
SO	(20 ± 10)ppb（云顶）	光化学	光化学
S_{1-8}	20 ppb（$\leqslant50\ km$）	硫化物风化	转换为 SO_2
HF	$5^{+5}_{-2.5}$ ppb（云顶） 4.5 ppb $(35\sim45\ km)$	放气	F 矿物形成
^{132}Xe	<10 ppb	放气,原始的	

续表

气体	丰度	源	耗
^{129}Xe	<9.5 ppb	放气(^{129}I)	

SO_2 是金星大气含量第三的化学成分，也是最重要的硫族气体。金星 SO_2 的主要源被认为是火山排放和含硫气体 OCS 和 H_2S 的氧化，而大气化学引起的氧化和转化为 OCS、$CaSO_4$ 分别被认为是大气和近表面重要的汇。由于大气化学的影响，SO_2 的丰度随高度和时间变化，如金星云层以下的 SO_2 的体混合比可达 150 ppmv，而云层以上由于光化反应只剩下 10 ppbv，缩小了近 4 个量级。OCS 是金星云下大气中最丰富的还原硫气体，其主要源是火山活动释放以及铁硫矿物（如磁黄铁矿）的风化，主要的汇是通过大气化学反应转化为 SO_2。

尽管研究表明金星曾经可能存在全球海洋，而现在的金星极为干燥，金星云层以下水蒸气（H_2O）质量分数较高（平均约为 30 ppmv），而由于金星硫酸云的干燥作用，云层以上的质量分数更低（几个 ppmv 或更低）。虽然含量很低，H_2O 是金星云下大气中氢的主要储存器，是化学作用中的重要反应物，调节了大气层和表面的氧化状态。金星 H_2O 主要的源是火山喷发，而损失包括在金星表面与含铁矿物（如玄武岩和其他挥发性岩石）作用形成三价铁矿物和氢、在云层高度形成含水硫酸云、光解后逃逸到太空。

N_2 是金星大气中含量第二的气体，但是由于不同观测方法结果间的系统差异，其含量的相对不确定度较高。N_2 主要来源于火山释放，在闪电作用下形成各种奇氮（NO_x）是 N_2 主要的汇。金星大气中的卤素气体主要以 HCl 和 HF 的形式存在，可能主要来源于火山释放，而在表面与含氯和含氟矿物反应是它们主要的汇。He、Ne 和 Ar 等惰性气体成分也主要来源于火山活动。

金星和地球在同位素相对含量上有明显差异，如金星的氘（D）/氕（H）比值（≈0.02）比地球约大 150 倍，金星富含 ^4He、^{36}Ar 和 ^{84}Kr 等惰性气体同位素，而地球 $^{40}Ar/^{36}Ar$ 比值比金星高约 270 倍。同位素的差异表明了金星和地球在演化方面的系统差异，如高的 D/H 比值表明金星过去可能有远比现在多得多的水，低的 $^{40}Ar/^{36}Ar$ 比值可能与金星更有效的 ^{36}Ar 太阳风注入有关（Marcq，et al.，2018）。

以上对于金星大气化学成分的描述主要适用于金星湍流层大气。在金星湍流层顶以上的热层高度，由于湍流作用的削弱，大气在重力作用下形成了明显的高度分层结构，大气成分随高度发生变化，在 150 km 高度以上金星大气光解形成的原子氧开始成为最为重要的金星大气成分。图 3-1 给出了典型的昼间金星热层大气成分随高度的变化。由于光化学的差异，金星热层成分还存在明显的昼夜变化（图 3-2）。

金星大气成分与金星的演化历史密切相关。相对于地球和火星而言，因为在获取金星表面和地下样本以分析地质记录方面存在特殊问题，对金星早期气候历史的实验研究特别困难。因此，金星气候历史的研究更加依赖理论和模型研究，如 Ingersoll（1969）首先提出的金星"失控温室"模型就是一个典型例子。研究已经表明，地球和金星在初始状态可能具有相同的大气质量和成分，而它们大气在成分、表面温度和压力上的显著差异可能与

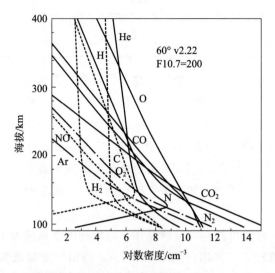

图 3-1　金星热层大气化学成分的高度变化（Bougher，et al.，2008）

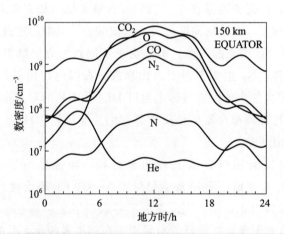

图 3-2　金星热层大气化学成分的地方时变化（Hedin，et al.，1983）

各自轨道上太阳辐射通量、磁化和未磁化的行星上不同的大气逃逸效率、地质过程的差异等密切相关。关于金星大气成分演化的研究，对于揭示金星演化历史预测金星未来具有重要意义。

3.3　大气结构

金星大气一般可以分为对流层（低层大气）、中间层（中层大气，也称为平流-中间层）、热层（高层大气）三层。金星的三层大气表现出迥异的特性。图 3-3 给出了金星大气温度和压力随高度的变化。

金星对流层在高度 0～62 km 之间，是金星表面到高云层底部的较稳定的层结构。金星表面处于高温（740 K）、高压（95.6 bar）状态，导致金星表面与低层大气的耦合很强，可以驱动较强的声重波等大气波动。金星表面温度随地方时的变化不大（子午圈温度梯度只有几 K），但会随着金星表面高度发生变化，如在麦克斯韦山顶（高度约为 12 km）的温度约为 648 K，压强约为 43 bar。

一般认为这种高温、高压是大气中的 CO_2 等温室气体通过吸收金星表面的红外辐射，产生"超级"温室效应引起的。金星"超级"温室效应的起源、持续时间和稳定性现在仍是一个谜。但可以明确的是，目前金星温室效应主要吸收的是金星表面的红外辐射，对太阳辐射的吸收很微弱。金星 50～70 km 高度覆盖着云层，可以反射约 80% 的太阳光（Tomasko, et al.，1980），导致金星具有类地行星中最高的反照率（约为 0.75）。在实验的不确定性范围内，金星总体上处于辐射平衡状态，其吸收的太阳能量明显小于地球（低约 33%）。而且金星吸收的太阳辐射约 70% 储存在高层大气和云中，19% 沉积在低层大气中，只有约 11% 能够到达表面，导致金星表面吸收的"阳光"比地球低一个量级。

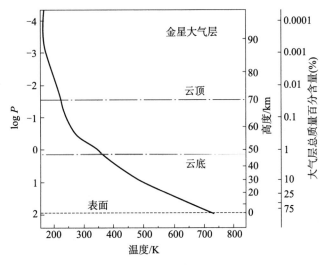

图 3-3 金星大气温度和压力随高度的变化（焦维新，邹鸿，2009）

金星表面以上云层以下的大气温度分布主要受对流控制，遵循干燥的绝热曲线，只有微小的动力学变化。根据热力学定律可以得到理想情况下金星大气绝热递减率约为 10 K/km。

金星热带地区温度最大的系统变化主要是由于波数为 2 的热潮汐，其在云顶的振幅可达 2～3 K。由于云结构的不均匀性以及太阳吸收和发射的变化，云内部的水平温度差异有时会比这大，但通常仍小于 10 K。在金星南北半球的高纬地区存在涡旋结构，并出现"冷暖极"。在云顶高度（全球平均温度约为 235 K），这里的"冷"和"暖"分别指低于 200 K 和高于 250 K。

金星中间层在高度 62～95 km 范围内，这一区域吸收了大部分的太阳光，纬向风速极大值以及大部分行星波活动都发生在这一区域。金星的中间层可分为两层：低中间层在 62～73 km 范围内，高中间层在 73～95 km 范围内。低中间层在高度上与高云层有一定重叠，其温度几乎恒定在 230 K（-43 ℃）。在高中间层，温度再次开始下降，并在 95 km

的高度达到约 165 K（−108 ℃）的最低点，形成了中间层顶。中间层顶是金星昼侧大气中最冷的部分。昼侧中间层顶是金星中间层和热层的分界线。图 3-4 给出了金星中间层大气温度的高度变化。

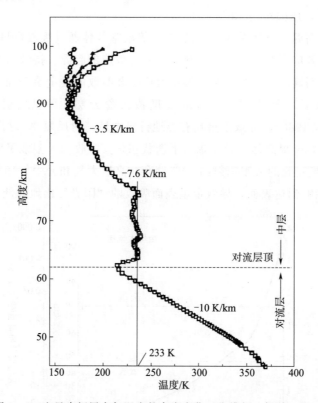

图 3-4　金星中间层大气温度的高度变化（焦维新，邹鸿，2009）

中间层顶是昼侧热层温度最低的位置，在此高度以上昼侧热层中性温度随高度增加而上升，并在约 140 km 以上达到逃逸层温度（约为 300~400 K）并停止上升。相比之下，金星夜侧的热层是金星上最冷的地方，温度能够低至 100 K（约−173 ℃），因而有时夜侧热层也被称为冰冻圈（图 3-5）。由于动力学引起的绝热压缩的影响，在 90~120 km 高度的夜侧中间层-热层会形成一个温暖层。这个层的温度约为 230 K（−43 ℃），远远高于夜间热层的典型温度 100 K（−173 ℃）。

金星大气层顶（逃逸层）高度约为 220~350 km。在逃逸层以上的高度大气层内气体粒子之间几乎无碰撞。在金星上，对于高能中性原子的逃逸已经进行了一定的观测。观测表明，中性逃逸通量小于离子逃逸的通量。氢能够通过热过程逃逸（Jeans 逃逸），但可能比相应的离子逃逸小几个量级。其他非热逃逸机制也是可能的（Hunten，1982），但预计不会产生显著的通量，除了 H、O 和 He 外，其他物质的逃逸不会有很大影响。

由于地球存在包含大量臭氧的平流层，所以金星和地球的大气结构有明显差异，但通过仔细对比，如果在不考虑臭氧驱动的平流层结构并在相同压力下对比金星和地球大气层的结构，会发现它们之间表现出一定的相似性（图 3-6）。

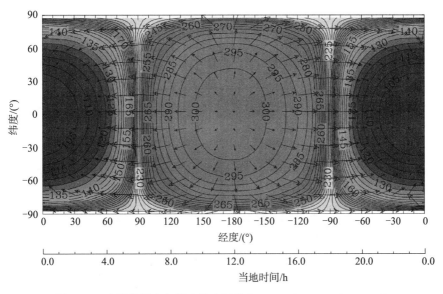

图 3-5 金星热层大气温度的水平分布（Bougher，et al.，2008）

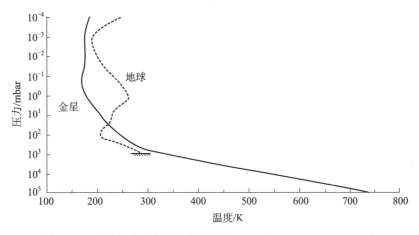

图 3-6 金星与地球大气温度的比较（Taylor，Grinspoon，2009）

3.4 大气运动

金星大气动力的主要驱动源是对太阳辐射的吸收。金星上存在两个主要的大气环流模式。一种是从行星表面到云层顶 70 km 左右（稍高于对流层顶）存在的一个稳定的风系统：逆行超旋纬向流（Retrograde Supper - rotating Zonal，RSZ）。另外一个环流存在于 120 km 附近，是一个相对稳定的日下点到远日点的流。在 120 km 以上，日下点-远日点的流速可达 200～300 m/s。而在 70～120 km 范围内的过渡区，这两种环流模式相互作用，产生了多变的风系统。

　　第一种环流模式主要包括超旋、哈德莱环流和极区涡旋三个过程。低层大气超旋的方向沿着行星旋转的方向，在云层顶风速可达 100 m/s，形成周期为 4 个地球日的超旋，比行星自转速度快 60 倍。在低于纬度 50°的风速最大值约为（100±10）m/s。风的速度往高纬度就快速下降，在极点处风速甚至是 0。这个超级旋转是差分的，也就是说金星赤道上的对流层超级自转比中纬度的地区慢。超旋在垂直部分也有巨大的高度梯度，对流层中高度越低风速就以每千米 3 m/s 的梯度下降（图 3-7）。接近金星表面的风速远低于地球表面，大约只有时速数千米（一般低于 2 m/s，平均风速约为 0.3～1.0 m/s）。在云顶上方也有类似的减速过程。一般认为，在云层上方发生的减速与该高度的温度分布产生的压力梯度有关，特别是极地的气温比中层大气中的赤道高出近 20℃。动力学模型证实，这种类型的梯度足以在约 90 km 的高度上完全阻止纬向风。

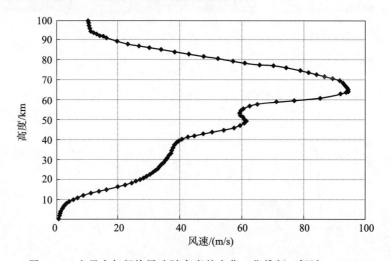

图 3-7　金星大气超旋风速随高度的变化（焦维新，邹鸿，2009）

　　哈德莱环流主要由子午风构成，分成不同层结，叫作哈德莱元胞，分布在金星表面到云层附近。最近的观测显示，子午风在中纬度达到峰值，约为 20 m/s，在赤道和极点附近降为 0（图 3-8）。金星的子午风比纬向风弱，但仍然对大气环流起重要作用。金星子午风主要由对太阳辐射吸收以及红外辐射的不平衡所导致。由于在云层附近对太阳辐射吸收最大，因此云层高度的子午风也可能最大，但是由于观测（主要包括热层观测以及基于云的极向运动特征进行推断）较少，还不能得到直接证实。

　　所有类地行星大气的极地区域都会出现涡旋现象，这通常是由于高纬度寒冷、稠密的空气下沉，以及纬向角动量在经向气流中的传播和集中导致的。在金星上，小倾角和强大的超旋导致了这种效应的极端版本，其特征是在约 65°纬度的两个半球的环流状态中的急剧转变，在那里哈德莱环流结束，发现了最强的风，形成了一个紧凑的喷射流，以及一个非常冷的环极圈空气带，以及一个单一的最大日固波浪结构（最低温度保持固定地方时）。极区涡旋只存在于极区范围内，且是稳定的。大概可以到达 65°纬度附近，主要在 70 km 附近被观测到，厚度约为 50 km。可见光和紫外波段观测结果显示极区涡旋呈现 S 形，有两个涡旋中心。涡旋旁边 50°～70°附近存在带状的温度谷值区域。一般认为，金星涡旋是

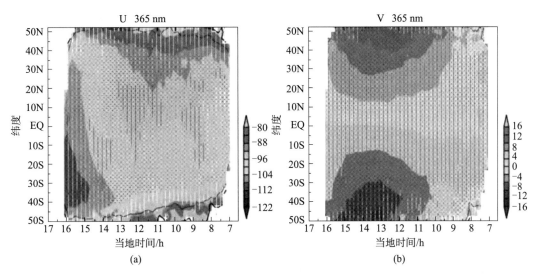

图 3 - 8　在 365 nm 波段观测云得到的平均风（Horinouchi，et al.，2018）（见彩插）

由极向子午风（云层高度的哈德利元胞）的热输运以及 RSZ 纬向风的共同作用产生的。

金星中间层与热层的环流模式是和低层大气完全不同的。在 90～150 km 高处的金星气体自昼半球向夜半球移动，并且在昼半球气体上升，夜半球气体下降。在夜半球下降的气体造成了气体的绝热加热，并在 90～120 km 高处的夜半球中间层形成一个暖层。该暖层的温度是 230 K（−43 ℃），远高于夜半球中间层的典型温度 100 K（−173 ℃）。来自昼半球的气体还带有氧原子，这些氧原子是来于重组后的可长期存在的单态（1Δg）激发态氧分子，之后结构会弛豫并释放波长 1.27 μm 的红外线辐射。这样的辐射发生于 90～100 km 高处，并且常被空间探测器或地球天文台观测到。夜半球的中间层高层和热层也是非局部热力学平衡（non - LTE）二氧化碳和一氧化氮分子辐射的来源，这就是夜半球热层温度较低的原因（Tellmann，et al.，2009）。

金星中低层大气的超旋及其与高层大气动力学间的耦合问题是金星大气动力学长期以来的未解之谜。理解它可以为我们提供金星大气环流及其形成机制的全面而自洽的图像。要充分理解该图像需要对金星大气对太阳辐射的吸收过程、金星云动力学、近金星表面过程，以及金星大气化学都进行深入的研究。

3.5　大气电场、云雾、闪电

金星中层大气最主要的特征是存在全球性的云层，从约 48 km 高度开始，延伸到约 70 km 高度，在云层以上和以下还各有一个薄的雾层。金星云层可细分为五层：云下雾层（高度约为 32～48 km）、低云层（高度约为 48～51 km）、中云层（高度约为 51～57 km）、高云层（高度约为 57～70 km）和高层雾层（高度约为 70～90 km）。观测表明，云层由三种不同类型的粒子组成：存在于整个云层的直径约为 0.3 μm 的气溶胶（可能是固体硫）、存在于整个云层的直径约为 2 μm 的球形液滴 — $H_2SO_4 \cdot 2H_2O$ 和主要存在于中低层云中的直径约为 7 μm 的未知成分 (可能是由氯化铁、氯化铝、固体高氯酸水合物或氧化磷组成的晶体)。尽管对云中不透明度、成分和粒子大小的观察仍然严重不完整 (Titov，et al.，2018)，但现有知识已经可以揭示一个复杂的垂直剖面 (图 3-9)。

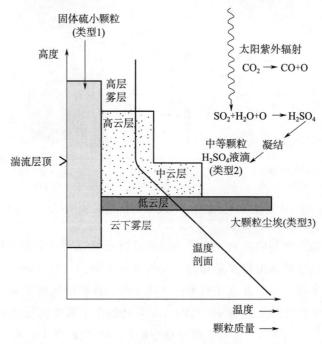

图 3-9　金星云雾垂直剖面示意图 (Taylor，2014)

硫酸 (H_2SO_4) 在金星云中占据着重要位置。云层中的硫酸可能形成于云顶上方的高层大气中，主要来源于 SO_2 与 CO_2 光解获得的 O_2 相互作用形成的 SO_3，并最终转化为 H_2SO_4。最初 H_2SO_4 以蒸气形式形成，但在高层大气的低温下，并在假定存在凝结核的情况下会凝结形成液滴。

金星上的闪电长期以来一直是争论的焦点，因为不同地观测到了正反两方面的情况。探测器上的相机还没有获得清晰、明确的光学闪电图像，但最近来自金星快车提供了有利于闪电存在的其他类型的证据。当航天器通过其轨道的近中心区域时，磁强计在高北纬处反复观测到通常由闪电触发的哨声波 (Russell，et al.，2007)。对全球平均闪电强度的估计表明，其活动水平是地球上的几倍。产生闪电的电荷分离机制可能与地球不同，特别是闪电可能发生在金星上的云之间，而不是像地球上那样发生在云和地面之间。与地球上的闪电相比，金星上的闪电会发生在更高的高度。

金星云雾层是一个非常多变的系统，包含许多远未被了解的复杂耦合过程。关于金星云雾层最重要的悬而未决的问题与云层的成分和化学过程有关，迫切需要对金星云雾层高度的气溶胶进行原位观测以及高分辨率的光学遥感观测，这些观测对于理解金星云雾层成分和化学过程，以及金星大气的能量平衡和动力学非常重要。

3.6　科学载荷

　　金星大气观测可用的科学载荷总体与地球大气观测类似，特别是很多主要搭载于气球平台、主要服务于高密度大气原位观测的载荷也可以应用于金星大气观测。金星大气观测主要的可用科学载荷及其探测目标列在表 3-2 中。

表 3-2　金星大气观测主要的可用科学载荷及其探测目标

载荷	探测目标
质谱仪（四级杆）	大气成分及其同位素丰度
可调谐激光谱仪	特定痕量气体及其同位素丰度
紫外红外光谱仪	大气成分及其光谱特征
化学传感器（MEMS）	针对某些化学成分的 MEMS 传感器
微压计/惯导单元	地震次声波信号探测
浊度计	云和气溶胶粒子群尺寸、散射特性、数量
光学粒子计数器	云和气溶胶粒子尺寸、散射特性、数量
显微成像仪	观测分析滤网收集的大颗粒气溶胶粒子
气溶胶质谱仪	气溶胶化学成分和生物特性
大气结构仪器	大气温度、压力、垂直风速
辐射计	上行和下行多波段辐射通量
超稳振荡器	多普勒侧风
闪电探测器	闪电瞬变电磁、光学、声学信号
磁强计	永久磁场
电磁测深仪	金星壳厚度与电导率
重力仪	高分辨率重力异常数据
可见/近红外相机	在云底开展表面形貌、热辐射高分辨率成像

3.7　前沿科学问题及未来研究方向

　　金星大气成分与金星的演化历史密切相关。由于缺少固体金星的观测，对金星大气成分与演化的实验研究（特别是涉及大气–金星表面耦合的研究）特别困难，相关研究严重依赖理论和模型模拟。现有研究认为，地球与金星大气在成分、表面温度和压力上的显著差异可能与各自轨道上太阳通量、磁化和未磁化的行星上不同的大气逃逸效率、地质过程的差异等密切相关。开展金星中低层大气观测，特别是云下金星大气的观测，对于进一步揭示金星大气成分与演化特性、金星与地球间的比较行星学研究具有重要意义。

虽然对于金星大气环流的总体特征现在已经清楚了，但许多细节，如纬向超级旋转的驱动机制、极地涡旋的形态和行为，还有待进一步深入研究。已经观察到大量的大气活动，如金星大气气辉紫外辐射中的波结构、云层上方二氧化硫浓度的巨大变化以及云层中的积云结构，都还缺少足够详细的研究，以确定其机理和全貌。

参 考 文 献

［1］ Bougher S W，Blelly P，Combi M，et al. Neutral Upper Atmosphere and Ionosphere Modeling ［J］.
Space Sci Rew，2008，139：107－141.

［2］ Hedin A E，Niemann H B，Kasprzak W T，Seiff A. Global empirical model of the Venus
thermosphere ［J］. J Geophys Res，1983，88（A1）：73－83. doi：10.1029/JA088iA01p00073.

［3］ Horinouchi T，T Kouyama，Y J Lee，et al. Mean Winds at the Cloud Top of Venus Obtained from
Two－wavelength UV Imaging by Akatsuki ［J］. Earth Planets Space，2018，70：10. https：//doi.
org/10.1186/s40623－017－0775－3.

［4］ Hunten D M. Thermal and nonthermal escape mechanisms for terrestrial bodies ［J］. Planet Space
Sci，1982，30（8）：773－783. https：//doi.org/10.1016/0032－0633（82）90110－6.

［5］ Imamura T，Mitchell J，Lebonnois S，et al. Superrotation in Planetary Atmospheres ［J］. Space Sci
Rev，2020，216：87. https：//doi.org/10.1007/s11214－020－00703－9.

［6］ Ingersoll A P. The Runaway Greenhouse：a History of Water on Venus ［J］. J Atmos Sci，1969，26
（6）：1191－1198.

［7］ Marcq E，Mills F P，Parkinson C D，et al. Composition and Chemistry of the Neutral Atmosphere
of Venus ［J］. Space Sci Rev，2018，214：10. https：//doi.org/10.1007/s11214－017－0438－5.

［8］ Russell C T，Zhang T L，Delva M，et al. Lightning on Venus Inferred from Whistler－mode Waves
in the Ionosphere ［J］. Nature，2007，450：661－662. https：//doi.org/10.1038/nature05930.

［9］ Schubert G，Bougher S W，Covey C C，et al. Venus Atmosphere Dynamics：A Continuing Enigma
［M］. In Exploring Venus as a Terrestrial Planet（eds L.W. Esposito，E.R. Stofan and T.E.
Cravens），2007. https：//doi.org/10.1029/176GM07.

［10］ Taylor F W. The Scientific Exploration of Venus ［M］. New York：Cambridge University Press，
2014. ISBN－13：978－1107023482.

［11］ Taylor F W，Svedhem H，Head J W. Venus：The Atmosphere，Climate，Surface，Interior and
Near－Space Environment of an Earth－Like Planet ［J］. Space Sci Rev，2018，214：35. https：//
doi.org/10.1007/s11214－018－0467－8.

［12］ Tellmann S，Pätzold M，Häusler B，et al. Structure of the Venus Neutral Atmosphere as Observed
by the Radio Science Experiment VeRa on Venus Express ［J］. J Geophys Res，2009，114：E00B36.
https：//doi.org/10.1029/2008JE003204.

［13］ Titov D V，Ignatiev N I，McGouldrick K，et al. Clouds and Hazes of Venus ［J］. Space Sci Rev，
2018，214：126. https：//doi.org/10.1007/s11214－018－0552－z.

［14］ Tomasko M，Doose L，Smith P H，et al. Measurements of the Flux of Sunlight in the Atmosphere
of Venus ［J］. Journal of Geophysical Research：Space Physics，1980，85（A13）：8167－86.

［15］ 焦维新，邹鸿. 行星科学 ［M］. 北京：北京大学出版社，2009.

第 4 章 热环境

4.1 引言

金星是太阳系中距离太阳第二近的行星，也是距离地球最近的行星。作为一颗类地行星，金星与地球有着相似的体积以及同为固态的壳层结构，曾被认为是地球的"孪生子"。但随着认识的逐渐深入，人们发现金星和地球存在极大差异：金星具有十分稠密的大气，表面气压约为地球的 90 倍；金星大气以 CO_2 为主要成分，其高空覆盖着富含硫的酸性云；一系列表面特征表明金星存在正处于活跃阶段或最近曾活跃过的火山，这说明金星内部存在对流运动，但金星却没有形成与地球类似的内禀磁场。

与现在的火星一样，金星当前由于不具备内禀磁场，其大气直接暴露于太阳风与太阳风磁场中。也正因如此，在太阳磁场、太阳风高能带电粒子与金星高层大气相互作用下，金星形成了特别的感应行星磁场。行星磁场对行星中高层大气组分及演化、行星大气逃逸有显著影响，也间接影响行星辐射收支。

对于近地空间而言，距离地球约 15 个地球半径处的弓激波是地球对于太阳风的屏障，太阳风所携带的粒子将在弓激波以内的磁鞘区域被减速、反射、压缩。与之相对应的，金星的激波、感应磁层更靠近金星，尺度均远小于地球，这导致在考虑金星空间等离子的性质时既需要以"流体"的方式思考，又需要从"粒子"的角度出发。以上特点显著影响金星的动量与能量传输，从而间接影响金星的整体特征与演化。

金星等离子体环境由几种加速以及充能机制主导，这些机制多与太阳风和行星大气的相互作用相关，其中一个直接的结果是导致行星大气逃逸。在太阳风抵达金星附近时，其中的离子与电子会通过碰撞过程与行星大气粒子进行电荷交换与能量交换，这对金星高层大气的加热有显著贡献。加热过程会产生超热粒子，更高的能量使其更容易挣脱引力从而导致大气逃逸；频繁的碰撞也对大气逃逸有所贡献；而随着太阳风一起靠近金星的还有太阳风磁场，磁力线会被部分"悬挂"于金星表面并被拉伸，过程中会有金星大气中的带电粒子被拾起从而逃逸。

金星昼侧与夜侧的热压存在差别，一般认为这是电离层离子生成率差异所导致的。然而现阶段的研究表明，有更多的机制在能量与动量传输中起关键作用。在 100 km 左右的高度上，高能太阳风等离子体粒子可以通过碰撞过程与金星大气直接进行动量与能量交换；磁重联过程也依然可以在磁场形态与特征不同于地球的金星上发生，并显著影响动量、能量以及物质交换；流体剪切不稳定性也是金星上动量与能量交换的关键机制。

整体而言，金星有着独特的行星空间环境，在独特的能量传输、交换机制下，其热环境十分具有研究价值，这能极大帮助我们明晰类地行星空间的热环境及其演化和机理。

4.2　轨道和大气热环境

金星拥有非常浓厚的大气层，其表面压强达到 93 个大气压。在金星大气中，二氧化碳为主要成分，数密度占比约为 96.5%，氮气为次要成分，占比约 3.5%。由于大气中致密云层及温室效应的存在，昼夜交替并不能对金星表面温度产生显著影响。金星表面温度高达 740 K，远高于地球表面温度，其自转轴倾角在 3° 以内，远小于地球的 23°，这导致金星表面环境的季节变化相对不显著。金星热层大气是太阳辐射和大气对流的综合作用结果，太阳辐射与金星表面红外辐射的相互作用决定了金星热层大气的温度特性。

4.2.1　探测手段

（1）金星先驱者号（Pioneer Venus Orbiter，PVO）

金星先驱者号（图 4-1）通过携带 45 kg 的设备进行了多达 17 项科学目标的探测，其中包括了用于测量金星大气红外辐射的红外辐射计（Infrared Radiometer，IR）接收的辐射波长范围为 8～14 μm 及 35～55 μm；用于测量紫外散射和辐射的空气辉紫外光谱仪（Ultraviolet Spectrometer，UVS），接收的辐射波长范围为 0.16～0.33 μm；用于测量金星高层和电离层大气密度以及电离层温度的中性质谱仪（Neutral Mass Spectrometer，NMS）、离子质谱仪（Ion Mass Spectrometer，IMS）和电子温度探测器（Electron Temperature Probe，ETP）。

图 4-1　金星先驱者号

（2）金星快车号（Venus Express，VEx）

空间等离子体与能量原子分析仪（Analyzer of Space Plasmas and Energetic Atoms，ASPERA-4）是金星快车上搭载的用于研究太阳风与大气相互作用，以及等离子体与大气逃逸的仪器（图 4-2）。ASPERA-4 具有四个传感器，分别为：两个高能中性粒子

(Energetic Neutral Atoms，ENA）传感器——中性粒子成像仪（Neutral Particle Imager，NPI）和中性粒子探测仪（Neutral Particle Detector，NPD），以及一个电子频谱仪（Electron Spectrometer，ELS）和一个离子质量分析仪（Ion Mass Analyser，IMA）。NPI 在能量区间 0.1～60 keV 不提供质量和能量分辨率，但提供相对较高的角分辨率（3.6°×11.5°）的 ENA 通量的积分。NPD 在能量区间 0.1～10 keV 提供 ENA 通量的测量，它能分辨粒子（H 和 O）的速度和质量，但角分辨率较低。ELS 是个静电分析装置，它可以进行高达 8% 的能量分辨率的光点频谱测量。IMA 能对主要的离子成分（1 amu/q、2 amu/q、4 amu/q，16 amu/q）和分子离子（20～80 amu/q）在能量范围 0.01～30 keV/q 进行测量，瞬时视界为 4.6°×360°（Barabash，et al.，2007）。

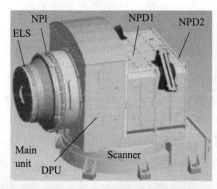
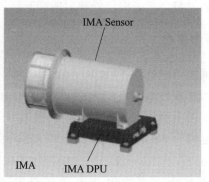

图 4-2　ASPERA-4 全景图像（Barabash，et al.，2007）

（3）拂晓号（Akatsuki）

拂晓号（图 4-3）上除搭载的五台成像仪外，还搭载了无线电科学仪器（Radio Science，RS），用于观测大气温度、硫酸蒸气密度和电离层电子密度的垂直分布。金星大气可引起无线电波的射线弯曲，探测器的轨道运动会引起随时间变化的多普勒频移。假设大气呈球面对称，对观测到的频率变化进行处理，可得到大气折射率的垂直分布，并进一步转换为 90 km 以下的中性密度分布和上方的电子密度分布（Fjeldbo，et al.，1971）。在动力学平衡的假设下，可以从中性密度剖面中得出大气压力和温度的分布，而硫酸蒸气的垂直分布，可以从 RS 信号功率的时间变化中分析得出（Jenkins，et al.，1994）。

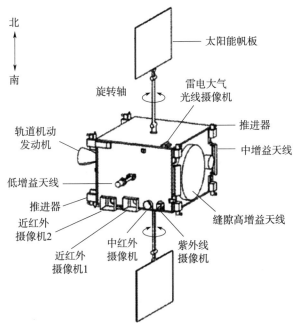

北

南

旋转轴

太阳能帆板

雷电大气光线摄像机

推进器

中增益天线

轨道机动发动机

低增益天线

推进器

近红外摄像机2

近红外摄像机1

中红外摄像机

紫外线摄像机

缝隙高增益天线

图 4-3 拂晓号探测器的结构

4.2.2 探测历史

金星的大气层是在 1761 年科学家观测金星凌日时首次发现的。对于金星的探测始于 20 世纪 50 年代后期，天文学家使用射电望远镜第一次观测到金星表面。苏联在 1961 年期间启动"金星计划"（Venara），在 20 多年间发射了一系列"金星"（Venara 1-16）探测器，其中，金星 4 号传回的数据明确了金星没有全球性磁场，大气含有丰富的二氧化碳及少量惰性气体（Vinogradov, et al., 1968）。1967 年，水手 5 号（Mariner 5）成功飞掠金星，通过无线电掩星手段首次对金星电离层进行观测，提供了金星电离层日侧和夜侧的电子密度剖面（Kliore, et al., 1967；Mariner, 1967）。随后的飞行任务，如水手 10 号，金星 9 号、10 号、15 号和 16 号也通过无线电掩星手段获得了一些电子密度数据。1978 年由美国发射的金星先驱者号成功观测了金星大气中性大气层和电离层中的大气辐射学、动力学及电磁学等相关的大气参数（Brace, et al., 1979；Kliore, et al., 1979a；1979b；Niemann, et al., 1979a；1979b；Stewart, et al., 1979；Travis, et al., 1979）。欧洲空间局于 2005 年发射"金星快车号"探测器，其携带的金星监视照相机、空间等离子体和高能原子分析器和磁强计对研究太阳风和金星大气层的相互作用和金星中性大气及等离子体环境分布等科学问题提供了极大帮助（Titov, et al., 2006；Zhang, et al., 2006；Svedhem, et al., 2007）。日本在 2010 年首次向金星发射探测器拂晓号，它同时也是世界上第一颗非地球的行星气象卫星。拂晓号携带五个不同波段成像的摄像机，可从紫外至中红外波段对金星大气分层、大气动力学和云物理学进行研究（Nakamura, et al., 2001）。

4.2.3　科学认识

（1）金星电离层的空间结构与时空变化性

对于金星的行星空间，人们通常认为其约 100 km 以上的大气为电离层，这里的大气主要由离子和电子组成。电离层上边界存在很大的电子密度梯度，这是冷的行星等离子体与后激波太阳风等离子体的过渡区域，被称为电离层顶。对于地球而言，内禀磁场形成的磁层将地球磁壳稳定在距离地球几个 AU（天文单位，指日地平均距离）的地方，但由于金星不具备内禀磁场，电离层顶即为太阳风与金星空间的分界面。

图 2-26 所示为金星复杂的行星空间结构剖面图。其中，金星日侧电离层由太阳极紫外辐射产生，电离层顶与太阳风相互作用，从而将电离层加热和塑形，同时生成彗星一般的特征，也导致了离子逃逸。

在独特的空间环境下，金星的行星空间结构以及热环境十分值得被研究。图 4-4 展示了平均情况下，金星电离层电子温度和密度与太阳活动、太阳天顶角、高度相关，太阳天顶角越大，电子密度越低；高度越高，电子温度越高，电子密度越低。同时，电子密度周日变化十分显著，但电子温度周日变化不明显。图 4-5 则展示了平均情况下金星电离层离子密度与温度剖面，可以看出，与电子温度和密度剖面结构相似，离子温度随高度增加而上升，离子密度随高度增加而下降。但离子温度在太阳天顶角大于 150°时出现异常高值，这在夜侧最为明显，已有的研究猜测这与热层引力波的传导相关。

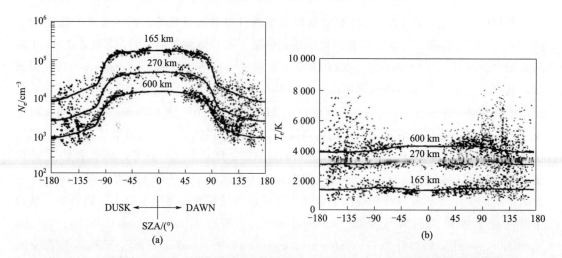

图 4-4　电子密度（N_e）和电子温度（T_e）在 165 km、270 km、600 km 处根据金星先驱者号探测数据的模拟结果。散点展现出夜侧电离层时间变化性大于日侧电离层

在较大的时间尺度下，因为金星黄赤交角十分小，其空间结构的季节变化几乎可以忽略不计。但已有研究表明太阳周期对金星空间结构有显著影响，日下点电离层峰值密度正相关于太阳活动强度。峰值密度随太阳周期的变化也可能对电子温度产生影响，但目前并没有十分直接的探测数据可以佐证。就金星电离层中的电子和离子分布特征、时间演化而言，目前的认知是十分间接的，这也是研究金星空间热环境待解决的问题之一。

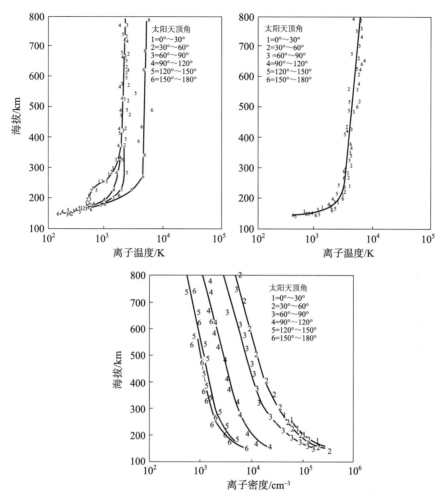

图 4-5　金星先驱者号以每 30°太阳天顶角（SZA）为间隔，对离子温度（T_i）、离子密度（N_i）、T_e 进行探测得到的剖面。离子温度周日变化较小，但夜侧离子温度出现明显上升

（2）金星的磁尾结构

图 2-26 展示了金星夜侧复杂的空间结构，通过金星先驱者号测量可以得到金星磁尾的物理量参数（图 4-6）。从电子密度变化可以看出金星磁尾的"尾部射线"结构，在这些结构中，电子的温度远低于其周围的"槽"结构中的电子。这样的结构与分布表明，"尾部射线"的边界正是两群不同的等离子体之间的过渡区域。

在金星磁尾测得的离子几乎均为超热离子，而在较低的电离层测得的离子几乎均为冷离子，磁尾超热离子的加热以及加速机制仍未明晰。这些超热离子常出现在电离层空洞的周边区域，而且在整个"尾部射线"中、各个高度上均有出现，同时在约 2 000 km 高处的"尾部射线"边缘出现了电流片，这似乎意味着某种加速机制的作用范围涵盖了电离层和"尾部射线"。

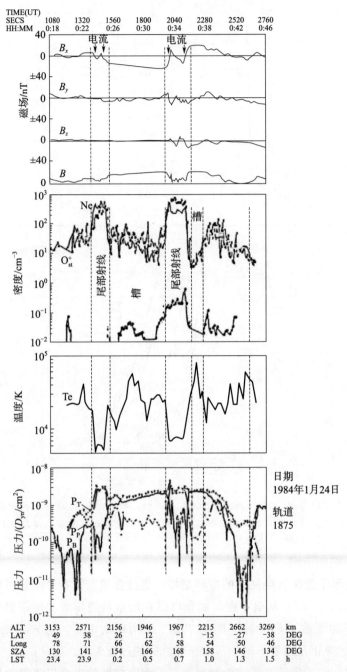

图 4-6 穿越离子尾时对磁场及等离子体进行的测量

（3）金星磁场结构对电子温度的影响

在地球电离层中，通过传导向夜间传输的热量会很大程度受制于近乎垂直的地球磁场，但储存在日侧等离子体层的能量会在该处入夜后向下传输热量，弥补一部分地球磁场的制约作用。这样的热源在日侧通过光电子加热补充，中纬度的长通量管可以整夜向中纬度电离层传输热量，但短通量管热容较小，因此地磁纬度在 40° 以下的 F 区会在日落后迅速冷却。地球磁层则是作为另一个热源为夜侧中纬度电离层提供热量：离子在磁层环电流处加热等离子体层顶附近的热电子，进一步提供光电子热源。

反观金星，由于缺乏内禀磁场，其电离层热结构比地球更简单。已有的共识认为，太阳风加热电离层顶是金星日侧电离层的主要能量源，而其中的某些具体加热机制仍不清楚。夜侧电离层则是由日侧电离层通过垂直方向及水平方向的传导加热的，向夜侧的等离子体对流可能在其中起到了重要作用，特别是对于夜侧离子温度可能有很大贡献。

（4）金星弓激波处的热环境

金星弓激波是否可能是存在碰撞的？太阳风电子与离子在磁壳中是否可能通过与中性成分发生足够多碰撞而形成麦克斯韦分布？这些都是当今关于金星轨道热环境的前沿问题。

图 4-7 所示为美国先驱者号金星轨道器某次穿越金星磁壳所记录的数据。在这次轨道绕行中，先驱者号金星轨道器从金星磁尾出发，向金星日下点，也是该轨道的近金星点飞行。在 −2 700 s 时，轨道器短暂离开又再次进入金星磁壳。随后至 −600 s 时轨道器测量得到的磁场数据、太阳风电子密度及温度数据都相对稳定，表明这段时间轨道器都运行在金星磁壳中。在大约 −600 s 时，太阳风电子温度和密度都突然下降，随后密度迅速上升。随后温度下降至约 10 eV，并随着接近近金星点缓慢下降。这是轨道器穿越过渡区到达电离层的表征。

通过对不同轨道测得的光电子温度与密度数据（图 4-8）进行分析，可以发现金星磁壳附近及内部存在电子与离子呈麦克斯韦分布的区域，并推断非麦克斯韦分布的区域最有可能是厚约 $100\sim200$ km 的回旋层（图 4-9），该层中太阳风离子束通过波粒相互作用将动能转化为热电子速度分布。

（5）中性大气密度及温度

目前，对金星大气的观测数据主要通过金星快车号、金星先驱者号、拂晓号等探测器和地面望远镜的遥感观测，以及金星号系列探测器、金星先驱者号探针的就位观测所得到。图 4-10 所示为 Ambili 等人（2019）基于金星先驱者号探测数据，结合模型模拟得到的金星中性大气层和电离层密度剖面。由图 4-10 可知，CO_2 是金星大气中的主要粒子，其密度远高于其他中性粒子；在约 170 km 以上的高层大气中，O 为主要大气成分。

Limaye 等人（2017）基于金星快车及地面遥感观测数据，结合金星全球大气参考模型（VIRA）揭示了金星大气全球性温度垂直分布结构（图 4-11，仅示例赤道至南北纬 50°）。经研究发现，在 90 km 以下的对流层和中间层，金星大气温度随高度增加而减小，而在 $90\sim150$ km 高度，金星大气热层结构更为复杂，表现出冷热交替的温度变化，其中，最大温差出现在金星的晨昏交界处，这可能是由 100 km 以上各种大气波动等短期影响因素造成的。研究指出，这样的大气逆温现象可以有效促进垂直环流，有利于大气粒子的混合，进而影响金星大气的辐射平衡过程。另外，相比于地球，金星的大气温度随经纬度的变化在相同的压力面或高度上往往很小，且其温度随时间变化不明显。图 4-11 和 4-12 所示为 Gilli 等人（2021）结合金星快车探测数据模拟并进行参数化改进的金星大气温度

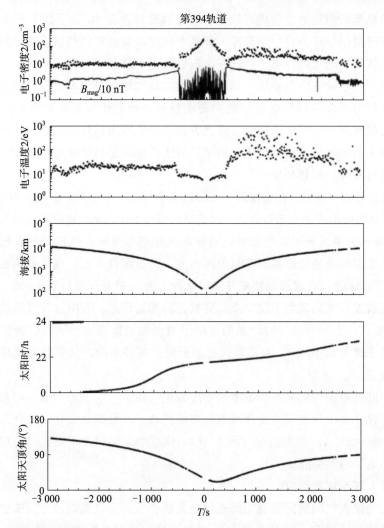

图 4-7　金星先驱者号第 394 轨道从－3 000～3 000 s 测量得到的 N_e 和 T_e。近金星点在第 0 s

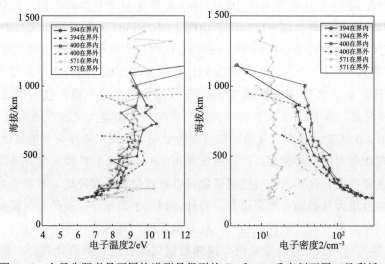

图 4-8　金星先驱者号不同轨道测量得到的 T_e 和 N_e 垂直剖面图（见彩插）

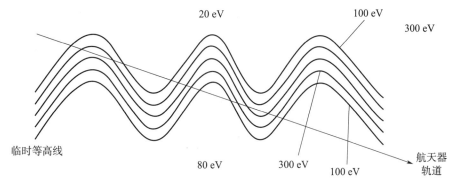

图 4-9　对电子符合麦克斯韦分布的回旋层想象示意图

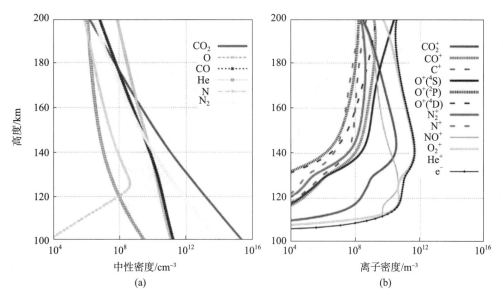

(a)　　　　　　　　　　　　　　　　(b)

图 4-10　基于金星先驱者号观测数据的光化学模型模拟金星中性大气层（b）及电离层密度剖面（a）：（a）图为中性粒子 CO_2、N_2、O、CO、He、N 密度，（b）图包含 11 种离子密度（Ambili, et al., 2019）（见彩插）

随时间和高度的变化图，可以看出，金星大气温度在 100 km 处正午和午夜的最大温差仅有 20 K。

（6）大气辐射和"失控的"温室效应

金星大气热层从金星表面上约 90 km 延伸至约 200 km，它是太阳辐射与大气对流综合作用的结果。入射太阳辐射和来自金星表面红外辐射的散射吸收决定了金星热层大气的温度特性。一系列观测、数值模拟和理论研究都揭示了辐射在金星大气的各种作用过程中扮演着极其重要的角色。辐射能量的源和汇的特殊分布推动金星大气的超高速的纬向环流，不同气体和气溶胶之间的化学作用使金星大气成为一个非常复杂的系统（Limaye, et al., 2018）。在过去几十年里，对金星大气层内外辐射场的观测让我们对金星大气有了更加全面的了解，如金星号系列和金星先驱者号探测器对金星散射太阳辐射和热辐射的就位探测揭示了金星大气辐射的垂直分布特征；金星快车号上搭载的 VIRIS 和 VMC 仪器记录

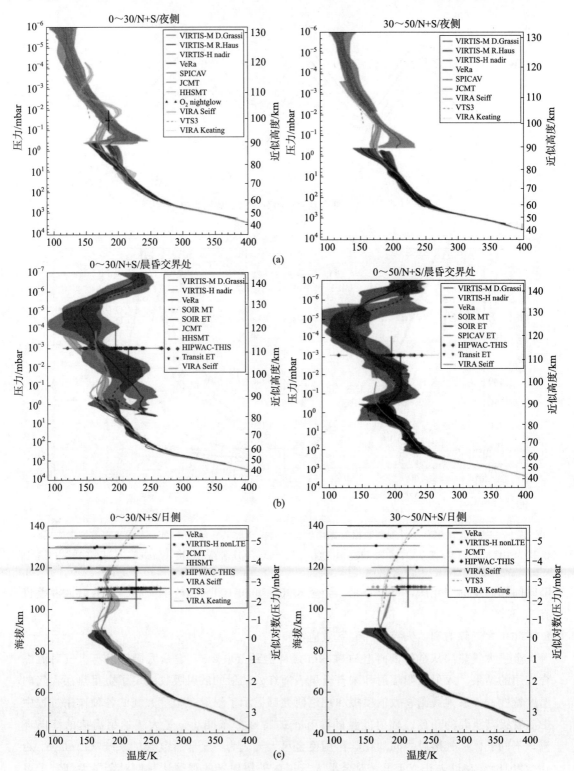

图 4-11　金星大气从赤道至南北纬 30°（左图）和从南北纬 30°～50°（右图）在夜侧（a）、
晨昏交接处（b）和日侧（c）的垂直温度廓线。图中不同实线代表不同仪器测量或
模型模拟结果，阴影表示不确定度（见彩插）

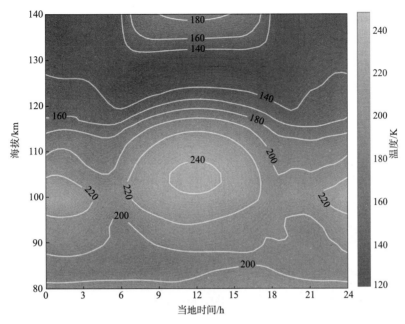

图 4 - 12　基于 IPSL - VGCM 模型参数化后的金星大气温度场（见彩插）

了金星的反射太阳辐射及近红外辐射（Markiewicz，et al.，2007a；2007b；Piccioni，et al.，2007）。

从行星际空间观测的金星光谱大致可以分为三个组成部分：反射太阳辐射、云顶红外热辐射和表面热辐射。反射太阳辐射以紫外波段为主，范围在 0.2 ～4 μm；云顶红外热辐射波段主要集中在 4 ～50 μm；而表面热辐射波段主要在 0.9～2.5 μm，其强度比太阳反射辐射弱几个数量级（图 4 - 13）。由于金星大气中存在致密的硫酸云层，大部分入射太阳辐射会被散射回行星际空间，结合地基望远镜、金星快车号和太阳和太阳圈探测器（Solar and Heliospheric Observatory，SOHO）卫星等观测数据和模型结果，大量研究结果计算出金星反照率值在 0.76～0.8 范围内（Irvine，1968；Tomasko，et al.，1980；Moroz，et al.，1985；Haus，et al.，2016）。

金星与地球处在相似的行星际环境中，且体积大小相似，却拥有截然不同的表面环境，这使金星气候演化成为行星科学领域热点话题之一，其中，以金星"失控的"温室效应假说占据主导。该理论最早由 Ingersoll（1969）提出，他发现，虽然星体温度的升高会导致向外辐射通量的增大，从而达到能量的收支平衡。但是，根据辐射传输模型结果，若红外不透明度取决于某种可蒸发、沉降的气体含量，入射辐射通量将存在一个临界点。当太阳辐射通量高于该临界点，辐射传输平衡将被打破，星体表面温室气体对能量的吸收效应会显著削弱星体向外的辐射通量，令星体升温，并加剧温室气体的蒸发过程，形成正反馈，推动平衡向极高温的方向移动，如图 4 - 14 所示。因此，他们认为金星表面可能曾经存在液态水，其蒸发是导致金星温室效应的关键驱动因素。而提到的辐射临界点，也许刚好位于金星轨道附近。

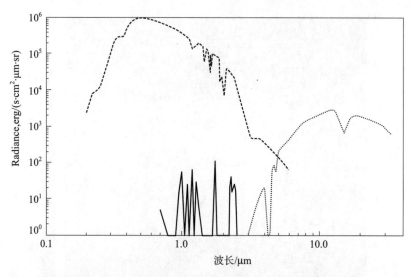

图 4-13　从行星际空间测得的金星辐射光谱，包括反射太阳辐射波段（虚线）、云顶红外热辐
　　　　射波段（点线）和金星表面热辐射波段（实线）（Titov，et al.，2013）

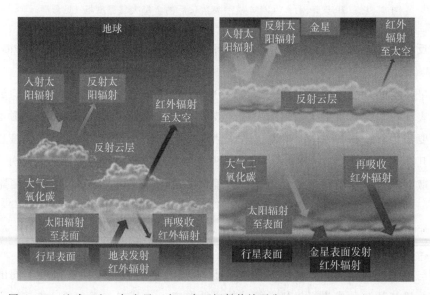

图 4-14　地球（左）与金星（右）表面辐射传输平衡（Pearson Education，2011）

　　通过金星先驱者号所搭载的中性粒子及离子质谱仪，Donahue 等人（1982）及 Mcelroy 等人（1982）观测到金星大气氘（D）/氢（H）比值高达 1.6×10^{-2}，是地球 D/H 比值的 100 倍，这为金星表面曾存在大量水提供了有力证据。考虑到金星与地球诞生之初可能由相同的行星际尘埃颗粒汇聚而成，学术界普遍认为，金星表面曾与地球相似，也覆盖着液态水，并在数十亿年的演化过程中曾发生过剧烈的水蒸发、光解以及氢逃逸，导致较轻的 H 含量减少，D/H 比值显著升高。随着液态水的蒸发，大量本溶解于其中的二氧化碳得到释放，并随着水蒸气的光解，逐渐形成如今由二氧化碳占据主导地位的金星

大气。

　　然而，在 Turbet 等人（2021）建立早期金星环流模型中，他们认为金星表面从未存在过液态海洋。他们发现，在近 40 亿年前金星形成之初，其所在行星际位置的太阳辐射强度便已超过临界值，水从来都无法以液态形式存在。水蒸气在金星夜侧形成致密云层，吸收大量行星表面长波辐射形成温室效应，抑制液态水的形成，如图 4-15 所示。

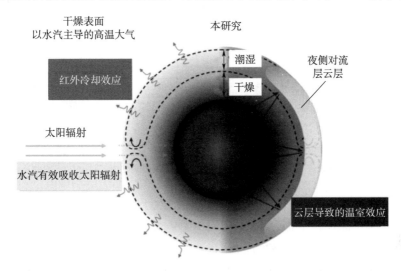

图 4-15　金星环流模型辐射传输示意图（Turbet，et al.，2021）

4.2.4　前沿科学问题

　　金星作为不具备内禀磁场的类地行星，是我们研究弱磁天体的重要途径，其中也有许多待解决的问题等着未来探索。如通过不同探测器我们已经将金星的空间环境结构大体理清，但在太阳系形成初期、太阳辐射和现今大不相同的情况下，太阳风、太阳辐射与金星如何相互作用还是一大课题；在太阳活动周期性变化的背景下，金星的感应磁场如何响应也是一大科研目标；在金星空间中，具体的加热与加速机制都有哪些，又分别是如何作用的，这也是待解决的问题。

　　硫酸云是金星大气研究中非常重要的一环，它影响着金星大气的辐射收支平衡与热层结构。早期对金星云层结构的研究分析主要通过苏联的金星号数据（Marov，et al.，1978）以及美国金星先驱者号探针搭载的云滴粒径光谱仪所获数据（Blamont，Ragent，1979a；Knollenberg，Hunten，1980）进行。通过这些数据发现，云层在垂直方向上具有显著的分层结构，该云层结构通过随后的维加号（Vega）探针观测得到证实（Moshkin，et al.，1986）。图 4-16 所示为金星先驱者号探测器所获得的云层就位观测数据，通过金星云滴数密度轮廓，云层消光系数轮廓，以及云量垂直分布，可将云层分为低层云（约为 47～50 km）、中层云（约为 50～56 km），以及高层云（约为 56～70 km）三层。

　　金星云层的主要物质——硫酸被模型证明是高层大气的光化学产物，因此，金星云的形成过程与金星大气硫化学必然密切相关，如图 4-17 所示。SO_2 是金星云层中主要物质，它

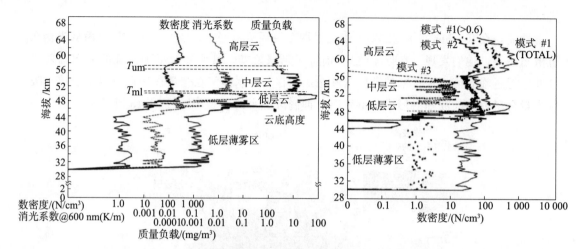

图 4 - 16　（左）金星中层云垂直结构，图中三条曲线从左至右分别为云滴数密度轮廓、云层消光系数轮廓、云量分布；（右）不同模态云滴分布（Knollenberg, Hunten, 1980）

被认为主要是由金星表面的火山活动产生的，于低层大气通过涡流扩散作用向高层大气传输。同时，低层大气的水蒸气也受到扩散影响向上传输，当两者抵达云顶高度时，由于受到太阳辐射的作用，部分 SO_2 被光解生成 SO 以及 O。此外，金星大气主要成分 CO_2 在这个高度也可以光解提供 O，该 O 与部分剩余的 SO_2 结合形成 SO_3，继续与向上传输的水蒸气结合，生成硫酸，继而在云层高度通过成核、凝结、碰并等过程，形成覆盖全球的致密硫酸云。云滴内的硫酸下落至云底以下高度时被释放，并热分解生成 SO_3 与水蒸气，SO_3 可进一步被大气中物质还原成 SO_2，也可随着湍流扩散回到云层，如此完成一个硫循环。

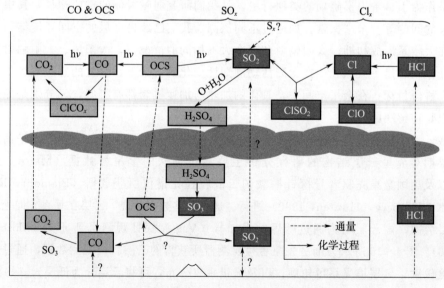

图 4 - 17　金星中低层大气主要化学过程（Bierson, Zhang, 2020）

观测结果发现，在云顶高度以下，SO_2 的混合比在 30～80 km 范围内随高度增加而减少，而在 80～85 km 范围内随高度增加而增加，这使其在中间层（约为 70～100 km）上层形成逆温层。另外，研究发现在对流层（40～67 km）中，SO_2 的混合比比 H_2O 大 4 倍，而在云层（60～80 km）中 SO_2 的混合比减小了 1 000 倍，H_2O 的混合比仅减小到云下的 1/30（Vandaele，et al.，2017），如图 4 - 18 所示。这说明 SO_2 向硫酸的转换不是 SO_2 在云层损失的唯一途径，在金星高层大气可能存在着其他 SO_2 的源，但目前并不清楚它是什么，也没有弄清它与金星大气其他光化学过程的联系。到目前为止，还没有模型能够精确地模拟上述 SO_2 的损失过程及混合比的变化，从而无法对中间层上层的逆温现象做出合理的解释（Sandor，Clancy，2012）。为解决这一问题，仍需要弄清在金星云层及中间层的化学、微物理和动力学过程，以产生契合观测的气态和凝聚态的粒子分布情况并找出导致金星大气中间层上层 SO_2 逆温现象的原因。

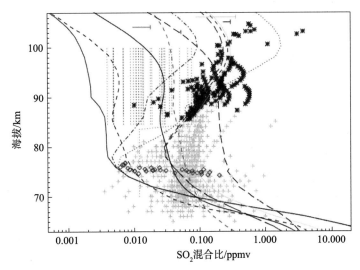

图 4 - 18　观测及模拟得到的 SO_2 混合比剖面。绿色十字为 SOIR 的观测，蓝色星号为 SPICAV - UV 的观测，红色菱形为哈勃太空望远镜的观测，洋红色点为麦克斯韦望远镜的观测，蓝色线条为 Zhang 等人（2010；2012）的模拟结果，红色虚线为 Mills 和 Allen（2007）的模拟结果，黑色线条为 Krasnopolsky（2012）的模拟结果，青色线条为 Parkinson 等人（2015）的模拟结果（Marcq，et al.，2017）（见彩插）

4.3　表面热环境

4.3.1　概况

金星的表面环境十分恶劣，与地球差别很大。金星平均海拔处的表面温度为 437 ℃，是太阳系内所有行星表面最高的，甚至比距离太阳最近的水星表面也要高。在海拔最高的地方，金星的表面温度下降 10 ℃ 左右。金星表面气压可达 93 bar，相当于地球上近 1 km 深水下的压力。由于浓密、几乎绝热的大气层和极低的倾角，金星的表面温度在一天（243 个地球日）内的变化仅 1 ℃。金星大气主要由二氧化碳组成，还含有少量的氮、二氧化硫、氩、一氧化碳和水。金星表面被硫酸组成的极厚云层覆盖。大量的二氧化碳导致大气升温，捕获更多的水蒸气，同时水蒸气、硫酸、二氧化硫等物质又阻止红外线向外辐射，使大气进一步被加热。这种失控的温室效应是导致金星表面高温的主要因素。

金星与地球大小和内部的产热元素都比较接近，但金星表面目前并没有观测到活跃的板块构造。金星内部大量热量必须有某种散失的途径。一些研究认为，金星过去可能有活跃的板块构造活动，并且在其漫长的演化过程中经历了数次活跃到不活跃的转变。金星内部也拥有与地球类似的"热点"（Hotspot），这些热点由内部物质的对流形成。金星表面目前观测到约 10 个热点特征，这些特征可能代表了至今仍活跃的火山活动，也暗示金星表面可能仍处在不断加热的阶段。

4.3.2　探测手段和探测历史

（1）早期地基观测

在 20 世纪 60 年代，大约与第一次对金星的太空任务同时，早期基于地球的雷达观测发现了金星缓慢逆行的自转。大约在同一时间，射电望远镜对金星的观测提供了金星表面温度非常高的证据。早期射电观测测得的等效黑体温度是红外值的两倍多（Mayer，et al.，1958）。自 Mayer 第一次观测之后，研究人员又在 8 mm～10 cm 的波长上进行了多次观测，最终得到以下结果：在红外波长下，金星表面温度约为 285 K；在 8 mm 波长处，温度超过 400 K；在 3 cm 和 10 cm 波长处，温度约为 600 K（Liley，1961）。3 cm 和 10 cm 波长的观测得到了比较一致的结果，因此 600 K 被认为代表了金星表面的实际温度。为了进一步检验这一结果，必须在更长的波长进行观测。但由于金星的角直径较小，波长的增加会使测量难度快速上升，比如在 21 cm 波长处测量金星温度比在 3 cm 波长处进行类似观测的难度要高 50 倍（Liley，1961）。在 1961 年 4 月金星内合期间，哈佛大学的研究人员使用 60 ft 天线及三能级固态微波发射器进行了多次观测，所得到的温度约为 600 K，进一步验证了对于金星表面温度的观测。

（2）航天器探测

目前，对于金星的了解主要基于一系列航天器观测获得的数据。1961 年，苏联发射了金星 1 号探测器，但以失败告终。1962 年，美国的水手 2 号（Mariner 2）首次飞掠金星，它从约 34 833 km 的高度测得金星表面的温度为 468 ℃（Chase，et al.，1963），这与早期地基观测的结果吻合。尽管如此，对于金星表面的温度仍存在一些争议。一些研究认为，在某些波长下观测到的金星高微波辐射似乎不能明确地归因于高表面温度，微波辐射至少有一部分可能有其他来源（Applebaum，et al.，1966）。Murray 等人（1963）在红外波段观测到进行云层的温度在 200 K 以下，也增加了金星表面温度的不确定性。

1967 年，苏联的金星 4 号首次成功进入了金星的大气层，并传回来温度、压力和气体成分等多种科学数据。金星 4 号释放的着陆器在下降过程中连续记录了温度和压力的变化，它最后传回的温度是 544 K。虽然不能确定在传输最终数据时，探测器是否已经到达了金星表面。数据显示，金星 4 号高度计在下降过程中的某一点进行了高度测量，得到高度为（26±1.3）km。在大致相同的高度，着陆器降落伞打开，同时航天器开始传输大气数据。此后没有获得进一步的高度计数据，但在随后的下降过程中，温度、压力和密度数据被频繁地传回，一直到压力为 7 个大气压的水平。尽管没有后续的高度数据，但通过其他数据可以估算金星 4 号的下降高度。根据计算，从降落伞打开到信号停止传输之间，着陆器下降了约（28±0.7）km，这说明在信号最后传输时，着陆器已经位于金星表面（Jastrow，1968）。这一结论基本结束了关于金星表面是否是高温的争论。

金星 4 号着陆点位于金星夜侧，可以与之前约 650 K 的夜侧地基微波测量结果直接比较。两者之间的差异可能是因为，金星 4 号测得的温度代表着陆点局部的温度，而微波测得的结果则是行星表面的平均值。根据金星 4 号下降过程中记录的数据，温度以 10 K/km 的速度下降，因此着陆点比金星表面平均海拔高 10 km。金星 4 号测得着陆点的气压为（18.5±3.5）个大气压。按照着陆点高 10 km 计算，金星的平均表面压力约为 40 个大气压（Jastrow，1968）。

美国国家航空航天局的水手 5 号与金星 4 号同一年发射，在飞掠金星时返回了大气成分以及表面温度的数据，测得的表面温度约为 700 K（Jastrow，1968）。1969 年，金星 5 号和 6 号探测器紧随其后，发回了更多的大气测量数据。1970 年和 1972 年，又有两个苏联的金星探测器在金星表面软着陆。其中，金星 7 号（Venera 7）测得表面温度为 747 K，在着陆 23 min 后信号丢失。金星 8 号（Venera 8）探测器在表面持续工作了 50 min，测得表面温度为 743 K，并对金星的表面成分做了原位观测，与之前预测的花岗岩成分一致（Basilevsky，Head，2003）。

美国下一个观测金星的任务是 1973 年的水手 10 号，它用在可见光和紫外线波段对金星的大气环流进行了观测。1975 年，苏联又在金星表面着陆了两个探测器，金星 9 号和10 号，第一次发回了金星表面的全景图，并进行了详细的地球化学测量，发现着陆点表面成分类似于地球上的玄武岩。美国 1978 年的金星先驱者号任务包括一个轨道飞行器和四个大气探测器。探测器返回了大气环流、组成、压力和温度的数据。轨道飞行器提供了火星表面的雷达图像，以及分辨率约为 150km 的详细全球地形图。苏联随后在 1978—1981 年间又发射了四个着陆探测器，其中，三个着陆器返回了金星表面全景图和表面成分信息。最后两个着陆器（金星 13 号和金星 14 号）传回了金星表面的彩色全景照片，并在金星表面钻取了样本。苏联接下来发射了金星 15 号和 16 号轨道飞行器，并在 1983 年返回了金星北半球的合成孔径雷达图像，分辨率约为 5～10 km。1984 年，织女星 1 号和织女星 2 号携带气球探测器进入大气层，这是苏联最后一次执行金星任务。美国的麦哲伦号轨道探测器于 1989 年发射，并于 1990 年 8 月抵达金星。它在 1990—1994 年期间获得了金星表面的合成孔径雷达图像和高程，对 98％以上的金星表面进行了测绘，还获得了高分辨率的重力场数据（Smrekar，et al.，2014）。

2005 年，欧洲空间局发射了金星快车探测器，主要任务目标是探测金星大气的组成和动力循环。金星快车上搭载了七个科学载荷，可以从红外、近红外、紫外等多个波段对金星进行观测和成像（Svedhem，et al.，2007）。虽然大部分科学载荷的目标都是研究金星大气，但一些仪器也可以对金星表面属性进行观测。SPICAV/SOIR 是金星快车上一套由三台光谱仪组成的观测系统，用于研究太阳和恒星掩星下金星大气层边缘和最低点的几何结构。SPICAV 可以在 Nadir 模式下运行，这些观测将覆盖夜间多个光谱"窗口"，并允许仪器监测低层大气中水的丰度、云的不透明度以及表面温度（Svedhem，et al.，2007）。金星快车上的 VIRTIS 是一个成像光谱仪，将三个数据通道组合在一个仪器中。VIRTIS 将在夜晚 1 mm 的"窗口"中绘制金星表面，它能够探测与活跃的火山活动有关的热点。观测的空间分辨率将受到云层散射的限制，可能会限制在 50 km 左右。研究发现，VIRTIS 在 1.02 μm 波长处测得的夜间辐射约 96% 来自表面，而 1.10 μm 和 1.18 μm 波长处产生的表面辐射的贡献分别为 57% 和 48%。根据数据，金星表面温度约为 735.3 K（462 ℃）。白天和夜晚之间的表面温度波动相当小，这是因为高热惯性和稠密大气中的强对流建立了表面与底层大气的热平衡。观测到的金星表面温度变化几乎完全是由于地形变化造成的，山顶比周围的低地要冷得多（Arnold，et al.，2011）。

2010 年，日本宇宙航空研究开发机构的拂晓号（Akatsuki）探测器发射。拂晓号搭载了六个科学载荷，主要为五个成像相机，覆盖紫外至中红外波段，可以对金星的大气和表面进行持续观测。Singh（2019）利用拂晓号上搭载的 IR1 相机 1.01 μm 通道的数据重新绘制了金星全球夜侧表面温度图。研究认为，金星表面平均温度约为 698 K。金星表面温度不随纬度变化有明显变化，因为只有少量（约 2.5%）太阳辐射能到达金星表面。假设太阳常数为 2 600 W/m^2，金星表面吸收率为 2.5%，则昼侧温度将比夜侧温度高约 1~2 K。这表明金星昼侧表面温度与夜侧表面温度没有显著差异。与低海拔地区相比，高海拔地区的表面温度相对较低。金星表面的温度变化主要是由各种岩石圈热传输机制控制的。在全球尺度上，金星表面温度的空间变化约为 230 K。

4.3.3　前沿科学问题

自苏联对金星开展探测以来，关于金星表面和内部的许多问题一直没有得到解决。这些问题需要高质量、高分辨率的各种探测数据才能得到解答。围绕金星表面及其热环境，主要有以下几个问题（Glaze，et al.，2018）：

1）金星内部是怎么散热的？金星是否具有或者有过活跃的板块构造活动？

2）金星的去气作用仍然在进行吗？目前探测到的"热点"是否都活跃？

3）金星表面镶嵌地体的成分是什么？金星壳是否经历过分异？

参 考 文 献

[1] Ambili K M, Babu S S, Choudhary R K. On the Relative Roles of the Neutral Density and Photo Chemistry on the Solar Zenith Angle Variations in the V2 Layer Characteristics of the Venus Ionosphere Under Different Solar Activity Conditions [J]. Icarus, 2019, 321: 661 - 670. https: // doi. org/10. 1016/j. icarus. 2018. 12. 001.

[2] Applebaum D C, Harteck P, Reeves Jr R R, et al. Some Comments on the Venus Temperature [J]. Journal of Geophysical Research, 1966, 71 (23): 5541 - 5545.

[3] Arnold G E, Drossart P, Piccioni G, et al. Venus Atmospheric and Surface Studies from VIRTIS on Venus Express [C]. Infrared Remote Sensing and Instrumentation XIX. SPIE, 2011, 8154: 233 - 249.

[4] Barabash S, Sauvaud J A, Gunell H, et al. The Analyser of Space Plasmas and Energetic Atoms (ASPERA - 4) for the Venus Express Mission [J/OL]. Planetary and Space Science, 2007, 55 (12): 1772 - 1792. https: //doi. org/10. 1016/j. pss. 2007. 01. 014.

[5] Basilevsky A T, Head J W. The Surface of Venus [J]. Reports on Progress in Physics, 2003, 66 (10): 1699.

[6] Bierson C J, Zhang X. Chemical Cycling in the Venusian Atmosphere: A Full Photochemical Model from the Surface to 110 km [J/OL]. Journal of Geophysical Research: Planets, 2020, 125 (7): e2019JE006159. https: //doi. org/10. 1029/2019JE006159.

[7] Blamont J, Ragent B. Further Results of the Pioneer Venus Nephelometer Experiment [J]. Science, 1979, 205 (4401): 67 - 70. http: //doi. org/10. 1126/science. 205. 4401. 67.

[8] Brace L H, Theis R F, Krehbiel J P, et al. Electron Temperatures and Densities in the Venus Ionosphere: Pioneer Venus Orbiter Electron Temperature Probe Results [J]. Science, 1979, 203 (4382): 763 - 765. http: ///doi. org/10. 1126/science. 203. 4382. 763.

[9] Brace L H, Kliore J A. The Structure of the Venus Ionosphere [J]. Space Science Reviews, 1991 (55): 1 - 4.

[10] Chase S C, Kaplan L D, Neugebauer G. The Mariner 2 Infrared Radiometer Experiment [J]. Journal of Geophysical Research, 1963, 68 (22): 6157 - 6169.

[11] Cravens T E, Gombosi T I, Kozyra J, et al. Model Calculations of the Dayside Ionosphere of Venus: Energetics [J]. Journal of Geophysical Research: Space Physics, 1980, 85 (A13): 778 - 7786. https: //doi. org/10. 1029/JA085iA13p07778.

[12] Cruikshank D P. Venus [M]. Tucson: University of Arizona Press, 1, 1983.

[13] Donahue T M, Hoffman J H, Hodges R R, et al. Venus Was Wet: A Measurement of the Ratio of Deuterium to Hydrogen [J]. Science, 1982, 216 (4546): 630 - 633. https: //doi. org/10. 1126/ science. 216. 4546. 630.

[14] Fjeldbo G, Kliore A J, Eshleman V R. The Neutral Atmosphere of Venus as Studied with the

金星科学探索

Mariner V Radio Occultation Experiments [J]. The Astronomical Journal, 1971, 76: 123.

[15] Futaana Y, et al. Solar Wind Interaction and Impact on the Venus Atmosphere [J]. Space Science Reviews, 2017, 212 (3-4): 1453-1509.

[16] Garvin J B, Getty S A, Arney G N, et al. Revealing the Mysteries of Venus: The DAVINCI mission [J]. The Planetary Science Journal, 2022, 3 (5): 117.

[17] Gilli G, Navarro T, Lebonnois S, et al. Venus Upper Atmosphere Revealed by a GCM: II. Model Validation with Temperature and Density Measurements [J]. Icarus, 2021, 366: 114432. https: //doi. org/10. 1016/j. icarus. 2021. 114432.

[18] Glaze L S, Wilson C F, Zasova L V, et al. Future of Venus Research and Exploration [J]. Space Science Reviews, 2018, 214: 1-37.

[19] Gnedykh V I, Zasova L V, Moroz V I, et al. Vertical Structure of the Venus Cloud Layer at the Vega-1 and Vega-2 Landing Points [J]. Kosmich Issled, 1987, 25: 707.

[20] Haus R, Kappel D, Tellmann S, et al. Radiative Energy Balance of Venus Based on Improved Models of the Middle and Lower Atmosphere [J]. Icarus, 2016, 272: 178 - 205. https: // doi. org/10. 1016/j. icarus. 2016. 02. 048.

[21] Ingersoll A P. The Runaway Greenhouse: A History of Water on Venus [J]. Journal of Atmospheric Sciences, 1969, 26 (6): 1191-1198. https: //doi. org/10. 1175/1520-0469 (1969) 026<1191: TRGAHO>2. 0. CO; 2.

[22] Irvine W M. Monochromatic Phase Curves and Albedos for Venus [J]. Journal of Atmospheric Sciences, 1968, 25 (4): 610 - 616. https: //doi. org/10. 1175/1520 - 0469 (1968) 025 <0610: MPCAAF>2. 0. CO; 2.

[23] Jastrow R. The Planet Venus: Information Received From Mariner V and Venera 4 is Compared [J]. Science, 1968, 160 (3835): 1403-1410.

[24] Jenkins J M, Steffes P G, Hinson D P, et al. Radio Occultation Studies of the Venus Atmosphere with the Magellan Spacecraft: 2. Results from the October 1991 Experiments [J]. Icarus, 1994, 110 (1): 79-94. https: //doi. org/10. 1006/icar. 1994. 1108.

[25] Kliore A J, Patel I R, Nagy A F, et al. Initial Observations of the Nightside Ionosphere of Venus From Pioneer Venus Orbiter Radio Occultations [J]. Science, 1979b, 205 (4401): 99 - 102. http: //doi. org/10. 1126/science. 205. 4401. 99.

[26] Kliore A J, Woo R, Armstrong J W, et al. The Polar Ionosphere of Venus Near the Terminator From Early Pioneer Venus Orbiter Radio Occultations [J]. Science, 1979a, 203 (4382): 765 - 768. http: //doi. org/10. 1126/science. 203. 4382. 765.

[27] Kliore A, Levy G S, Cain D L, et al. Atmosphere and Ionosphere of Venus from the Mariner V S- band Radio Occultation Measurement [J]. Science, 1967, 158 (3809): 1683 - 1688. http: // doi. org/10. 1126/science. 158. 3809. 1683.

[28] Knollenberg R G, Hunten D M. The Microphysics of the Clouds of Venus: Results of the Pioneer Venus Particle Size Spectrometer Experiment [J]. Journal of Geophysical Research: Space Physics, 1980, 85 (A13): 8039-8058. https: //doi. org/10. 1029/JA085iA13p08039.

[29] Knudsen W C, et al. Measurement of Solar Wind Electron Density and Temperature in the Shocked Region of Venus and the Density and Temperature of Photoelectrons Within the Ionosphere of Venus

[J]. Journal of Geophysical Research: Space Physics, 2016, 121 (8): 7753 - 7770.

[30]　Krasnopolsky V A. A Photochemical Model for the Venus Atmosphere at 47 - 112 km [J]. Icarus, 2012, 218 (1): 230 - 246. https://doi. org/10. 1016/j. icarus. 2011. 11. 012.

[31]　Liley A E. The Temperature of Venus [J]. The Astronomical Journal, 1961, 70: 290.

[32]　Limaye S S, Grassi D, Mahieux A, et al. Venus Atmospheric Thermal Structure and Radiative Balance [J]. Space Science Reviews, 2018, 214: 1 - 71. https://doi. org/10. 1007/s11214 - 018 - 0525 - 2.

[33]　Limaye S S, Lebonnois S, Mahieux A, et al. The Thermal Structure of the Venus Atmosphere: Intercomparison of Venus Express and Ground Based Observations of Vertical Temperature and Density Profiles [J]. Icarus, 2017, 294: 124 - 155. https://doi. org/10. 1016/j. icarus. 2017. 04. 020.

[34]　Marcq E, Mills F P, Parkinson C D, et al. Composition and Chemistry of the Neutral Atmosphere of Venus [J]. Space Science Reviews, 2017, 214 (1): 10. https://doi. org/10. 1007/s11214 - 017 - 0438 - 5.

[35]　Mariner Stanford Group. Venus: Ionosphere and Atmosphere as Measured by Dual - Frequency Radio Occultation of Mariner V [J]. Science, 1967, 158 (3809): 1678 - 1683. http://doi. org/10. 1126/science. 158. 3809. 1678.

[36]　Markiewicz W J, Titov D V, Ignatiev N, et al. Venus Monitoring Camera for Venus Express [J]. Planetary and Space Science, 2007a, 55 (12): 1701 - 1711. https://doi. org/10. 1016/j. pss. 2007. 01. 004.

[37]　Markiewicz W J, Titov D V, Limaye S S, et al. Morphology and Dynamics of the Upper Cloud Layer of Venus [J]. Nature, 2007b, 450 (7170): 633 - 636. https://doi. org/10. 1038/nature06320.

[38]　Marov M Y. Results of Venus Missions [J]. Annual Review of Astronomy and Astrophysics, 1978, 16 (1): 141 - 169. https://doi. org/10. 1146/annurev. aa. 16. 090178. 001041.

[39]　Mayer C H, McCullough T P, Sloanaker R M. Observations of Venus at 3. 15 - CM Wave Length [J]. The Astrophysical Journal, 1958, 127: 1.

[40]　Mcelroy M B, Prather M J, Rodriguez J M. Escape of Hydrogen from Venus [J]. Science, 1982, 215 (4540): 1614 - 1615. https://doi. org/10. 1126/science. 215. 4540. 1614.

[41]　Miller K L, Knudsen W C, Spenner K, et al. Solar Zenith Angle Dependence of Ionospheric ion and Electron Temperatures and Density on Venus [J]. Journal of Geophysical Research: Space Physics, 1980, 85 (A13): 7759 - 7764. https://doi. org/10. 1029/JA085iA13p07759.

[42]　Mills F P, Allen M. A Review of Selected Issues Concerning the Chemistry in Venus' Middle Atmosphere [J]. Planetary and Space Science, 2007, 55 (12): 1729 - 1740. https://doi. org/10. 1016/j. pss. 2007. 01. 012.

[43]　Moroz V I, Ekonomov A P, Moshkin B E, et al. Solar and Thermal Radiation in the Venus Atmosphere [J]. Advances in Space Research, 1985, 5 (11): 197 - 232. https://doi. org/10. 1016/0273 - 1177 (85) 90202 - 9.

[44]　Moshkin B E, Moroz V I, Gnedykh V I, et al. VEGA - 1 and VEGA - 2 Optical Spectrometry of Venus Atmospheric Aerosols at the 60 - 30 - KM Levels - Preliminary Results [J]. Soviet Astronomy Letters, vol. 12, Jan. - Feb. 1986, p. 36 - 39. Translation Pisma v Astronomicheskii

Zhurnal, vol. 12, Jan. 1986, p. 85 - 93.

[45] Murray B C, Wildey R L, Westphal J A. Infrared Photometric Mapping of Venus Through the 8 - to 14 - micron Atmospheric Window [J]. Journal of Geophysical Research, 1963, 68 (16): 4813 - 4818.

[46] Nagy A F, Sinkovics A, Cravens T E, et al. Magnetic Field Control of the Dayside ion Temperatures in the Ionosphere of Venus [J]. Journal of Geophysical Research: Space Physics, 1997, 102 (A1): 435 - 438. https://doi.org/10.1029/96JA02874.

[47] Nakamura M, Imamura T, Ueno M, et al. Planet - C: Venus Climate Orbiter Mission of Japan [J]. Planetary and Space Science, 2007, 55 (12): 1831 - 1842. https://doi.org/10.1016/j.pss.2007.01.009.

[48] Niemann H B, Hartle R E, Hedin A E, et al. Venus Upper Atmosphere Neutral Gas Composition: First Observations of the Diurnal Variations [J]. Science, 1979, 205 (4401): 54 - 56. http://doi.org/10.1126/science.205.4401.54.

[49] Niemann H B, Hartle R E, Kasprzak W T, et al. Venus Upper Atmosphere Neutral Composition: Preliminary Results from the Pioneer Venus Orbiter [J]. Science, 1979, 203 (4382): 770 - 772. http://doi.org/10.1126/science.203.4382.770.

[50] Parkinson C D, Gao P, Esposito L, et al. Photochemical Control of the Distribution of Venusian Water [J]. Planetary and Space Science, 2015, 113 - 114: 226 - 236. https://doi.org/10.1016/j.pss.2015.02.015.

[51] Piccioni G, Drossart P, Sanchez - Lavega A, et al. South - polar Features on Venus Similar to Those Near the North Pole [J]. Nature, 2007, 450 (7170): 637 - 640. https://doi.org/10.1038/nature06209.

[52] Sandor B J, Clancy R T. Observations of HCl Altitude Dependence and Temporal Variation in the 70～100 km Mesosphere of Venus [J]. Icarus, 2012, 220 (2): 618 - 626. https://doi.org/10.1016/j.icarus.2012.05.016.

[53] Singh D. Venus Nightside Surface Temperature [J]. Scientific Reports, 2019, 9 (1): 1137.

[54] Smrekar S E, Stofan E R, Mueller N. Venus: Ssurface and Interior [M] //Encyclopedia of the Solar System. Elsevier, 2014: 323 - 341.

[55] Smrekar S, Hensley S, Nybakken R, et al. VERITAS (Venus Emissivity, Radio Science, InSAR, Topography, and Spectroscopy): a Discovery Mission [C]. 2022 IEEE Aerospace Conference (AERO). IEEE, 2022: 1 - 20.

[56] Stewart A I, Anderson Jr D E, Esposito L W, et al. Ultraviolet Spectroscopy of Venus: Initial Results from the Pioneer Venus Orbiter [J]. Science, 1979, 203 (4382): 777 - 779. http://doi.org/10.1126/science.203.4382.777.

[57] Svedhem H, Titov D V, McCoy D, et al. Venus Express—the First European Mission to Venus [J]. Planetary and Space Science, 2007, 55 (12): 1636 - 1652. https://doi.org/10.1016/j.pss.2007.01.013.

[58] Titov D V, Piccioni G, Drossart P, et al. Radiative Energy Balance in the Venus Atmosphere [J]. Towards Understanding the Climate of Venus: Applications of Terrestrial Models to Our Sister Planet, 2013, 23 - 53. https://doi.org/10.1007/978 - 1 - 4614 - 5064 - 1_4.

[59] Titov D V, Svedhem H, Koschny D, et al. Venus Express Science Planning [J]. Planetary and

Space Science, 2006, 54 (13 - 14): 1279 - 1297. https: //doi. org/10. 1016/j. pss. 2006. 04. 017.

[60] Tomasko M G, Doose L R, Smith P H, et al. Measurements of the Flux of Sunlight in the Atmosphere of Venus [J]. Journal of Geophysical Research: Space Physics, 1980, 85 (A13): 8167 - 8186. https: //doi. org/10. 1029/JA085iA13p08167.

[61] Travis L D, Coffeen D L, Del Genio A D, et al. Cloud Images from the Pioneer Venus Orbiter [J]. Science, 1979, 205 (4401): 74 - 76. http: //doi. org/10. 1126/science. 205. 4401. 74.

[62] Turbet M, Bolmont E, Chaverot G, et al. Day - night Cloud Asymmetry Prevents Early Oceans on Venus But not on Earth [J]. Nature, 2021, 598 (7880): 276 - 280. https: //doi. org/10. 1038/s41586 - 021 - 03873 - w.

[63] Vandaele A C, Korablev O, Belyaev D, et al. Sulfur Dioxide in the Venus Atmosphere: II. Spatial and Temporal Variability [J]. Icarus, 2017, 295: 1 - 15. https: //doi. org/10. 1016/j. icarus. 2017. 05. 001.

[64] Vinogradov A P, Surkov U A, Florensky C P. The Chemical Composition of the Venus Atmosphere Based on the Data of the Interplanetary Station Venera 4 [J]. Journal of Atmospheric Sciences, 1968, 25 (4): 535 - 536. https: //doi. org/10. 1175/1520 - 0469 (1968) 025<0535: TCCOTV>2. 0. CO; 2.

[65] Widemann T, Ghail R, Wilson C F, et al. EnVision: Europe's Pproposed Mission to Venus [C]. AGU Fall Meeting Abstracts, 2020, 2020: P022 - 02.

[66] Zhang T L, Baumjohann W, Delva M, et al. Magnetic Field Investigation of the Venus Plasma Environment: Expected New Results from Venus Express [J]. Planetary and Space Science, 2006, 54 (13 - 14): 1336 - 1343. https: //doi. org/10. 1016/j. pss. 2006. 04. 018.

[67] Zhang X, Liang M C, Mills F P, et al. Sulfur Chemistry in the Middle Atmosphere of Venus [J]. Icarus, 2012, 217 (2): 714 - 739. https: //doi. org/10. 1016/j. icarus. 2011. 06. 016.

[68] Zhang X, Liang M C, Montmessin F, et al. Photolysis of Sulphuric Acid as the Source of Sulphur Oxides in the Mesosphere of Venus [J]. Nature Geoscience, 2010, 3 (12): 834 - 837. https: //doi. org/10. 1038/ngeo989.

第 5 章　地质学特征

5.1　引言

对月球、水星和火星的探测告诉我们这些不到地球一半大小的岩石类天体与地球差别很大。由于具有相对更高的表面积/体积比，能够有效地将内部热量传导到表面并迅速冷却，因此这些天体的厚且稳定的岩石圈以"单一板块"形式存在。因此它们的表面基本保留了太阳系前半部分历史的地质过程证据，撞击坑密布并因火山活动而发生了重塑，揭示了外力（早期吸积与高通量撞击）和内部热演化（传导、对流、热点形成、岩浆、平流和表面火山）的作用。而金星作为一颗与地球大小、密度与位置均相似的行星，是像地球一样具有年轻的表面、板块构造和热点火山，还是像较小的行星一样，具有撞击坑密布的表面？金星的内部地质情况是什么样的？

对金星的探索始于美国于 1962 年发射的水手 2 号，随后以苏联、美国为主陆续向金星发射了近 50 个探测器，但只有大约一半是成功的。1970 年，苏联的金星 7 号成为第一个在金星表面着陆且传输数据的探测器，珍贵的图像等资料大大提高了我们对金星表面地质的认识。然而，要详细了解金星的地质情况，仅有可以开展局部探测的着陆器还不够，还需要对金星表面开展全球性研究。但环绕金星的永久云层给这项任务带来巨大的困难，可探穿遮蔽的云层的雷达仪器为实现对金星的全表面成像带来了曙光。

第一张全球雷达图是由美国先驱者金星轨道飞行器在 20 世纪 70 年代后期制作的，随后在 20 世纪 80 年代早期，由苏联金星 15 号和金星 16 号轨道探测器的雷达绘制了分辨率更高的地图。目前关于金星地质的大部分信息都来自美国麦哲伦号探测器，其携带的强大的成像雷达绘制的金星地图分辨率为 100 m，使得我们可以第一次详细观察这颗地球的姐妹行星的表面。行星科学家对麦哲伦号观测到的特征进行了分类并绘制了分布图（Saunders，et al.，1992）。通过对后文描述的地质特征的分析，似乎可以获得金星只有单一的岩石圈板块的认识，但表面的撞击坑记录却表明金星的表面年龄均一且很年轻。这一现象很可能指示了某次全球性的破坏性事件的存在，并且从此之后几乎没有新的火山或构造事件重新塑造金星的表面形貌。但欧空局于 2006 年发射的金星快车探测到金星高层大气中的二氧化硫出现了短暂的峰值，后续在裂谷带发现了异常高的温度值，似乎表明金星表面还有活跃的火山活动。因此，我们眼中的金星突然变得既不像地球，也不像月球、火星或水星。目前存在多种试图解释金星地质特征的假设，但几乎没有达成共识（Bougher，et al.，1997）。

在麦哲伦号任务过去 30 多年之际，复兴金星科学的时机已经成熟，先进的技术使极

高分辨率的轨道成像、复杂的大气探测器以及长寿命的着陆器和巡视车成为可能。NASA
在 2021 年选择了 DAVINCI＋与 VERITAS 两项金星任务作为新的发现级任务。
DAVINCI＋（Deep Atmosphere Venus Investigation of Noble gases，Chemistry，and
Imaging）将测量金星大气的组成，从而了解其形成和演化过程，同时确定金星历史上是
否有过海洋。此外，DAVINCI＋还将首次获得金星上独特的地质特征——镶嵌地体
（Tesserae）——的高分辨率图像。DAVINCI＋的结果可能重新塑造我们对太阳系内及其
他类地行星形成演化历史的理解。VERITAS（Venus Emissivity，Radio Science，InSAR，
Topography，and Spectroscopy）将绘制金星表面的地图，从而深入揭示这颗行星的地质
演化历史。欧洲空间局的金星轨道器 EnVision 将在 21 世纪 30 年代初发射，目标是获取
金星表面的高分辨率雷达图像。这些探测任务的成功将大大提高我们对金星地质特征的认
识，了解其形成演化历史，为解开为何金星的演化历史与地球如此不同之谜提供重要乃至
关键的证据。

5.2　地质年代演化

可观测到的金星地质历史长达数亿年，可细分为三个不同的阶段，如图 5 - 1 所示
（Ivanov，Head，2015）。概括地说，第一阶段即福尔图尼纪（Fortunian Period），主要包
括强烈的变形和以镶嵌地体与高原状高地为代表的加厚金星壳区域建造。紧随其后的是吉
尼维利亚纪（Guineverian Period），其前半期持续、密集的构造活动形成了广阔分布的变
形平原、山脉带和区域相互连接的凹槽带。在此期间，大部分冕状构造也开始形成。在吉
尼维利亚纪的第二阶段，数以万计的小型盾状火山形成，随后大量涌出的熔岩流填满了低
地，使广阔的熔岩平原覆盖了金星的大部分地区。持续的轻微沉降和变形导致火山平原上
形成挤压变形的皱纹脊。第三阶段，即阿特利亚纪（Atlian Period），包括网络状裂谷和后
续的火山作用，并形成了显著的裂谷带和熔岩场，这些熔岩流没有被皱纹脊改造变形。这
些地貌特征通常同大型盾状火山有关，在某些地方，还与较早形成的冕状构造有关。阿特
利亚纪火山活动似乎一直持续到现在，但需要注意的是，地质意义上的近期的范围与火山
活动的活跃程度都无法确定。

根据陨石坑综合密度估计金星不同地质阶段的绝对年龄和相关速率，Ivanov 和 Head
（2011 年）认为以强烈的构造变形伴随大量熔岩喷发为主的前两个阶段持续时间短，但包
含了金星大约 70％的暴露表面的重塑过程。而在以局部裂谷和有限的火山活动为特征的第
三个地质阶段，尽管根据绝对年龄估算，其长度可能是吉尼维利亚纪的两倍左右，是金星
可观测地质历史的主体，但仅有约 16％的金星表面经历了重塑（Ivanov，Head，2011）。
然而，由于金星陨石坑总数较少，对金星各个地区的年龄的限制精度还远远不够，如果我
们能够准确测量金星岩石的年龄，包括样品的平均年龄和不同单元的年龄，都将为提高我
们对金星地质演化的理解提供关键的证据。

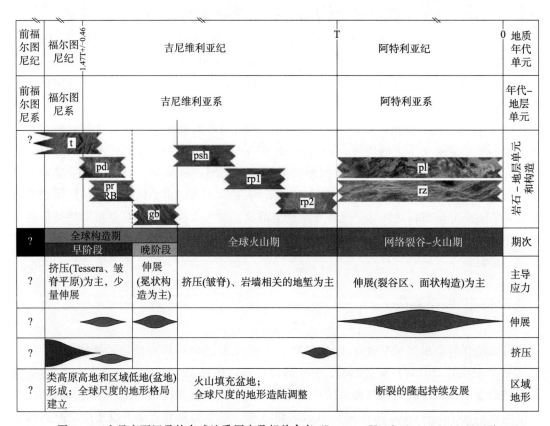

图 5-1　金星表面记录的全球地质历史及相关命名（Ivanov，Head，2011，2013，2015）

5.3　表面物质组成

在 1972—1985 年期间，共有 7 个金星号和 2 个织女星号探测任务的着陆器在金星的高地和平原的不同地点着陆（图 5-2），并对表面的地球化学组成进行了测量。着陆器利用 X 射线荧光（XRF）测量了三个地点的主量元素丰度［金星 13 号和 14 号：Surkov，et al.（1984）；Vega 2：Surkov，et al.（1986）］，并通过伽马射线谱仪在五个地点测量了放射性元素（Th、U 和 K）的丰度（金星 8 号、9 号和 10 号，以及织女星 1 号和 2 号）。主量元素结果显示，表面岩石成分与玄武岩一致，包括拉斑玄武岩和高碱玄武岩（Treiman，2007）。然而放射性同位素 Th、U 和 K 的丰度变化较大，表明金星壳的成分更加多样化，例如金星 8 号着陆区的放射性元素含量高，同花岗质岩石类似，但也与高碱性玄武质熔岩一致（Nikolaeva，et al.，1992）。然而由于金星号和织女星号的分析精度很低，仪器无法测量对于理解火成岩的性质和起源至关重要的钠元素的丰度。将金星号和织女星号分析结果的整体地球化学组成和趋势与大陆玄武岩的结果进行比较（表 5-1）（Filiberto，2014），结果显示，金星 14 号和织女星 2 号着陆区的岩性同拉斑玄武岩一样，与浅部金星幔中橄榄岩的熔融相一致，最具可比性的地球环境是大洋热点火山。金星 13

号着陆区的岩石类似碱性玄武岩，与深部"边缘含水且基本上碳酸盐化的源区"（约 18～27 kbar）的熔融一致。从金星 14 号数据建模得出的金星幔潜在温度与现代金星幔一致（Filiberto，Treiman，2017；Lee，et al.，2009；Shellnutt，2016；Weller，Duncan，2015）。这两种玄武岩可能具有明显不同的钛含量（Filiberto，2014），意味着金星幔可能存在强烈的化学分馏（例如钛铁矿的亏损）。

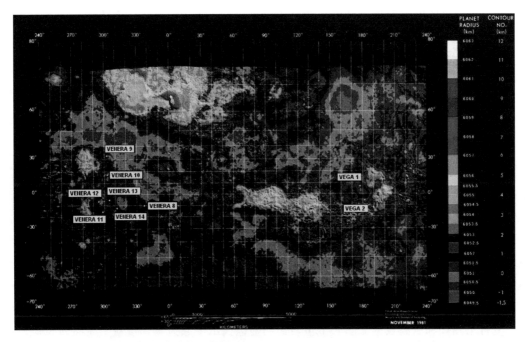

图 5-2　金星着陆任务着陆点示意图（https：//commons. wikimedia. org/w/index. php? curid＝2051774，见彩插）

表 5-1　已有金星着陆器与选定的陆地火成岩的成分比较（Cloutis，2021）

元素/氧化物（质量分数％）	金星 13 号	金星 14 号	织女星 2 号	MORB	博尼特岩/科马提岩	Picrobasalt
SiO_2	45.1±3.0	48.7±3.6	45.6±3.2	49.21～50.93	47.2～55.9	38.69～50.63
TiO_2	1.59±0.45	1.25±0.41	0.2±0.1	1.19～1.77	0.20～0.52	0.79～2.99
Al_2O_3	15.8±3.0	17.9±2.6	16.0±1.8	14.86～17.25	1.3～10.3	7.77～14.26
FeO	9.3±2.2[a]	8.8±1.8[a]	7.74±1.1[a]	8.71～11.49[a]	4.9～10.0[a]	10.86～15.05[b]
MnO	0.2±0.1	0.16±0.08	0.14±0.12	0.16～0.17	0.14～0.20	0.30～0.35
Mgo	11.4±6.2	8.1±3.3	11.5±3.7	7.10～8.53	4.6～13.0	13.22～18.90
CaO	7.1±0.96	10.3±1.2	7.5±0.7	11.14～11.86	5.1～10.1	9.62～13.53
K_2O	4.0±0.63	0.2±0.07	0.1±0.08	0.14～0.26	0.01～1.1	0.20～1.60
S	0.65±0.4	0.35±0.31	1.9+0.6	0.07～0.18	0.02～0.04	0～0.02
Cl	＜0.3	＜0.4	＜0.3	0.002～0.21	0.04～0.12	0.02～0.03

注：a—全 Fe 为 FeO；b—分析包括单独确定的 Fe_2O_3；MORB—洋中脊玄武岩。

目前，对于金星表面物质的矿物成分尚缺乏精确测量数据的约束。热力学计算表明，金星表面的玄武岩成分应与大气气体发生反应，形成磁铁矿、赤铁矿（主要在低地）、石英、菱镁矿、硬石膏、黄铁矿（主要在高地）、顽火辉石和钠长石。金星快车探测器的最新观测以及对金星模拟物的理论和实验研究提高了对金星表面岩石矿物学的理解。金星快车上的可见光-红外热成像光谱仪（VIRTIS）提供了金星南半球约 1 μm 的地图，从而可以根据 1 μm 处的发射率和衍生矿物学定义表面成分单元。金星镶嵌地体的发射率低于玄武岩平原，其表面很可能富含二氧化硅或长英质矿物相（Gilmore，et al.，2017）。大量的长英质熔体需要水，并且可能将镶嵌地体的形成与金星海洋的存在联系起来。但同时，低辐射率的岩石也可能由大气表面风化反应产生（Gilmore，et al.，2017）。

5.4　地形地貌和地质作用过程

对金星表面地形地貌最可靠的认识来自麦哲伦任务的侧视雷达获取的图像。雷达亮度取决于给定表面反射无线电波的能力。这种能力是表面材料特性的函数，例如，金属和半导体反射无线电波的能力比大多数硅酸盐强，致密材料比具有相同成分的多孔材料反射能力更强。特别是在侧视模式下，反射无线电波的能力也取决于表面粗糙度。如果表面足够粗糙，就会有许多"小平面"朝向雷达反射。如果表面是光滑的，反射虽然较强，但不会朝向雷达反射。因此，在侧视雷达图像上看起来明亮的物体反射率高和/或具有粗糙的表面，而看起来黑暗的物体反射率低（例如多孔尘埃）和/或具有光滑的表面。

麦哲伦图像和测高数据显示，金星表面明显以火山平原为主，覆盖了表面约 80% 的面积，高度接近金星的平均半径（MPR=6 051.5 km）。在平原中，低而宽的山脊形成了延伸数千千米的带状，指示了平缓的褶皱和缩短［图 5-3（a）］。大多数平原的表面都具有复杂的皱纹脊网络，也表明经历了挤压变形。在平原中，还可以看到高度变形的"岛屿"和"大陆"（金星 15 号、16 号观测揭示的镶嵌地体），远高于 MPR，占据约 8% 的金星表面［图 5-3（b）］。Ishtar Terra（伊什塔高原）（60～70°N，300～30°E）主要由镶嵌地体形成。在它的西部可以看到一个由很高的线性山脉带组成的同心结构，这些山脉环绕着一个高耸的火山高原，上面有两个重叠的大型破火山口。相对 MPR 高 11 km 的线状山脉之一麦克斯韦山（Maxwell Montes）是金星的最高峰。大型裂谷的底部通常明显低于MPR，横穿金星表面并通常在宽阔的隆起区域产生汇聚，如阿特拉区和贝塔区［图 5-3（b）］。总面积估计约为金星表面的 8%，还有 100 多个孤立的大型（直径为 100～1 000 km）平缓倾斜的盾状火山遍布金星全球，总共占据约 4% 的表面积［图 5-3（c）］。而较小的火山构造明显更丰富，表面遍布着数百个称为冕状构造的同心环状构造，大多数直径小于 300 km，但也有少数直径超过 1 000 km。部分冕状构造是孤立存在，但其他冕状构造常形成与裂谷有关的数千千米长的链［图 5-3（d）］。

一般来说，金星的地形可以细分为三个主要类型：火山平原占据了金星表面的绝大部分区域（例如 Atalanta、Guinevere、Lavinia Planitiae），强烈变形的镶嵌地体，形成了高

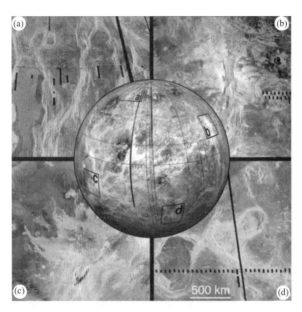

图 5-3　在麦哲伦号图像（a）～（c）上看到的金星典型地形类型示例及其在以 240°E 为中心的
全球马赛克上显示的位置：（a）低山脊带（较亮的线性特征）和邻近的区域平原（较暗的背景）；
（b）被裂谷带切割的贝塔区隆起地块上的镶嵌地体（更亮）；（c）麦克斯韦山
及其叠加在区域平原上的明亮熔岩流；（d）Parga Chasmata 裂谷带的冕状构造

地高原（例如 Fortuna、Ovda 和 Tellus），以及广泛的隆起地块（例如贝塔、阿特拉、贝
尔地区）和与之相关的火山和从隆起区延伸出去的裂谷。基于麦哲伦雷达测量的金星全
球地形图如图 5-4 所示。金星全球海拔-频率分布与地球相比的直方图如图 5-5 所示。可
以看出，海拔在金星上的分布是单峰的，与地球的双峰分布明显不同。后者被认为是由于
地球上存在两种类型的地壳物质：洋底的玄武岩地壳和大陆的"花岗岩"地壳。一些研究
人员认为，金星的单峰高度-频率分布表明在金星上玄武岩金星壳物质占主导地位。

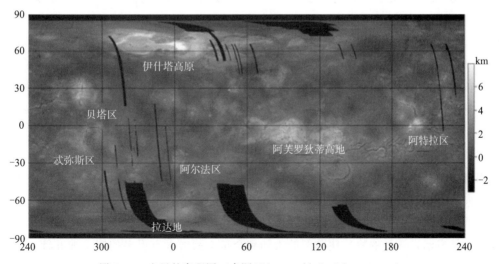

图 5-4　金星的高程图（来源于 http：//pds.jpl.nasa.gov）

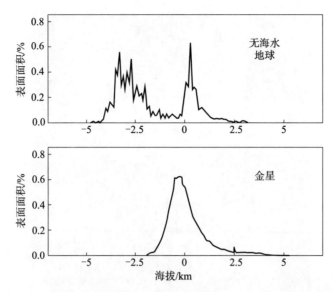

图 5-5　地球（上）和金星（下）全球地形数据的分布图，按 100 m 高程增量分组的表面高程
的出现频率。对于地球，0 km 海拔是指海平面；对于金星，海拔参考 MPR：
6 051.84 km（Sharpton，Head Ⅲ，1985）

5.4.1　火山平原及相关特征

金星表面大约 80％ 是平原，其中占据最多面积的被称为区域平原，大约覆盖了金星表面的 70％。区域平原根据特征又被分为两种类型，最主要的为带有皱纹脊的平原（图 5-6），这种区域平原的表面相当光滑面，通常具有类似流动的特征，Head 等人（1992 年）解释其为凝固的熔岩流。这些平原发生变形，形成一系列长度为 10 km 到 100～200 km、宽度为 1～2 km，相对狭窄且坡度缓的山脊，通常被称为"皱纹脊"。皱纹脊是由于适度的水平挤压而使表面"起皱"的结果。大面积的区域被熔岩流状特征和平缓的斜坡占据（100～200 km 长熔岩流很常见），熔岩流沿缓坡流动就位，表明可能是液态、非黏性的玄武质熔岩的大量喷发形成了平原，随后因皱纹脊而变形。在这些平原内有 2～5 km 宽、数百千米长的蜿蜒状的沟渠（Basilevsky，McGill，2007），其中，一条名为 Baltis Vallis 的通道长 6 800 km，约为金星周长的 1/6。目前尚不清楚这些渠道是如何形成的，最流行的观点是流动熔岩热侵蚀的结果。

另一种不太丰富的区域平原类型以盾构平原为代表（图 5-7），通常形成数百千米宽的区域，表面布满了直径为 5～15 km 的平缓火山盾（Basilevsky，Head，2003）。火山盾侧面相连，合并形成了大部分的平原表面。通常，盾构平原上面也覆盖有皱纹脊，但偶见单独的火山盾甚至多个火山盾明显地叠加在皱脊平原和皱脊上。火山盾的缓坡说明其是由黏性很低的玄武质熔岩形成的。降落在盾构平原为主的地区（图 5-8）的金星 8 号着陆器的探测结果显示，该处的物质比典型的大陆和金星玄武岩含有更多的钾、铀和钍，指示金星某些盾构平原由碱性玄武岩组成，甚至是地球化学演化程度更高的岩石，如安山岩或流

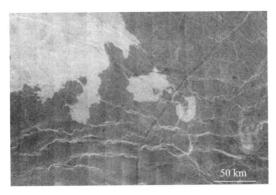

图 5-6　Atalanta Planitia 的两个带有皱纹脊的次级平原单元。在雷达图像上，较旧的单位较暗
（表面较光滑），而较年轻的单位较亮（表面较粗糙）。该区域的中心在 46.7°N，160°E

纹岩（Basilevsky，1997）。有时会在盾构平原上观察到直径几千米到几十千米的陡峭火山
圆顶（Ivanov，Head Ⅲ，1999），说明形成火山的熔岩具有较高的黏度。

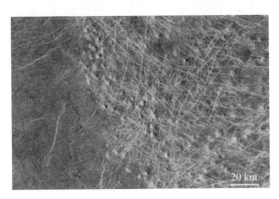

图 5-7　Aino Planitia 中的盾构平原（图像的中央和右侧部分）和旁边带有
皱纹脊的平原（左）。中心在 51°S，75°E

图 5-8　金星 8 号的着陆点大部分区域被盾构平原占据，其次是雷达黑暗的光滑平原和雷达明亮的
叶状流区域。在顶部中心，可以看到一个陡峭的圆顶。中心在 10.2°S，335.2°E

　　金星表面大约 10%～15% 被较年轻的火山单元占据，这些火山单元明显叠加在区域平原上，没有发生皱纹脊变形。其中，由许多具有叶状形态的火山流组成。这些叶状流要么形成相当水平的叶状平原，要么堆积成火山构造。其他的年轻平原则形成了没有明显叶状形态区域，通常具有光滑的表面，被称为"光滑的平原"。

　　在金星上还发现了 100 多个直径大于 100 km 的火山构造体和大约 300 个直径为 20～100 km 的构造体（Basilevsky，Head，2003；Magee，et al.，2001）。其中，大部分明显叠加在区域平原上。这些构造体通常有非常平缓的斜坡，上面覆盖着叶状流，一些叶状流延伸到周围的区域平原上。金星上最高的火山 Maat Mons 位于 MPR 上方约 9 km 处（图 5-9）。从 Maat Mons 辐射出来的熔岩流覆盖了约 800 km 的区域。这些大型（>100 km）和中型（20～100 km）火山在形态上与地球上的玄武质盾状火山非常相似，但后者平均比金星上的火山要小。由与 Panina Patera 火山构造相关的熔岩流主导的金星 14 号着陆器进行的测量表明，这里的表面物质成分是玄武岩（Surkov，1990）。

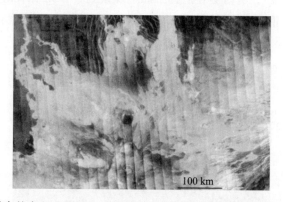

图 5-9　金星最高的火山 Maat Mons 的北部，由叶状流堆积而成。中心在 2°N，195°E

　　在雷达图像上，金星的平滑平原通常较暗。其中一些有明确的界限，平面形态和与火山地貌的紧密关联表明，它们是具有非常光滑表面的熔岩平原（图 5-10）。其他种类的平滑平原边界分散，通常与大型撞击坑有关（图 5-11）。

图 5-10　Ninhursag Corona 以南环绕着一片叶状熔岩流场的光滑火山平原（图像中心）。图右侧是中等亮度的平滑平原。左下方是 Vaidilute Rupes 山脊带的一部分。中心在 40.5°S，22°E

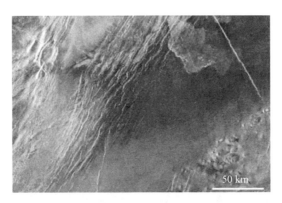

图 5-11   在山脊群和盾构平原之间的局部凹陷中的雷达暗平滑平原。中心在 53.5°S，320°E

总之，金星火山活动的特征表明它主要是玄武岩，形成广阔的平原。火山构造体从相对较小到巨大，虽然数量众多，但在占地面积甚至总体积上都从属于平原。大多数火山平原是由类似于地球上所谓的大火成岩省（例如德干高原和哥伦比亚河）的玄武岩的大规模高产喷发产生的。其次是由许多小的火山盾状建筑物和相当短的（表明产量低）熔岩围边形成的平原。以叶状火山和平滑平原为代表的较年轻的火山活动明显只在局部地区存在。

5.4.2   中度-高度变形的地形

由于构造变形，金星表面大约有 20% 被形貌粗糙的地形占据，包括山脊带、密集断裂的平原、围绕高原 Lakshmi 的山脉和镶嵌地体，以及裂谷带（Basilevsky，Head，2003）。

山脊带形成了一个全球范围的系统，但大多数情况下，被区域平原所环绕但呈碎片状高耸于周围的区域平原的熔岩中（图 5-12）。山脊带的物质组成与发育有皱纹脊的平原非常相似，可能也是一种凝固的玄武质熔岩。但其典型特征是表面折叠成更宽（3~5 km）的脊，排列成平行的带状，代表了区域到全球范围挤压的结果。

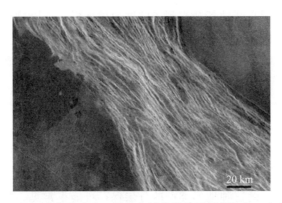

图 5-12   Breksta Dorsa 山脊带的碎片，被带有皱纹脊的平原所掩盖。中心在 34.5°N，306°E

在金星的许多地区都可以看到宽几十到 100~200 km 分布有密集断裂物质的相对较小

的岛型区域，比周围区域平原高几百米（图 5－13）。这些具有密集断裂的平原可能是玄武质火山溢流平原，随后被密集拉伸和剪切断裂形成的。裂缝的结构模式通常是近于平行。在金星到处都观察到密集断裂的平原岛，指示了具有全球范围的变形事件。在许多冕状构造中也观察到这种类型的地形（见下文），其中最典型的是密集裂缝的径向排布和同心结构模式。

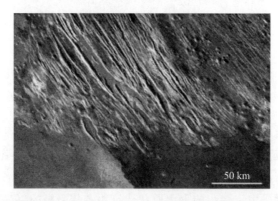

图 5－13　在带有皱纹脊相对黑暗的平原（下）和相对明亮的光滑平原（左下）之间的密集断裂
平原的片段。在所示区域的东部（右侧），小型盾状火山叠加在密集断裂的平原上

金星上的镶嵌地体是金星保存的地层学上最古老的单位，特征是普遍存在的构造变形，包括正断层、地堑、逆冲断层和褶皱。镶嵌地体形成了高于周围区域平原的"岛屿"和"大陆"，明显被区域平原所掩盖埋没。在极少数情况下，当镶嵌地体与山脊带和密集断裂平原接触时，可以看出构成这两个单元的物质包围着镶嵌地体。镶嵌地体的表面非常粗糙，被无数纵横交错的山脊和凹槽剖开，宽几千米，长几十千米（图 5－14）。山脊显然是由挤压构造变形形成的，而许多凹槽是伸展构造的产物（Ivanov，Head，1996）。镶嵌地体的表面在麦哲伦雷达图像上看起来很亮，原因是构造变形导致的高度达几米至 10 m 的粗糙度。这种高度的变形代表非常强烈的构造活动，形成了现在所看到的镶嵌地体地形。因为在金星的几乎所有区域都观察到了镶嵌地体地形，所以这种强烈的构造显然也在全球范围内存在。镶嵌地体地貌的物质组成未知。一些研究人员认为是玄武岩成分，其他人认为，可能更多的是类似月球的斜长岩或地球的花岗岩的长石质物质（Nikolaeva，et al.，1992）。

在多个镶嵌地体中，还存在多组（通常高度）弯曲、平行的线性特征。这些特征非常类似于地球上层状火山或沉积序列中的梯田，具有跟随起伏地形的弓形或蜿蜒的露头形貌。如果金星上存在类似地形，那么这些露头形貌意味着这些地层所在的镶嵌地体单元遭受到了侵蚀；低处的雷达暗物质可能是该侵蚀物质的沉积物。地理上散布的镶嵌地体单元中可见这种露头形貌，因此这种地形类型的分层保存可能很常见。如果是这样，那么镶嵌地体记录了火山和/或沉积、褶皱和侵蚀的顶峰（Byrne，et al.，2020）。

火山高原 Lakshmi 周围的山脉形成了一种特定的地形，由平行山脊组成（图 5－15），类似于上述平原山脊带的山脊。但不同之处在于其极高的高度，其中最高的山峰 Maxwell

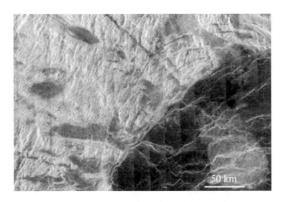

图 5-14　Laima 镶嵌地体的东南端被带有皱纹脊的平原所掩埋。中心在 47.5°N，55.5°E

Montes 位于 MPR 上方 11 km 以上。山脉的平行山脊和高海拔意味着它们是由于强烈的水平挤压而形成的。横向上，山脉并入镶嵌地体地块，可能表明山脉的形成是镶嵌地体地块形成的初始阶段。与镶嵌地体地块的情况一样，这些山脉的成分未知。山脉的顶部（以及金星的其他一些高地）具有极高的雷达反射率，在麦哲伦号图像上看起来非常明亮。这种增亮出现在某个临界高度之上，通常被称为"雪线"。人们认为，在"雪线"之上，表面物质已经经历了特定的风化（Taylor, et al., 2018）。在这个过程中，硅酸盐中的铁，如辉石和橄榄石，会分离成具有高导电性的矿物（铁氧化物或硫化物）。这些矿物可以非常有效地反射无线电波，因此使金星表面的雷达图像非常明亮。

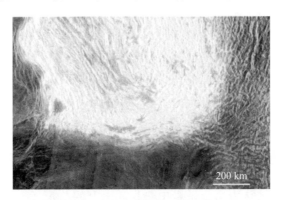

图 5-15　Maxwell Montes 山脉南部与 Lakshmi Planum 高原东部（左）和 Sedna Planitia 北部（下）相邻的雷达暗平原。山体的最顶部具有非常高的雷达反射率。中心在 61°N，5°E

金星裂谷，也称为 Chasmata，与地球的大陆裂谷非常相似，形成了一个长达 40 000 km 的全球系统（Schaber，1982）。裂谷呈槽状，底部可能比周围的非裂谷地形低几千米，而边缘通常被抬高到邻近地形的上方，两壁和底部常破裂严重。年轻的区域平原之后的形成熔岩场和火山构造经常与裂谷有关。普遍的共识是裂谷形成于构造伸展的环境中。金星裂谷不仅切断了后区域平原单元，而且也切断了所有其他地质单元。大多数观察到的裂谷比区域平原年轻，但有些裂谷更古老（一些研究人员将其称为断裂带），并且认为是被区域平原熔岩覆盖后的残留碎片（图 5-16），可能代表着这种相对古老的裂谷作用比现在所观察到的范围更广。

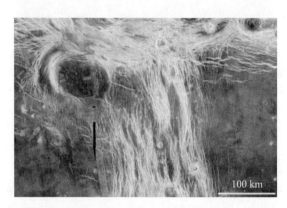

图 5-16　相对较老的 N-S 走向裂谷（中心）和西部的冕状构造特征。它们都被较
年轻的东西方向的裂痕切割（顶部）。该区域的中心在 21°S，231°E

总之，金星构造的特征以全球广泛存在的挤压和拉伸变形为代表，在可观察到的地质历史的初期最为强烈（镶嵌地体构造和密集断裂），然后变化至中等（山脊带）甚至轻度（皱纹脊）变形（Head，Basilevsky 1998），早期也有伸展变形，但对其了解还远远不够。地质历史后期的典型和主导以伸展裂谷带形式的局部变形为主。除了金星裂谷带外，没有观察到与类似地球上俯冲带、岛弧和山脉的结构，说明至少以目前的观测结果来看，金星的地球动力学风格与现代地球以板块构造为主的风格截然不同。

5.4.3　冕状构造

在金星表面观察到数百个独特的火山构造，这种被称为冕状构造"Coronae"（"Corona"复数形式）的特征是金星独有的，最初是在分析金星 15 号、16 号的雷达图像时发现的（Barsukov，et al.，1986）。冕状构造呈椭圆形至圆形，直径通常为 100～300 km（图 5-17），或者更大。通常有一个圆形或近乎圆形的构造变形环，比周围的平原高数百米。环带内的区域通常低于周围的平原，并被平原火山岩覆盖。年轻的叶状火山流从许多冕状构造中辐射出来。在一些冕状构造的中心，具有隆起的构造变形区域，即冕状构造核心。冕状构造被认为是金星幔中热物质上升的结果（Smrekar，Stofan，1999）。这个炽热的金星幔底辟将岩石圈和金星壳向上推，在向上的过程中产生了岩浆熔体，其中一部分到达金星表面并形成了熔岩流的围边。当底辟冷却时，隆起的表面坍塌，产生了现在称为"冕状构造"的结构。一些冕状构造分散在区域平原中，其他形成与裂谷带相关的集群和链。有证据表明，许多冕状构造在区域平原前的早期开始形成，并在区域平原就位期间和之后继续活动。

Guseva 和 Ivanov（2022）对 550 个冕状构造进行了详细的摄影地质和地形分析，发现：1）裂谷裂缝边缘较年轻的冕状构造的特征是地形剖面具有显著的中央圆顶（D 类），可能表征了母体底辟的渐进进化阶段。2）具有由槽带和裂谷裂隙组成结构的过渡型冕状构造，通常具有中央隆起被一个或多个同心凹陷包围的轮廓（W 类），可能对应于底辟演

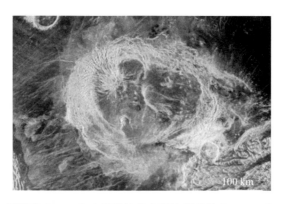

图 5 - 17 Snegurochka 平原和 Itzpapalotl 镶嵌地体之间边界处的 Pomona Corona（右下）。在冕状构造的 NNW 和 SW，相对明亮的叶状流从冕环发出。中心在 79.5°N，300°E

化从渐进阶段到倒退阶段的过渡。3）冕冕由更古老的凹槽带构成或形态上微弱地出现在隆起处，具有地形凹陷（U 类）形式的轮廓，其底部可能因一个或多个环形隆起而变得复杂，可能与底辟演化的退化阶段有关。显然，冕状构造的不同地形剖面对应于其母体底辟形成和演化的不同阶段。与 W 和 U 类相比，D 类冕状构造的数量明显减少，这表明在金星地质历史的后期阶段，金星幔底辟作用的速度显著下降。

5.4.4 撞击坑和表面重塑历史

在金星表面发现了 960 多个直径 1.5～270 km 的撞击坑（Schaber，et al.，1992），尺寸频率分布如图 5 - 18 所示，明显受金星巨量大气的屏蔽作用所控制。金星全球的撞击坑的分布无法与随机分布区别，这是不支持在金星上存在板块构造运动的又一证据。

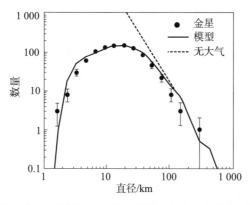

图 5 - 18 金星撞击坑的大小-频率分布（实心圆圈）与大气存在与否条件下 8 亿年前撞击坑数量形成的模型（修改自 McKinnon，et al.，1997）

金星的撞击坑是高耸边缘包围的圆形凹陷，具有类似于其他行星和卫星的撞击坑的非常典型的形态。金星撞击坑的边缘和周围的区域崎岖不平，雷达反射率很高。金星表面覆盖着从撞击坑抛射出来的喷射物。金星上撞击坑的形态与其大小相关（图 5 - 19）：直径小于 10～20 km 的撞击坑底部不规则，而较大的撞击坑在表面有一个中心峰，更大（＞50～60 km）撞击坑的底部呈同心环状。对于其他天体上的撞击坑，也观察到类似的尺寸依赖性（尽管类型之间的过渡直径不同）。然而，不同的是，在其他天体上较小尺寸的撞击坑通常具有相对光滑的底部。这种差异是由于相对较小撞击体在穿过巨量的金星大气层的过程中破裂成碎片，导致金星不是被一个单一的撞击物击中，而是被一群分散的碎片击中。金星的许多撞击坑周围可以看到从多节喷射物延伸出来的流状特征（图 5-20），被认为是撞击坑形成时撞击产生的高温熔体流。它们在金星上的大量存在可能是由于金星表面的温度较高（与其他行星和卫星相比），因此上金星壳的温度也较高，从而造成冲击熔体的产生量增加（Schultz，1992）。

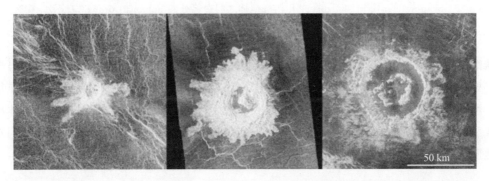

图 5-19　金星的撞击坑：Ualinka 撞击坑（直径为 13 km）在金星表面上呈现不规则形态（左），Buck 撞击坑（22 km）有一个突出的中心峰（中）和 Barton 撞击坑（50 km）有一个双环结构（右）

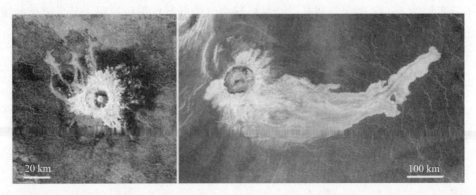

图 5-20　有外流的撞击坑：直径为 19km 的 Jeanne 撞击坑（左）和直径为 90 km 的 Addams 撞击坑（右）

金星上的许多特征（褶皱山脉带、裂谷带、镶嵌地体）与地球相似，但几乎没有类似地球的板块构造迹象，似乎表明金星只有一个岩石圈板块，通过传导（convection）和平流（advection）方式失去热量。对麦哲伦号全球高分辨率数据的分析仅发现了大约 1 000 个撞击坑，表明金星表面的平均年龄很年轻，可能只有地球年龄的 20% 甚至更小。此外，撞击坑记录表明，金星表面并不像地球大陆和大洋盆地古老和年轻的表面的组合，也没有发现受到火山作用和构造作用严重影响的撞击坑。撞击坑密度缺乏变化，意味着所有地质单元的年龄可能大致相同。

　　如果情况确实如此，那么目前观测到的金星表面似乎是在过去数亿年中形成的，还不到金星年龄的 20％，而且表面重塑事件是破坏性发生的，从那时起几乎没有火山或构造活动重塑金星的表面。从金星全球动力学过程和行星热演化角度来说，导致表面重塑的机制可能包括垂直壳增生和灾难性的亏损幔层翻转，以及幕式板块构造作用；其他的机制还包括可能发生了与行星热演化相关的幔对流类型的变化，或者从移动盖状态转变为静止盖状态。Turcotte（1993）估计这一事件发生在（500±200）Ma 以前，之后表面便静止了。另一种不同的解释认为，金星可能是在直径数百甚至数千千米的局部区域稳定地发生表面重塑。研究表明，这种规模的表面重塑符合现有的撞击坑数据，而且也有支持正在进行的表面重塑的证据。例如，大约 80％ 的撞击坑具有光滑、雷达上暗的底部；如果这些是随后火山活动的产物，那么表面重塑的范围比之前的估计要广泛得多。这反过来表明平均表面年龄约为 150 Ma 或小于 150 Ma（Herrick，Rumpf，2011）。关于金星表面重塑的争论仍在继续，这是将通过可厘定和量化金星当前的火山活动水平的新数据来解决的另一个难题。

5.5　表面物理特性

　　金星表面很暗，着陆点附近的可见光范围内的反射率仅为 0.03～0.1（Florensky，et al.，1977）。金星 9 号、10 号、13 号和 14 号着陆器上的全景相机拍摄了金星表面的特写图像，这些图像和着陆器遥测数据以及后来在麦哲伦号雷达拍摄的着陆点的图像显示，金星 9 号降落在一个陡峭的构造槽上，上面覆盖着岩屑和许多板状岩石碎片，而其他三个着陆器则降落在平原地区，表面由低起伏的板状岩石露头组成，岩石之间的局部凹陷处有细粒表壤分布（Abdrakhimo，Basilevsky，2002；Basilevsky，et al.，1985）。

　　在金星 9 号、10 号和 13 号着陆器附近，表壤占据了一半以上的面积，而在金星 14 号着陆点附近，表壤仅占面积的百分之几（图 5 - 21）。表壤比岩石更暗，反射率估计为 0.03 ～0.05，而岩石的反射率为 0.05 ～0.1。表壤由比相机分辨率极限更细小的颗粒组成，如金星 9 号和金星 10 号约为 7 mm，金星 13 号和 14 号约为 4 mm。在金星 13 号着陆期间，土块被抛到航天器支撑环的上表面（参见金星 13 号全景图 A 上靠近观察口盖的环上的黑点）。在 68 min 间隔内拍摄的该地点的五张连续图像显示，这些斑点随着时间的推移而缩小，显然是由于近金星表面风造成的。金星 9 号、10 号、13 号和 14 号进行的分光光度计观测表明，在着陆时形成了尘埃云，说明存在小于 0.02 mm 的土壤颗粒。Garvin等人（1984）将金星 10 号全景图上的变暗区域解释为着陆器着陆时尘埃云形成的另一个证据。在表壤区域内还可以看到厘米大小的岩石，可能代表岩石降解为土壤的过程的初始阶段，并且可能部分是由于着陆器对表面材料的撞击而形成的。所有四个地点的岩石最显著的特征是具有明显的精细分层。金星 14 号的图像显示其着陆区附近几乎没有表壤，某些层的厚度接近图像分辨率，并且表面比大多数观察到的表面更亮。最顶层存在接近垂直的裂缝，平面轮廓从近直线到非常弯曲状（图 5 - 21）。在金星 13 和 14 号着陆区，通过两种技术测量了岩石的承载能力，发现只有 $3\sim10\ \mathrm{kg/cm^2}$，意味着该处岩石是较为疏松多孔的，可能是岩石化较弱的风成沉积物（例如由最初由陨石撞击产生的碎片组成）或火山凝灰岩，也有可能是薄薄的熔岩层和风化或冷却引起的岩石剥落。Pieters 等人（1986）分析了着陆器的彩色图像，并去除了金星大气的橙色影响，表明表面在可见光波长范围内较为黑暗，没有明显的颜色。

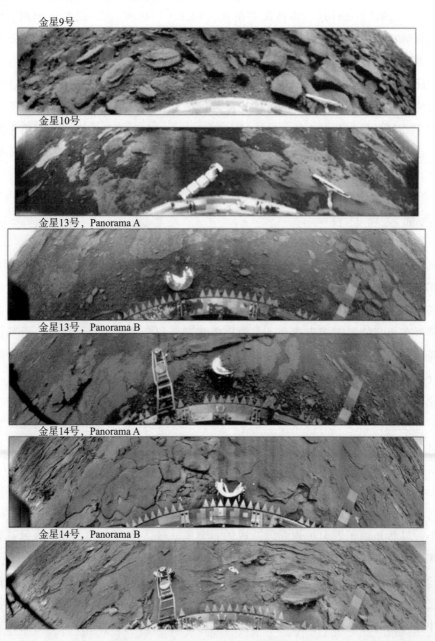

图 5-21　由金星 9 号、10 号、13 号和 14 号着陆器拍摄的全景图，显示了表壤和基岩的存在

5.6　前沿科学问题及未来研究方向

　　金星地质方面主要科学问题主要聚焦于金星表面重塑历史和地质活动历史与现状。目前能够观察到的撞击坑数量对表面年龄的约束很弱，存在多种不同的表面形成和重塑理论模型。金星被认为具有与地球相似的内部热量产生能力，但尚不清楚内部热量如何散失。例如是否仅通过金星壳传导而散失，还是火山活动发挥了重要作用？来自金星快车的数据似乎表明最近存在活跃的火山活动，但证据是间接的。对这些问题进行探索需要更加精细的探测数据和实验室研究。

　　由于金星上极端的表面条件和不透明的云层，地质调查主要依靠轨道遥感技术来实现，包括干涉合成孔径雷达（InSAR）、重力测量、高度测量和使用夜间红外窗口的红外观测。金星的高分辨率雷达测绘将彻底改变对金星的地质认识。对于金星，米级图像将能够研究风沙特征和沙丘与更准确的地层学；充分绘制镶嵌地体的形态，从而可以限制其应力历史和结构特性；通过绘制火山口和熔岩流的详细特征来研究火山活动的类型；并能够直接搜索由于火山活动和风沙活动引起的金星表面变化。米级分辨率甚至可以搜索由于表面大气动量交换而导致的旋转速率的变化，这可能会为揭示内部结构提供证据。除了雷达技术外，还可以利用波长为 $0.8\sim2.5\ \mu m$ 的近红外光谱窗口区域来观察金星表面，绘制矿物学图并监测金星表面火山活动。

　　Venera 和 Vega 任务返回了金星表面组成的数据，但其准确性不足以进行可靠的解释。此外，着陆器仅在金星低地进行测量，没有针对任何高地地区、日冕、镶嵌地体或高原构造的地点进行探测。新一代地质仪器（包括拉曼谱仪/激光诱导击穿光谱仪和 X 射线荧光谱仪/X 射线衍射仪）在金星表面进行原位探测可获得高精度的矿物成分以及元素成分结果，尤其是针对镶嵌地体、高原地区和冕状构造的分析可以有助于揭示金星地质演化历史。另外在着陆过程中成像可以揭示金星表面形态特征与风化过程的作用，并为轨道观测提供关键的地面事实。

参 考 文 献

[1] Abdrakhimov A M, Basilevsky A T. Geology of the Venera and Vega landing - site regions [J].
Solar System Research, 2002, 36, pp. 136 - 159.

[2] Barsukov V L, Basilevsky A T, Burba G A, et al. The Geology and Geomorphology of the Venus
Surface as Revealed by the Radar Images Obtained by Veneras 15 and 16 [J]. Journal of Geophysical
Research: Solid Earth, 1986, 91: 378 - 398.

[3] Basilevsky A T, Kuzmin R O, Nikolaeva O V, et al. The surface of Venus as revealed by the
Venera landings: Part II [J]. Geological Society of America Bulletin, 1985, 96 (1), pp. 137 - 144.

[4] Basilevsky A T. Venera 8 landing site geology revisited [J]. Journal of Geophysical Research:
Planets, 1997, 102 (E4), pp. 9257 - 9262.

[5] Basilevsky A T, Head J W. The Surface of Venus [J]. Reports on Progress in Physics, 2003, 66:
1699 - 1734.

[6] Basilevsky A T, McGill G E. Surface Evolution of Venus [J]. Washington DC American Geophysical
Union Geophysical Monograph Series, 2007, 176: 23 - 43.

[7] Bougher S W, Alexander M J, Mayr H G. Upper atmosphere dynamics: Global circulation and
gravity waves [B]. Venus II. 1997, 2: 259 - 92.

[8] Byrne P K, Ghail R C, Gilmore M S, et al. Venus Tesserae Feature Layered, Folded, and Eroded
Rocks [J]. Geology, 2020, 49: 81 - 85.

[9] Cloutis E A. Seeing Through the Atmosphere of Venus: What Is on the Surface? [J]. Geophysical
Research Letters, 2021, 48: e2020GL092128.

[10]   Filiberto J. Magmatic Diversity on Venus: Constraints from Terrestrial Analog Crystallization
Experiments [J]. Icarus, 2014, 231: 131 - 136.

[11]   Filiberto J, Treiman A H. Geochemistry of Venus Basalts with Constraints on Magma Genesis [C].
48th Annual Lunar and Planetary Science Conference. No. 1964. 2017.

[12]   Florensky C P, Ronca L B, Basilevsky A T, et al. The surface of Venus as revealed by Soviet Venera
9 and 10 [J]. Geological Society of America Bulletin, 1977, 88 (11), pp. 1537 - 1545.

[13]   Garvin J B, Head J W, Zuber M T, et al. Venus: The Nature of the Surface from Venera Panoramas
[J]. Journal of Geophysical Research: Solid Earth, 1984, 89: 3381 - 3399.

[14]   Gilmore M, Treiman A, Helbert J, et al. Venus Surface Composition Constrained by Observation
and Experiment [J]. Space Sci Rev, 2017, 212: 1511 - 1540.

[15]   Guseva E N, Ivanov M A, et al. Coronae of Venus: Geological, Topographic and Morphometric
Characteristics [J]. Solar System Research, 2022, 56: 76 - 83.

[16]   Head J W, Crumpler L S, Aubele J C, et al. Venus Volcanism: Classification of Volcanic Features

and Structures, Associations, and Global Distribution from Magellan Data [J]. Journal of Geophysical Research: Planets, 1992, 97: 13153 - 13197.

[17] Herrick R R, Rumpf M E. Postimpact Modification by Volcanic or Tectonic Processes as the Rule, not the Exception, for Venusian Craters [J]. Journal of Geophysical Research: Planets, 2011, 116: E02004.

[18] Ivanov M A, Head Ⅲ J W. Stratigraphic and Geographic Distribution of Steep - sided Domes on Venus: Preliminary Results from Regional Geological Mapping and Implications for Their Origin [J]. Journal of Geophysical Research: Planets, 1999, 104: 18907 - 18924.

[19] Ivanov M A, Head J W. Tessera Terrain on Venus: A Survey of the Global Distribution, Characteristics, and Relation to Surrounding Units from Magellan Data [J]. Journal of Geophysical Research: Planets, 1996, 101: 14861 - 14908.

[20] Ivanov M A, Head J W. Global Geological Map of Venus [J]. Planetary and Space Science, 2011, 59: 1559 - 1600.

[21] Ivanov M A, Head J W. The History of Volcanism on Venus [J]. Planetary and Space Science, 2013, 84: 66 - 92.

[22] Ivanov M A, Head J W. The History of Tectonism on Venus: A Stratigraphic Analysis [J]. Planetary and Space Science, 2015, 113 - 114: 10 - 32.

[23] Kreslavsky M A, Ivanov M A, Head J W. The Resurfacing History of Venus: Constraints from Buffered Crater Densities [J]. Icarus, 2015, 250: 438 - 450.

[24] Lee C - T A, Luffi P, Plank T, et al. Constraints on the Depths and Temperatures of Basaltic Magma Generation on Earth and Other Terrestrial Planets Using New Thermobarometers for Mafic Magmas [J]. Earth and Planetary Science Letters, 2009, 279: 20 - 33.

[25] McKinnon W B, Zahnle K J, Ivanov B A, et al. Cratering on Venus: Models and Observations [C]. In: Bougher S W, Hunten D M, Phillips R J (Eds.), Venus II: Geology, Geophysics, Atmosphere, and Solar Wind Environment, 1997, 969.

[26] Nikolaeva O V, Ivanov M A, Borozdin V K. Evidence on the Crustal Dichotomy [C]. In: Barsukov V L, Basilevsky A T, Volkov V P, Zharkov V N (Eds.), Venus Geology, Geochemistry, and Geophysics - Research Results From the USSR, 1992, 129 - 139.

[27] Pieters C M, Head J W, Pratt S, et al. The Color of the Surface of Venus [J]. Science, 1986, 234: 1379 - 1383.

[28] Saunders R S, Spear A J, Allin P C, et al. Magellan mission summary [J]. Journal of Geophysical Research: Planets, 1992, 97 (E8): 13067 - 90.

[29] Schaber G G. Venus: Limited Extension and Volcanism Along Zones of Lithospheric Weakness [J]. Geophysical Research Letters, 1982, 9: 499 - 502.

[30] Schaber G G, Strom R G, Moore H J, et al. Geology and Distribution of Impact Craters on Venus: What are They Telling us? [J]. Journal of Geophysical Research: Planets, 1992, 97: 13257 - 13301.

[31] Schultz P H. Atmospheric Effects on Ejecta Emplacement and Crater Formation on Venus from

Magellan [J]. Journal of Geophysical Research: Planets, 1992, 97: 16183 - 16248.

[32] Sharpton V L, Head Ⅲ J W. Analysis of Regional Slope Characteristics on Venus and Earth [J]. Journal of Geophysical Research: Solid Earth, 1985, 90: 3733 - 3740.

[33] Shellnutt J G. Mantle Potential Temperature Estimates of Basalt from the Surface of Venus [J]. Icarus, 2016, 277: 98 - 102.

[34] Smrekar S E, Stofan E R. Origin of corona - dominated topographic rises on Venus [J]. Icarus, 1999, 139 (1), pp. 100 - 115.

[35] Surkov Y A. Exploration of Terrestrial Planets from Spacecraft: Instrumentation, Investigation, Interpretation [M]. London: Ellis Horwood Ltd, 1990, p. 300.

[36] Surkov Y A, Barsukov V L, Moskalyeva L P, et al. New data on the Composition, Structure, and Properties of Venus Rock Obtained by Venera 13 and Venera 14 [J]. Journal of Geophysical Research: Solid Earth, 1984, 89: B393 - B402.

[37] Surkov Y A, Moskalyova L P, Kharyukova V P, et al. Venus Rock Composition at the Vega 2 Landing Site [J]. Journal of Geophysical Research: Solid Earth, 1986, 91: E215 - E218.

[38] Taylor F W, Svedhem H, Head J W. Venus: The Atmosphere, Climate, Surface, Interior and Near - Space Environment of an Earth - Like Planet [J]. Space Science Reviews, 2018, 214: 35.

[39] Turcotte D L. An Episodic Hypothesis for Venusian Tectonics [J]. Journal of Geophysical Research: Planets, 1993, 98: 17061 - 17068.

[40] Treiman A H. Geochemistry of Venus' Surface: Current Limitations as Future Opportunities, Exploring Venus as a Terrestrial Planet [M]. Geophysical Monograph - American Geophysical Union, 2007, 176 (7): 7 - 22.

[41] Weller M B, Duncan M S. Insight into Terrestrial Planetary Evolution via Mantle Potential Temperatures [C]. In 46th Annual Lunar and Planetary Science Conference, 2015, No. 1832, p. 2749.

第 6 章　重力场与分层结构

6.1　引言

行星重力场作为行星的四大基本物理场之一，同时具备静态和时变部分，表征了行星内部质量（或密度）分布、运动和变化状态。由于开展行星地震测量的限制，重力成为研究行星内部结构与动力学过程、起源与演化和发电机历史的重要数据来源。行星重力场模型依据观测数据精度和空间分辨率主要分为低阶和高阶模型。根据低阶重力场模型，结合行星自转、行星潮汐观测，利用矿物物理化学和动力学模拟等手段，可以有效约束行星内部分层结构，例如核的大小、密度（是否包含轻元素）和状态（液态或者固态），幔的厚度和密度，壳层的厚度和密度。高阶重力场模型因其较高的空间分辨率，可以用来研究行星岩石圈和行星壳层等浅层结构，了解行星的地质过程以及表面特征的解释（如 Mocquet，et al.，2011）。

本章将从行星重力场的数学建模与实际测量出发，分别介绍金星重力场的探测历史，基于重力测量参数约束的圈层结构，以及岩石圈和壳层的密度结构。最后，简要介绍行星重力场探测与科学研究中面临的问题以及未来的发展方向。

6.2　重力场模型与观测

6.2.1　数学建模

如果假定任何行星的外部没有质量，则行星外部的引力场满足拉普拉斯（Laplace）方程。在球坐标系中，行星外部引力位通常利用球谐系数展开进行表达（如 Chao，Gross，1987）

$$U(r,\theta,\lambda) = \frac{GM}{R} \sum_{l=0}^{\infty} \sum_{m=0}^{l} \left(\frac{R}{r}\right)^{l+1} (C_{lm}\cos m\lambda + S_{lm}\sin m\lambda) P_{lm}(\cos\theta) \qquad (6-1)$$

式中，r 为观测点到坐标原点的距离，一般称为向径；θ 为余纬度（90°一纬度）；λ 为经度；GM 为行星标准重力参数，是行星的质量 M 与万有引力常数 G 的乘积；R 为行星平均参考半径；l 和 m 分别为球谐展开的阶数和次数；C_{lm} 和 S_{lm} 为完全正则化的 l 阶 m 次引力位球谐系数；$P_{lm}(\cos\theta)$ 是完全正则化的 l 阶 m 次缔合 Legendre 函数。

如果将球坐标的原点定义在行星的质心，则引力位的一阶系数全部为零。在实际情况下，任何行星的引力位球谐系数一般只能展开到有限阶数（l_{max}），其与行星重力场的空间分辨率 D（半波长）具有以下经验关系（Ince，et al.，2019）

$$D = \frac{\pi R}{l_{\max}} \qquad (6-2)$$

此外，以行星平均半径为参考的大地水准面高 N、重力 g 和重力异常 δg 也是行星重力场研究中非常重要的参数。重力 g 一般定义为引力位的垂向梯度，表达式为

$$g = \frac{GM}{R^2} \sum_{l=0}^{l_{\max}} \sum_{m=0}^{l} \left(\frac{R}{r}\right)^{l+2} (l+1)(C_{lm}\cos m\lambda + S_{lm}\sin m\lambda) P_{lm}(\cos\theta) \qquad (6-3)$$

重力异常 δg 定义为大地水准面上的实测重力值 d 与正常重力的值差，一般表达式为

$$\delta g = \frac{GM}{R^2} \sum_{l=2}^{l_{\max}} \sum_{m=0}^{l} \left(\frac{R}{r}\right)^{l} (l-1)(C_{lm}\cos m\lambda + S_{lm}\sin m\lambda) P_{lm}(\cos\theta) \qquad (6-4)$$

大地水准面的概念来自于地球上的重力研究，定义为静止的海平面并延伸至大陆底部的一个重力等位面，是一个理想的闭合曲面。其数学表达式为

$$N = R \sum_{l=2}^{l_{\max}} \sum_{m=0}^{l} (C_{lm}\cos m\lambda + S_{lm}\sin m\lambda) P_{lm}(\cos\theta) \qquad (6-5)$$

6.2.2　探测方法

地球作为我们居住的星球，其自身重力场的探测方式多种多样：我们既可以在地表进行相对或者绝对重力测量，也可以利用一系列重力卫星进行探测。重力卫星对地球进行高精度重力场探测的手段主要是利用卫星跟踪卫星的方式，例如 GRACE（Gravity Recovery and Climate Experiment）和 GRACE - FO（GRACE Follow - On），以及月球的 GRAIL（Gravity Recovery and Interior Laboratory）。相对于地球重力场的探测，行星距离遥远且无法进行表面测量，其重力场的探测主要是通过测量轨道器或者航天器的轨道摄动来进行，即测量轨道器或航天器的轨道位置参数（可转化为轨道六根数或开普勒元素）。测量轨道位置参数主要是利用深空网（Deep Space Network，DSN）进行轨道追踪，获取深空站与轨道器或航天器的时移和时移率（李斐等，2016）。在理想状态下，轨道器或航天器的轨道摄动通常可以利用二体问题来描述。但是实际情况下，轨道器或航天器会受到目标行星形状不规则、内部密度分布不均匀的影响，还会受到其他保守力（例如太阳和其他行星引力）和非保守力（例如太阳辐射光压、卫星本体热辐射、大气阻力）的影响。因此，依据牛顿第二定律，轨道摄动方程可以描述为

$$\ddot{\vec{r}} = \vec{f}_{TB} + \vec{f}_{NS} + \vec{f}_{NB} + \vec{f}_{TD} + \vec{f}_{RL} + \vec{f}_{DG} + \vec{f}_{SR} + \vec{f}_{AL} + \vec{f}_{TH} \qquad (6-6)$$

式中，$\ddot{\vec{r}}$ 为卫星加速度矢量；$\vec{f}_{TB}$ 为二体作用力，即目标行星对轨道器的引力；$\vec{f}_{NS}$ 为目标行星非球形部分对卫星的引力；$\vec{f}_{NB}$ 为 N 体对轨道器的引力，主要来自于太阳、目标行星的卫星、其他行星等；$\vec{f}_{TD}$ 为目标行星的潮汐引力，主要来自于固体潮、海潮、大气潮以及由于目标行星自转形成的极潮；$\vec{f}_{RL}$ 为相对论效应对轨道器产生的影响；$\vec{f}_{DG}$ 为目标行星大气产生的阻力；$\vec{f}_{SR}$ 为太阳辐射对轨道器造成的光压；$\vec{f}_{AL}$ 为目标行星的反照辐射压；$\vec{f}_{TH}$ 为作用于轨道器上的其他力，例如控制轨道器姿态的控制力。

求解上述方程的方法主要有天体力学法、加速度法、短弧法、能量积分法以及动力

法，但在求解行星重力场的时候，主要采用动力法。动力法（Kaula，1996）是将重力场表示为球谐函数，采用动力法精密定轨技术，构建轨道摄动观测量与球谐系数的函数关系，利用最小二乘法求解重力场的球谐系数。该方法主要考虑轨道器或航天器的受力模型，求解二阶微分方程（牛顿方程）。动力法自 19 世纪以来经历了较大的发展，其中之一便是利用变分原理，将二阶微分方程转换成一组关于轨道根数变化率的一阶常微分方程（Kaula，1996）。由于解析形式的复杂性，动力法一般只考虑一阶小量，即线性摄动量，由此限制了动力法的精度。随着跟踪技术的发展以及计算机计算能力的提升，非保守力的建模精度也得到了提升，基于动力法确定行星重力场的方法成为了主流（图 6 - 1）。

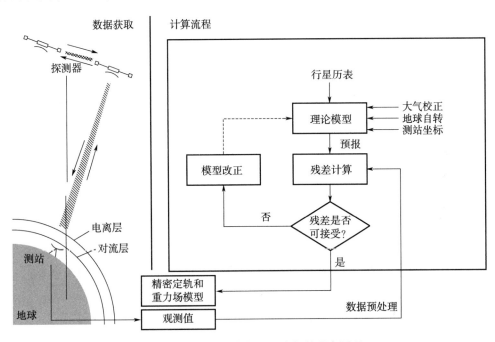

图 6 - 1　动力法确定行星重力场的基本原理

卫星跟踪卫星的重力测量模式主要有低低跟踪模式、高低跟踪模式和地面跟踪模式。低低跟踪模式是当前精度最高的一种观测模式，例如地球上的 GRACE 和 GRACE - FO 卫星、月球上的 GRAIL 卫星。在深空探测任务中，由于技术和任务限制，高低跟踪或者低低跟踪几乎无法实现，通常采用地面跟踪技术。地面跟踪技术是指地球上的跟踪站向航天器发射无线电信号，通过航天器上的转发设备，将信号返回地面跟踪站，根据多普勒效应测量航天器的速度和位置信息。如果发射站和接收站相同，为双程测量；如果发射站和接收站不同，为三程测量；更复杂的测量还有四程测量。测量的对象一般是距离和多普勒值，通常称为时移和时移率。参考目标行星的时间系统和坐标系统，便可以确定目标行星的重力场。由于测量方式的限制，任何目标行星的重力场精度都有待进一步提高。

6.2.3　地形建模与测量

在重力场的建模、内部密度和圈层厚度研究中，地形涉及卫星的轨道摄动、布格重力

改正、行星岩石圈弹性厚度以及与行星内部动力学过程关联性的研究。类似于重力场的球谐展开，地形一般也可以展开为

$$H(\theta,\lambda)=R\sum_{n=0}^{\infty}\sum_{m=0}^{n}(C_{nm}^{\mathrm{T}}\cos m\lambda+S_{nm}^{\mathrm{T}}\sin m\lambda)P_{nm}(\cos\theta) \qquad (6-7)$$

式中，C^{T} 和 S^{T} 是地形相对于平均参考半径展开的球谐系数，实际的测量中先通过轨道器的激光测高雷达或相机数据获取高程值，然后将其转换为球谐系数。在没有海洋的行星地形探测中，测高数据中一般很难见到双峰信号，因此不会出现海陆这样的典型二分特征，几乎都是单峰分布，因此在描述行星地形的术语中，一般称为高地和低地（或盆地）。

由于金星的表面覆盖了浓密的酸性大气，为获取其地形数据，轨道器荷载必须使用能够穿透大气的波段。目前，金星的地形数据是利用金星 15 号、16 号，先驱者号和麦哲伦号上搭载的激光测高仪获得的，其中，麦哲伦号起到了非常重要的作用（Rappaport, et al., 1999）。这里给出了根据重新处理的测高数据得到的 360 阶金星地形模型（图 6 - 2），数据保存在由美国 NASA 主导建立的行星数据系统的地球科学节点（https://pds - geosciences. wustl. edu/mgn/mgn - v - rss - 5 - gravity -l2 - v1/mg _ 5201/topo/）中。该节点既给出了金星地形的网格点数据（topo. dat 和 topogrd. dat），同时也给出了地形的球谐系数模型（shtjv360. a01 和 shtjv360. a02）。此外，Wieczorek 给出了金星的 719 阶地形球谐模型 VenusTopo719（Wieczorek, 2015），该模型主要利用了麦哲伦号的数据，2% 的极空白区则利用了金星 15 号、16 号和先驱者号数据进行填补，通过数据内插与平滑处理，建立了空间分辨率为 0.125° 的地形模型。

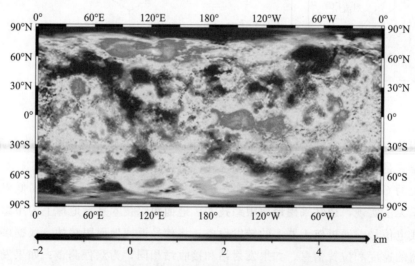

图 6 - 2　基于麦哲伦号搭载的测高仪获取的金星地形

（数据来源于 Rappaport, et al., 1999，见彩插）

6.3　重力场与内部结构

6.3.1　模型发展历史

在先驱者任务和麦哲伦任务之前，金星的重力场模型主要是利用水手 2 号、5 号和 10 号的飞掠（Flyby）数据解算的，一般只能给出 0 阶（GM，金星引力常量）和 2 阶重力场（C_{20}，C_{22}），其空间分辨率十分有限（Nerem，1995）。其主要用途也是用于确定金星的质量、惯性矩和平均密度等信息。

随着先驱者和麦哲伦任务开展，金星高阶重力场模型不断发展（表 6 - 1）。这些重力场模型主要是利用先驱者号和麦哲伦号的轨道跟踪数据来确定且以球谐函数的形式给出，一般采用考拉准则（Kaula Rule）作为先验约束（Kaula，1966）。对于金星，考拉常数一般取为 1.2×10^{-5}。在先驱者号时期，最早的球谐模型由 Ananda 等人（1980）给出且阶数只有 6 阶；最高的重力场球谐模型也只有 18 阶（Bills，et al.，1987）。这是由于先驱者号的高轨道倾角（106°），较长的轨道周期（24 h），大偏心率（0.86），以及较大的近拱点高度，因此先驱者号的轨道数据并不适合高精度金星重力场的确定。为了进行麦哲伦任务探测，通过对先驱者号轨道数据的重新分析，重力场模型发展到 21 阶（McNamee，et al.，1993），以及利用 Kaula 先验信息约束发展的 50 阶模型（Nerem，et al.，1993）。

1989 年 5 月 4 日，NASA 发射了麦哲伦号航天器，开始了金星的全球地形和重力场测量任务。在麦哲伦任务时期，随着轨道跟踪数据的积累，结合先驱者号的历史数据，金星的重力场模型不断发展。利用先验约束，Konopliv 等人（1993）给出了 60 阶重力场模型，但是该模型受限于先驱者号和麦哲伦号的轨道特性并没有显著的进步。约在 1993 年 8 月后，麦哲伦号利用大气制动进入了近圆形轨道，飞行轨迹可以尽可能多地覆盖极区，金星的重力场模型才有了较大的改善。此后，Konopliv 和 Sjogren（1994）给出了 90 阶模型。通过单独解算麦哲伦号的轨道跟踪数据，Konopliv 等人（1996）给出了 120 阶模型。由于麦哲伦号任务于 1994 年 10 月终止，航天器的飞行未能够覆盖全球区域，轨道跟踪数据也停止了更新。当前广泛使用的金星重力场模型是 180 阶的 MGNP180U 模型（Konopliv，et al.，1999）。该数据目前可以从行星数据系统的地球科学节点获取。

此后，2005 年欧洲空间局利用俄罗斯联盟号运载火箭发射了金星快车探测器，于 2006 年 4 月 11 日进入金星外部的椭圆形轨道进行探测任务。2010 年，日本发射了拂晓号金星轨道器，但未进入预定轨道。联合麦哲伦号和金星快车的轨道跟踪数据，Goossens 等人（2018）尝试解算了 200 阶的金星重力场模型，但目前尚未见到该模型的数据发布。

表 6 - 1　金星重力场模型发展历史

模型名称		阶数	数据来源	参考文献
先驱者号时代	6×6	6	Radio tracking (PVO)	Ananda，et al.，1980
	10×10	10		Mottinger，et al.，1985
	18×18	18		Bills，et al.，1987
	GVM	21		McNamee，et al.，1993
	GVM-1	50		Nerem，et al.，1993
麦哲伦号时代	PMGN60C	60	Radio tracking (PVO & Magellan)	Konopliv，et al.，1993
	MGNP90LSAAP	90	Radio tracking (PVO & Magellan)	Konopliv and Sjogren，1994
	MGNP120PSAAP	120	Radio tracking (Magellan)	Konopliv，et al.，1996
	MGNP180U	180	Radio tracking (Magellan & PVO)	Konopliv，et al.，1999
金星快车时代		200	Radio tracking (Magellan & Venus Express)	Goossens，et al.，2018

6.3.2　分层结构

地球通常分为地壳、地幔和地核三大圈层。类比于地球，金星也被认为具有分层结构，而且金星是否具有固态内核以及液态核的大小对于金星的内部动力学过程和金星发电机历史至关重要。在缺少金星震等观测数据的情况下，对金星内部分层结构的认识主要来源于对金星重力场、自转以及其潮汐效应的观测。通常假设金星为二层模型，即金星核和金星幔；或三层模型，即金星核、金星幔和金星壳。

（1）金星的质量、平均密度和惯性矩

对金星质量和密度的估计最早来源于水手 2 号、5 号和 10 号的飞掠数据。Anderson 和 Efron（1969）以及 Howard 等人（1974）利用水手号的系列数据估计了金星的质量和 C_{20} 的上限值，研究结果显示，金星的 C_{20} 值要比地球的 C_{20} 值小好几个量级。目前，金星的质量值是由 Konopliv 等人（1999）在发布 MGNP180U 重力场模型时给出的，$GM = 324.858\,592 \times 10^{12}$ m³/s²，忽略万有引力常数的微弱变化，金星的质量 $M = 4.867 \times 10^{24}$ kg。利用金星的全球地形测量数据确定金星的平均球半径为 $R = 6\,051.878$ km，进一步可推算出金星的平均密度为 5.24 g/cm³。

依据行星的惯性矩张量，其对角线的三个分量一般用 A、B 和 C 来表示。A 和 B 代表赤道惯性矩，C 代表行星的极惯性矩。基于广义的马古拉公式和主惯性坐标系下，这三个参数与行星二阶重力场的关系可以表达为（Xu，et al.，2014）

$$C_{20} = (A + B - 2C)/(2\sqrt{5}MR^2)$$
$$C_{22} = \sqrt{3}(B - A)/(2\sqrt{5}MR^2)$$

(6 - 8)

通常，C_{20} 和 C_{22} 可以利用轨道器或航天器的飞掠数据或者轨道跟踪数据进行计算。MOI 定义为行星的平均惯性矩且 $\mathrm{MOI} = (A + B + C)/3$。由此，研究人员便可以确定 A/MR^2、C/MR^2 和 MOI/MR^2。C/MR^2 和 MOI/MR^2 一般用于研究行星内核固化程度。理论上，$MOI/MR^2 = 0.4$ 代表一个均匀固体球；$MOI/MR^2 = 2/3$ 代表一个薄的球壳。当一个物体中心固化程度较高时，MOI/MR^2 的值就会小于 0.4。利用 2006—2020 年金星自转参数的地基雷达观测数据，MOI/MR^2 确定为 0.337 ± 0.024。基于二层模型，推断出金星的核半径约为 3 508 km，但无法推断其是否包含固态内核（Margot, et al., 2021）。研究人员基于 Margot 等人（2021）的观测结果，利用矿物物理模拟方法，重新估计了金星核的大小、状态和密度，估算出金星核的大小约为 (3147.1 ± 16.8) km，富含大量的轻元素且没有内核（O'Neill, 2021）。

（2）k_2

为描述固体弹性地球在受到太阳、其他行星及其卫星引力作用下产生的变形，引入了一组无量纲的参数（h、l、k）。其中，h 和 k 由 Love（勒夫）引入，又称为勒夫数，主要是描述固体弹性地球的内部物质在引力作用下产生的垂直位移和附加引力位；l 由日本学者志田（Shida）引入，也称为志田数，描述了固体弹性地球在引力作用下产生的水平位移。

由于引力特性，一般只考虑二阶引力位，忽略高阶的影响。因此，通常勒夫数和志田数只考虑 h_2、l_2、k_2。在行星潮汐效应的研究中，行星内部物质的位移量很难确定，h_2 和 l_2 一般不予关注，只有在利用月球激光测距（Lunar Laser Ranging，LLR）来研究地球对月球的潮汐效应中稍有讨论。在确定行星重力场的过程中，潮汐力同样会对轨道器或者航天器产生轨道摄动，因此可以同时计算出 k_2 值。k_2 是行星内部各圈层对引力的综合响应，是行星的形状、圈层结构、密度和弹性（或黏弹性）性质的函数。同时，潮汐产生的弹性变形也会体现在行星的自转行为中，相关的研究则利用自转观测与 k_2 综合探讨行星的内部结构，例如行星核的大小、密度和成分（Yoder, et al., 2003）。

由于金星内部密度的实际分布尚不清晰，Yoder（1995）利用压力-尺度分析方法，基于初始参考地球模型（Preliminary Reference Earth Model，PREM）计算了金星的 k_2。该研究表明，如果金星存在固态内核，$k_2 = 0.17$；如果金星具有液态核，$0.23 < k_2 < 0.29$。Konopliv 和 Yoder（1996）基于麦哲伦号和先驱者号的多普勒追踪数据获取了金星的 $k_2 = 0.295 \pm 0.066$，证实了金星具有液态核。但是以上的数值都只是利用弹性方程估计的，而金星内部，特别是金星幔的黏滞性会增大 k_2 的数值（Dumoulin, et al., 2017）。因此，若要准确地确定金星核的状态和大小，需要精确测量 k_2 及其相位差。

（3）金星大气的重力效应

金星具有主要成分为 CO_2 的浓密大气层，因此太阳引力和太阳加热作用同样会产生大气潮汐作用（Petricca, et al., 2022）。金星的大气潮汐作用不但影响航天器的轨道飞行，同样也影响金星内部结构的探测（Konopliv, et al., 1999；Lebonnois, et al., 2010，2016）。基于卫星轨道摄动获取的潮汐勒夫数（k_2）不仅包含了固体行星的弹性响应，同时也包含了行星大气负荷响应。Yoder 等人（2003）在利用太阳潮汐观测反演火星核大小的过程中，从观测的 k_2 中扣除了火星大气的二阶负荷勒夫数（k'）。大气潮汐的影响一般利用大气压力变化来估计，该压力变化一般表达为

$$\Delta P(t,\theta,\lambda)=\Delta\sigma(t,\theta,\lambda)g_0 \qquad\qquad (6-9)$$

获取了金星的大气压力变化之后，便可以将其转化为金星大气的面密度变化，进而估算金星大气活动产生的重力变化。金星大气活动产生的重力变化可以表示为（Chao，Gross，1987；Wahr，et al.，1998）

$$\Delta C_{nm}(t)=\frac{3}{4\pi\rho_v}\frac{1+k'}{2n+1}\int\Delta\sigma(t,\theta,\lambda)\,P_{nm}(\cos\theta)\cos m\lambda\,\mathrm{d}S$$

$$\Delta S_{nm}(t)=\frac{3}{4\pi\rho_v}\frac{1+k'}{2n+1}\int\Delta\sigma(t,\theta,\lambda)\,P_{nm}(\cos\theta)\sin m\lambda\,\mathrm{d}S$$

$$\qquad\qquad\qquad (6-10)$$

式中，ρ_v 为金星的平均密度。

6.3.3　壳层密度与厚度

金星的壳层是指金星表面非常薄的一层结构。一般认为，壳层是类地行星的幔层分异的产物，其厚度是指示幔物质分异程度的一个重要参量，可以进一步帮助我们了解行星演化。同时，壳层的厚度也影响着壳层剩磁的空间分布。由于缺少其他学科数据的约束，金星壳层，尤其浅层结构的认识主要来源于对金星地貌、地形和重力场的观测。目前，普遍认为金星的壳层主要由玄武岩构成，与地球洋壳极为相似（Wieczorek，2007）。

基于重力和地形数据研究壳层结构，主要目的是获取壳层的厚度，甚至岩石圈有效弹性厚度，也称为界面反演，例如球面 Parker 界面法（Parker，1972）。在重力反演中，密度和厚度会存在 Trade-off，因此很难同时获得。界面反演还可以采用空间域导纳法或球谐谱域导纳-相关法。一般情况下，球谐谱域方法得到的壳层厚度会相对平滑，计算速度也比较快；空间域方法得到的壳层厚度更加精细，但是计算速度比较慢。进行界面反演的前提是假设每个反演区域都处于均衡状态且需要合理的初始模型。Wieczorek 和 Phillips（1998）提出了另外一种方法，即引入另外一种假设：重力异常主要来源于地形和壳幔边界起伏。但是，这种假设也隐含了与均衡假设类似的条件，即假设幔层物质基本均匀。应用此方法，Wieczorek（2007）计算了金星的全球壳层厚度。金星动力学的系列研究表明，金星目前仍存在非常强的动力学过程，在重力和地形上面都有很强的体现，例如金星表面更新现象（Nimmo，McKenzie，1998；Armann，Tackley，2012）。此外，通过分析金星的重力与地形的相关性发现，地形与重力在低阶部分具有较强的相关性，暗示了金星的长波长地形具有动力学来源（Steinberger，et al.，2010；Wieczorek，2007；Yang，et al.，2016；黄金水等，2021）。

如果不考虑金星的内部动力学过程，且假设金星处于均衡状态，可以利用地形和重力数据计算金星的局部地区和全球壳层厚度。Wieczorek（2007）通过重力反演，认为金星的壳层平均厚度约为 35 km。James 等人（2013）则给出了金星壳层厚度的全球分布，且给出了金星的平均壳层厚度约为 15 km（图 6-3）。

在考虑金星的内部动力学过程影响下，Wei 等人（2014）通过引入动力地形改正，给出了金星的壳层厚度全球分布（图 6-4）。

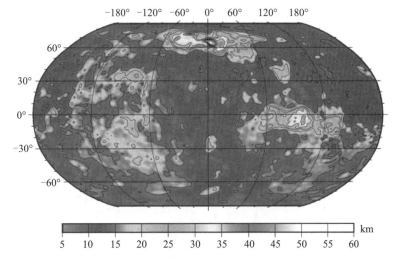

图 6-3　金星的壳层厚度分布（修改自 James, et al., 2013, 见彩插）

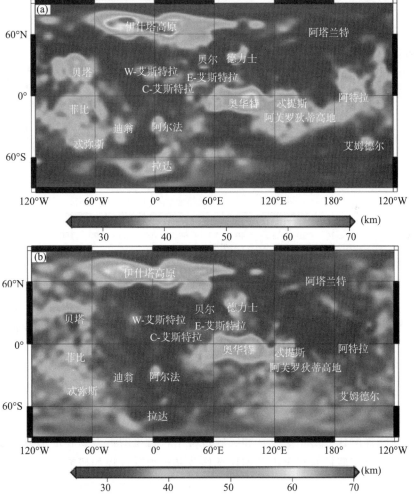

图 6-4　不考虑动力地形（a）和考虑动力地形（b）的金星壳层厚度

（修改自 Wei, et al., 2014, 见彩插）

从他们的结果可以看出：如果不考虑动力地形的影响，所有的研究得到的金星壳层厚度几乎是一致的，且平均厚度较大；如果考虑金星内部动力学过程的影响，金星的壳层厚度明显变低。金星壳层的厚度变化主要集中在 20 ～ 70 km。

基于重力和地形数据，Jimenez‐Diaz 等人（2015）估计了金星的岩石圈有效弹性厚度（图 6‐5）。

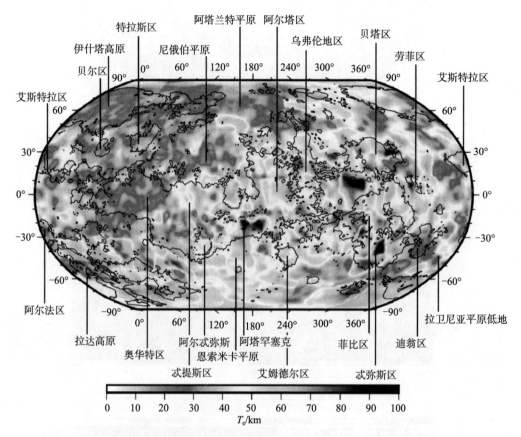

图 6‐5　金星的岩石圈有效弹性厚度（修改自 Jimenez‐Diaz，et al.，2015，见彩插）

从结果来看：金星的岩石圈有效弹性厚度变化范围在 14～94 km，但主要集中在低值区。受限于当前重力和地形数据的分辨率，金星壳层厚度和岩石圈厚度仍存在较大的不确定性。

6.4　前沿科学问题及未来研究方向

在我国深空探测任务的顶层设计和实施过程中，行星的重力场和地形数据主要来自于开源数据，这限制了我们对行星内部圈层结构及其动力学过程的研究，以及行星探测目标的实现。在此，我们就目前国内外在开展行星重力或行星内部结构探测方面遇到的一些问题以及可能使用的先进技术进行初步总结。

　　欧洲和美国在开展行星探测的时候，通常会在航天器或者轨道器上面搭载一个信号发射接收装置，以开展无线电科学实验（Radio Science Experiment）。该无线电科学实验可以同时进行两方面的测量：目标行星的重力、自转测量和大气层、电离层结构。在历次针对金星、水星、火星的探测中，该载荷实现了金星和水星的地基测量任务，并累积了大量数据用于获取高精度的重力场模型（Milani，et al.，2001）。目标星体的大气层和电离层结构借此观测也得到了不断完善，这也会改善目标星体的重力场，因为只有清楚地了解大气层模型，才能够更加准确地模拟大气产生的轨道摄动问题。

　　近年来随着观测技术和空间观测多样化的发展，地球和月球重力场测量主要采用两个低轨卫星进行相互跟踪来实现，例如 GRACE、GRACE‐FO、GRAIL 以及我国发射的天琴系列卫星（Tapley，et al.，2004）。传统的无线电科学实验进行的多普勒追踪技术由于受到航天器高度、多普勒噪声、测量覆盖率、重力场先验模型以及非保守力（主要来自于太阳辐射光压和大气阻力）的影响，其反演出来的重力场在空间分辨率和数据精度上仍存在较大的不足，这也限制了利用重力数据研究目标行星的浅层（主要是壳层）的结构和物质组成、质量迁移现象（例如目标行星两极冰盖成分与变化），以及可能与浅层结构相关的地质过程或可能携带宜居信息的活动。

　　即使不采用双星形式进行探测，在航天器或者轨道器上搭载加速度计也可以很好地改善目标星体的重力场模型。当前，执行水星探测的贝皮·科伦坡双星中的低轨探测器上便搭载了意大利生产的加速度计，目标是为了准确地测量太阳辐射光压，替代以往采用的理论或者经验模型。这将极大地改善水星重力场的精度（Iafolla，et al.，2010）。此外，星载加速度计对于改善金星重力场也是十分重要的。与水星探测任务不同，加速度计还可以进一步测量金星大气阻力，这样可以较大地改善金星重力场的精度。因为在金星重力场的观测中，由于金星大气阻力对轨道摄动的影响，通常采用 VGCMs（Venus General Circulation Models）模型或者金星标准大气模型（Venus International Reference Atmosphere，VIRA）来进行修正，显然会对高精度重力场的确定产生重要影响。

　　此外，发展重力梯度计载荷能够对行星重力场的观测产生革命性的影响。卫星重力梯度测量（Satellite Gravity Gradiometry，SGG）是利用低轨卫星上所携带的重力梯度仪直接测定卫星轨道高度处的重力位二阶导数（重力梯度张量），可以用来计算重力场。它有不同的技术模式，既可以利用卫星重力梯度仪直接测定重力梯度张量的所有分量，也可以测定部分分量或某些分量的组合（Rummel，et al.，2011）。

　　卫星重力梯度测量有以下几个特点：

　　1）不受惯性加速度的影响。从重力梯度观测量中分离出重力梯度张量不仅在理论上是严格的，而且实际上是可行的，即利用重力梯度测量可以解决引力加速度与惯性加速度分离的问题。

　　2）测定全球重力场速度快、代价低、效率高。卫星重力梯度测量仅需一颗卫星，并且重力梯度卫星在低圆轨道上连续飞行一段时间即可获得全球覆盖的、均匀分布的重力梯度数据。

3）能以更高精度和分辨率恢复行星重力场。卫星重力梯度测量直接测量重力位的二阶导数，即重力梯度张量，可以观测重力场较高阶的精细变化。

4）重力梯度观测信号对大气阻力的影响并不敏感。因重力梯度观测信号是通过各加速度计的输出量之差求得的，只要各加速度计的性能指标尽可能一致，则大气阻力对各加速度计的影响就基本相同，得到的重力梯度观测信号可以基本消除大气阻力的影响。

5）重力梯度仪灵敏度和稳定度高。静电悬浮技术和低温超导技术的应用，使重力梯度仪在灵敏度和稳定度方面有了极大的提高。

6）对卫星精密定轨的要求不是很严格。加速度计阵列本身就可以测定卫星运动姿态，而且重力梯度数据的后处理又可以进一步改善卫星定轨的精度。

GOCE 卫星是世界上第一颗采用重力梯度测量技术的卫星，具有典型代表意义。GOCE 的重力梯度仪对重力场的短波部分敏感，其主要目的是提供高分辨率的静态重力场信息。通过一定的算法，将它们获取的不同波长的重力场信息组合或单独计算，可推算出一定阶次的重力场模型。GOCE 的重力梯度仪在地球重力场的确定与应用中发挥了巨大的作用，并取得了丰富的成果，包括测定高精度和高空间分辨率静态重力场、大地水准面和重力异常；为地球内部圈层结构的地球物理反演提供数据，使人们对地球内部的结构、物质组成、密度结构变化有更加深入的了解；精确测定海洋的水准面，结合卫星测高定量确定海洋的洋流以及海洋内部热量的传递；为地貌、地形等研究提供较好地用于数据链接的海拔参考系，以实现不同高程系统之间的链接，从而更好地确定地形的起伏变化，为大地测量服务；通过与岩床地形学结合，精确估计两极冰盖的厚度，为研究冰盖变化提供依据。

现有的金星重力场模型是根据地面深空网对探测器或轨道器的测速数据解算得到的，但这一传统方式很难进一步提升重力场的精度和阶次。目前，我国已经具备卫星梯度仪的研制能力，参考梯度仪在地球重力场模型解算与应用中发挥的重要作用，可以展望在金星探测中，卫星梯度计将会大幅提升现有的水星与金星重力场模型的精度和分辨率。获取金星高精度、高分辨率的重力场数据将对内部分层结构、表面与深部构造、表面典型地质特征、形成与演化等各方面的研究产生巨大的推动作用，使我国引领金星内部结构方面的研究。

参 考 文 献

［1］ Ananda M P, Sjogren W L, Phillips R J, et al. A Low - order Global Gravity Field of Venus and Dynamical Implications [J]. Journal of Geophysical Research, 1980, 85: 8303 - 8318. https://doi.org/10.1029/JA085iA13p08303.

［2］ Anderson J D, Efron L. The Mass and Dynamical Oblateness of Venus [J]. Bulletin of the American Astronomical Society, 1969, 1: 231.

［3］ Armann M, Tackley P J. Simulating the Thermochemical Magmatic and Tectonic Evolution of Venus's Mantle and Lithosphere: Two - dimensional Models [J]. Journal of Geophysical Research: Planets, 2012, 117: E12003. https://doi.org/10.1029/2012JE004231.

［4］ Bills B G, Kiefer W S, Jones R L. Venus Gravity: A Harmonic Analysis [J]. Journal of Geophysical Research, 1987, 90: 827 - 836. https://doi.org/0148 - 0227/87/007B - 4002 $ 05.00.

［5］ Cavanaugh J F, Smith J C, Sun X L, et al. The Mercury Laser Altimeter Instrument for the MESSENGER Mission [J]. Space Science Reviews, 2007, 131: 451 - 479. https://doi.org/10.1007/s11214 - 007 - 9273 - 4.

［6］ Chao B F, Gross R S. Changes in the Earth's Rotation and Low - degree gravitational Field Induced by Earthquakes [J]. Geophysical Journal of the Royal Astronomical Society banner, 1987, 91 (3): 569 - 596. https://doi.org/10.1111/j.1365 - 246X.1987.tb01659.x.

［7］ Dumoulin C, Tobie G O, Verhoeven O, et al. Tidal Constraints on the Interior of Venus [J]. Journal of Geophysical Research: Planets, 2017, 122: 1338 - 1352. https://doi.org/10.1002/2016JE005249.

［8］ Goossens S, Mazarico E, Rosenblatt P, et al. Venus Gravity Field Modeling Using Magellan and Venus Express Data [C]. In the First Annual ISFM review, 2018.

［9］ Howard H T, Tyler G L, Fjeldbo G, et al. Venus: Mass, Gravity Field, Atmosphere and Ionosphere as Measured by Mariner 10 Dual Frequency Radio System [J]. Science, 1974, 183: 1297 - 1301. https://doi.org/10.1126/science.183.4131.1297.

［10］ James P B, Zuber M T, Phillips R J. Crustal Thickness and Support of Topography on Venus [J]. Journal of Geophysical Research: Planets, 2013, 118: 859 - 875. https://doi.org/10.1029/2012JE004237.

［11］ Jimenez - Diaz A, Ruiz J, Kirby J F, et al. Lithospheric Structure of Venus from Gravity and Topography [J]. Icarus, 2015, 260: 215 - 231. https://doi.org/10.1016/j.icarus.2015.07.020.

［12］ Kaula W M. Theory of Satellite Geodesy [M]. Blaisdell, Waltham, MA, 1966.

［13］ Konopliv A S, Borderies N J, Chodas P W, et al. Venus Gravity and Topography: 60th Degree and Order Model [J]. Geophysical Research Letters, 1993, 20 (21): 2403 - 2406. https://doi.org/10.1029/93GL01890.

［14］ Konopliv A S, Sjogren W L. Venus Spherical Harmonic Gravity Model to Degree and Order 60 [J]. Icarus, 1994, 112 (1): 42 - 54. https://doi.org/10.1006/icar.1994.1169.

[15] Konopliv A S, Sjogren W L, Yoder C F, et al. Venus 120th Degree and Order Gravity Field [C]. Presented at 1996 AGU Fall Meeting, San Francisco, CA, 1996.

[16] Konopliv A S, Banerdt W B, Sjogren W L. Venus Gravity: 180th Degree and Order Model [J]. Icarus, 1999, 139: 3 - 18. https://doi.org/10.1006/icar.1999.6086.

[17] Konopliv A S, Yoder C F. Venusian k2 Tidal Love Number from Magellan and PVO Tracking Data [J]. Geophysical Research Letters, 1996, 23: 1857 - 1860. https://doi.org/10.1029/96GL01589.

[18] Ince E S, Barthelmes F, Reibland S, et al. ICGEM - 15 Years of Successful Collection and Distribution of Global Gravitational Models, Associated Services, and Future Plans [J]. Earth System Science Data, 2019, 11: 647 - 674. https://doi.org/10.5194/essd - 11 - 647 - 2019.

[19] Lebonnois S, Hourdin F, Eymet V, et al. Super Rotation of Venus' Atmosphere Analyzed with a Full General Circulation Model [J]. Journal of Geophysical Research, 2010, 115: E06006. https://doi.org/10.1029/2009JE003458.

[20] Lebonnois S, Sugimoto N, Gilli G. Wave Analysis in the Atmosphere of Venus Below 100 - km Altitude, Simulated by the LMD Venus GCM [J]. Icarus, 2016, 278: 38 - 51. https://doi.org/10.1016/j.icarus.2016.06.004.

[21] Margot J L, Campbell D B, Giorgini J D, et al. Spin State and Moment of Inertia of Venus [J]. Nature Astronomy, 2021, 5: 676 - 683. https://doi.org/10.1038/s41550 - 021 - 01339 - 7.

[22] McNamee J B, Borderies N J, Sjogren W L. Venus: Global Gravity and Topography [J]. Journal of Geophysical Research, 1993, 98 (E5): 9113 - 9128. https://doi.org/10.1029/93JE00382.

[23] Mocquet A, Rosenblatt P, Dehant V, et al. The deep interior of Venus, Mars, and the Earth: A brief review and the need for planetary surface - based measurements [J]. Planetary and Space Science, 2011, 59: 1048 - 1061. https://doi.org/10.1016/j.pss.2010.02.002.

[24] Mottinger N A, Sjogren W L, Bills B G. Venus Gravity: A Harmonic Analysis and Geophysical Implications [J]. Journal of Geophysical Research, 1985, 90: 739 - 756. https://doi.org/10.1029/JB090iS02p0C739.

[25] Nerem R S. Terrestrial and Planetary Gravity Fields [J]. Reviews of Geophysics, 1995, 33 (S1): 469 - 476. https://doi.org/10.1029/95RG00742.

[26] Nerem R S, Bills B G, McNamee J B. A High Resolution Gravity Model for Venus: GVM - 1 [J]. Geophysical Research Letters, 1993, 20 (7): 599 - 602. https://doi.org/10.1029/92GL02851.

[27] Nimmo F, Mckenzie D. Volcanism and Tectonics on Venus [J]. Annual Review of Earth and Planetary Sciences, 1998, 26: 23 - 51. https://doi.org/10.1146/annurev.earth.26.1.23.

[28] O'Neill C. End - member Venusian Core Scenarios: Does Venus Have an Inner Core? [J]. Geophysical Research Letters, 2021, 48: e2021GL095499. https://doi.org/10.1029/2021GL095499.

[29] Petricca F, Genova A, Goossens S, et al. Constraining the Internal Structures of Venus and Mars from the Gravity Response to Atmospheric Load [J]. The Planetary Science Journal, 2022, 3: 164. https://doi.org/10.3847/PSJ/ac7878.

[30] Preusker F, Stark A, Oberst J, et al. Toward High - resolution Global Topography of Mercury from MESSENGER Orbital Stereo Imaging: A Prototype Model for the H6 (Kuiper) Quadrangle [J]. Planetary and Space Science, 2017, 142: 26 - 37. https://doi.org/10.1016/j.pss.2017.04.012.

[31] Rappaport N J, Konopliv A S, Kucinskas A B. An Improved 360 Degree and Order Model of Venus

Topography [J]. Icarus, 1999, 139: 19 - 31. https: //doi. org/10. 1006/icar. 1999. 6081.

[32] Rummel R, Yi W, Stummer C. GOCE Gravitational Gradiometry. Journal of Geodesy, 2011, 85 (111): 777. https: //doi. org/10. 1007/s190 - 011 - 0500 - 0.

[33] Steinberger B, Werner S C, Torsvik T H. Deep Versus Shallow Origin of Gravity Anomalies, Topography and Volcanism on Earth, Venus and Mars [J]. Icarus, 2010, 207: 564 - 577. https: //doi. org/10. 1016/j. icarus. 2009. 12. 025.

[34] Tapley B D, Bettadpur S, Ries J C, et al. GRACE measurements of Mass variability in the Earth system. Science, 2004, 305: 503 - 506. https: //doi. org/10. 1126/science. 1099192.

[35] Wahr J, Molenaar M, Bryan F. Time Variability of the Earth's Gravity Field: Hydrological and Oceanic Effects and Their Possible Detection Using GRACE [J]. Journal of Geophysical Research: Solid Earth, 1998, 103 (B2): 30205 - 30229. https: //doi. org/10. 1029/98JB02844.

[36] Wei D Y, Yang A, Huang J S. The Gravity Field and Crustal Thickness of Venus [J]. Science China: Earth Sciences, 2014, 44 (5): 934 - 944. https: //doi. org/10. 1007/s11430 - 014 - 4824 - 5.

[37] Wieczorek M A. The Gravity and Topography of The Terrestrial Planets [M]. Treatise on Geophysics, 2007, 10: 165 - 206. http: //dx. doi. org/10. 1016/B978 - 0 - 444 - 53802 - 4. 00169 - X.

[38] Wieczorek M A. Spherical Harmonic Model of the Planet Venus: Venustopo719 [DB/OL]. Zenodo. Retrieved from, 2015. https: //zenodo. org/record/3870926.

[39] Xu C Y, Sun W K, Chao B F. Formulation of Coseismic Changes in Earth Rotation and Low - degree Gravity Field Based on the Spherical Earth Dislocation Theory [J]. Journal of Geophysical Research: Solid Earth, 2014, 119: 9031 - 9041. https: //doi. org/10. 1002/2014JB011328.

[40] Yang A, Huang J S, Wei D Y. Separation of Dynamic and Isostatic Components of the Venusian Gravity and Topography and Determination of the Crustal Thickness of Venus [J]. Planetary and Space Science, 2016, 129: 24 - 31. https: //doi. org/10. 1016/j. pss. 2016. 06. 001.

[41] Yoder C F. Venus's Free Obliquity [J]. Icarus, 1995, 117: 250 - 286. https: //doi. org/10. 1006/icar. 1995. 1156.

[42] Yoder C F, Konopliv A S, Yuan D N, et al. Fluid Core Size of Mars from Detection of the Solar Tide [J]. Science, 2003, 300: 299 - 303. https: //doi. org/10. 1126/science. 1079645.

[43] Zuber M T, Smith D E, Phillips R J, et al. Topography of the Northern Hemisphere of Mercury from MESSENGER Laser Altimetry [J]. Science, 2012, 336: 217 - 220. https: //doi. org/10. 1126/science. 1218805.

[44] 黄金水, 相松, 杨安, 等. 金星的地幔对流、岩石圈演化和表面更新 [J]. 地球物理学报, 2021, 64 (10): 3503 - 3513. https: //doi. org/10. 6038/cjg2021P0519.

[45] 李斐, 郝卫峰, 鄢建国, 等. 空间跟踪技术的发展对月球重力场模型的改进 [J]. 地球物理学报, 2016, 59 (4): 1249 - 1259. https: //doi. org/10. 6038/cjg20160407.

第7章 内部结构与动力学

7.1 引言

揭示行星的内部结构和物质成分是行星科学领域最重要的基本问题之一。首先，行星的内部结构和物质成分是研究行星形成和演化的基础，只有知道行星内部由什么物质组成以及处于什么状态，我们才能结合其他观测数据推断行星的形成和演化过程。其次，行星的内部结构和动力学过程与其表面地质构造活动、形貌特征等密切相关，因此对于行星地质、地貌等方面的研究具有重要意义。再次，行星磁场是在其内部的液态核中产生并维持的，因此行星的内部结构和动力学过程是决定行星磁场演化的关键因素。最后，行星内部结构与行星的自转变化以及轨道演化密切相关。因此，探测和约束行星内部结构是许多行星探测任务的重要科学目标（Sohl，Schubert，2015；Margot，et al.，2019）。

行星内部结构探测是非常重要的科学问题，但探测行星内部非常困难。我们目前对地球内部结构的认知主要来自地震学的观测，地震波可以穿透整个地球，为我们带来地球内部结构的信息。根据地球内部结构研究的经验，地震学也是揭示其他行星内部结构最有效的手段，但是获取地外天体的地震观测非常困难（Lognonne，2005）。苏联的金星13号着陆器携带了地震仪到金星表面，并且存活了一个多小时，但并没有获取有效的地震观测数据。因此，我们目前观测金星内部结构的约束主要依赖于重力测量和大地测量的观测，但利用这些观测反演行星内部结构存在较强的非唯一性，我们对金星内部结构的认知还非常不完善，需要今后更多的探测计划来约束其内部结构。

虽然还存在一些不确定性，过去几十年对金星的探测也为我们提供了一些关于这颗行星内部结构的认知（Sohl，Schubert，2015；Margot，et al.，2019）。地球化学等方面观测表明，类地行星应该在非常早期就发生了核幔分异（Kleine，et al.，2002），因此金星应该拥有包含壳、幔、核的圈层结构。由于金星的大小和质量都和地球非常接近，因此推测金星应该拥有和地球类似的内部结构和成分，但金星核目前是液态还是固态仍不清楚。这些尚未解决的科学问题对于理解类地行星的形成和演化过程、行星磁场的演变历史以及宜居性演化都具有重要意义。因此，今后的金星探测任务应该尽可能地尝试揭示其内部结构和成分以及动力学过程。

本章将首先简单总结能够用于约束行星内部结构的探测手段，然后分别介绍我们目前对于金星的内部结构、成分以及动力学的认知，最后将总结和讨论目前金星内部结构探测方面取得的重要进展以及尚未解决的关键科学问题，并对今后的研究和探测进行展望。

7.2 观测约束

研究行星内部结构需要结合多方面观测的约束。目前对于地球之外的其他行星的内部结构主要观测约束来自重力场和大地测量。地震学是约束内部结构的有效手段，但目前观测非常有限，对于金星尚无有效的地震观测数据。另外，磁场和电磁感应场也能为行星内部结构提供额外的约束。

约束行星内部结构首先需要获取行星的一些基本参数，比如质量、大小、形状、转动惯量和自转参数等。这些基本参数的获取主要是通过重力和大地测量的观测。行星的大小和形状主要通过地基或者探测器的雷达观测获取。行星的重力场分布反映了行星内部的密度分布，是约束行星内部结构的重要观测。行星重力场探测主要利用对探测器的多普勒射电跟踪，通过精密测定轨进而解算重力场。大地测量观测也包括行星的潮汐响应和自转变化等。行星的潮汐响应是由其内部结构决定的，而一般用潮汐勒夫数来定量地刻画潮汐响应。通过观测潮汐变形产生的重力场扰动可以获取行星的潮汐勒夫数，进而可以约束行星内部结构。

重力和大地测量可以对行星内部结构提供非常重要约束，但重力和大地测量的观测都是行星整体的一个积分效应，具有内在的非唯一性，特别是难以精确地确定行星内部圈层结构的分界面。地球内部结构的研究说明了地震学是约束行星内部结构最有效的手段，但在其他行星上开展地震学观测非常困难。对于类地行星，行星地震学的研究需要通过探测器将地震仪安置到行星表面，并且记录到相应的地震事件或者其他能够激发地震波的事件（例如撞击等）。在地球之外的天体，目前只有在月球和火星上成功安置了地震仪并且获取了有效的地震观测数据，为月球和火星的内部结构提供了非常重要的约束（Weber, et al., 2011; Khan, et al., 2021; Stähler, et al., 2021）。苏联金星 13 探测器曾经在金星上投放过单分量地震仪并记录了一些信号，但由于地震仪存活时间非常短，记录的信号无法开展有效的地震学研究。

最后，行星点磁场探测也可以为行星内部结构提供一定的约束。目前普遍认为，行星的内禀磁场是通过磁流体发电机产生的，而发电机的运行需要行星内部的导电流体。因此，如果一颗行星拥有全球性的内禀磁场，那么可以说明其内部仍然存在显著的导电流体层。除此之外，随时间变化的行星电磁场会在行星内部发生电磁感应，进而产生感应电磁场，而感应电磁场与行星内部的电导率相关。因此，利用探测行星电磁场随时间的变化，通过地球上的大地电磁和磁测深的原理和方法探测行星内部的电导率分布，进而约束行星内部结构。

7.3 内部结构和成分

7.3.1 总体情况

在质量、半径和密度方面，金星是太阳系中最接近地球的行星，如表 7 - 1 所示。然而，金星是所有类地行星中我们了解最少的一个，尤其是对其内部的了解非常有限。这主要有两个原因，一方面，我们进行金星内部探测任务的数量相对较少；另一方面，金星拥有一层密度较高且不透明的大气层（压强达到 95 bar），以及极高的表面温度（约为737 K）（Seiff，1983），这使各种探测任务，特别是着陆器探测，面临着巨大的挑战。目前，人们对金星内部结构和动力学的了解主要是通过分析其转动惯量、潮汐变形和重力数据获得的。

表 7-1　金星内部结构观测约束

参数	符号	数值	不确定度	单位
质量	M	4.868 5		10^{24} kg
半径	R	6 051.8		km
密度	ρ	5 204		kg/m³
重力球谐系数	C_{20}	−5.032 3	10^{-5}	
重力球谐系数	C_{22}	0.803 9	10^{-5}	
潮汐勒夫数	k_2	0.295		

　　由于金星是一颗如此巨大的类地行星，在其形成过程中经历了吸积、撞击和大规模熔融等过程，因此几乎不可避免地会发生分化，形成类似地球的内部结构。因此，一般假设金星的内部结构与地球相似，即金星基本可以被看作是一个由三个圈层组成的结构：金属核包裹在岩石金星幔中，而金星幔又被包裹在由不同岩石组成的金星壳中。金星的基本结构示意图如图 7-1 所示。

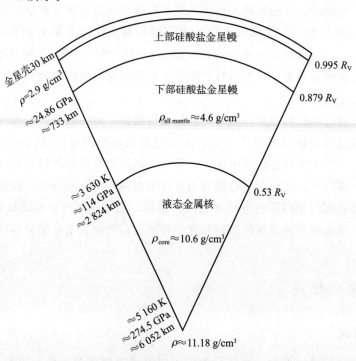

图 7-1　金星的基本结构示意图（Fegley，2014）

　　推测金星的总体成分有三种途径：一是认为金星硅酸盐部分的成分与地球的地幔岩模型类似，再利用岩石学和地球化学约束；二是从球粒陨石的元素比，借助观测的关键元素的丰度；三是从太阳星云成分，利用平衡凝聚模型（Feley，2014）。这三种途径得到的金星成分模型见表 7 - 2。

表 7 - 2　金星成分模型（质量百分比，wt%）（Fegley，2014）

成分	借助球粒陨石	利用平衡凝聚模型	类比地球成分
幔/壳			
SiO_2	49.8	52.9	40.4
TiO_2	0.21	0.20	0.24
Al_2O_3	4.1	3.8	3.4
FeO	5.4	0.24	18.7
Cr_2O_3	0.87	—	0.3
MnO	0.09	—	0.2
MgO	35.5	37.6	33.3
CaO	3.3	3.6	3.4
Na_2O	0.28	1.6	0.15
K_2O	0.027	0.174	0.018
核			
Fe	88.6	94.4	78.7
Ni	5.5	5.6	6.6
Co	0.26	—	—
S	5.1	0	4.9
O	0	0	9.8

　　金星内部密度的一维分布在很大程度上仍然是假定的，它主要基于模型并与地球进行比较（Smrekar，et al.，2018；Shah，et al.，2022）。假设金星的整体组成和内部结构与地球相似，Aitta（2012）为金星的内部结构建立了一个模型（图 7 - 2），并推测上金星幔（深度 30～733 km）和下金星幔（深度 733～2 824 km）的平均密度为 4.6 g/cm³；金星核幔边界（CMB）位于 2 824 km 处，其温度和压力分别为 3 630 K 和 114 GPa；金星有一个富含铁的液态核，平均密度为 10.6 g/cm³，没有固体内核，其核心的温度、压力和密度分别为5 160 K、274.5 GPa 和 11.18 g/cm³；金星核可能含有约 8 mol% 的轻元素。

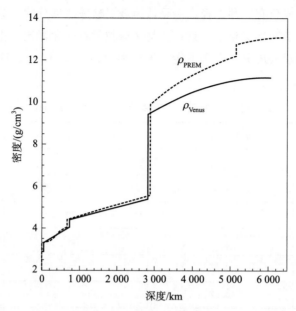

图 7-2　类似地球的金星内部密度模型（Aitta，2012）

7.3.2　金星壳、幔、核

（1）金星壳

金星壳与其金星表面紧密关联。金星表面相对年轻，平均年龄不超过 10 亿年
（McKinnon，et al.，1997），这说明大量的火山活动塑造了金星的表面（Strom，et al.，
1994；Bjonnes，et al.，2012）。金星表面温度是控制金星壳构造状态的一个重要参数，它
受到大气演化和内部与大气之间相互作用的影响（Gillmann and Tackley，2014）。而根据
金星探测所获取的地球化学数据以及金星广泛分布的火山地貌形态，可以推测金星表面主
要由玄武质岩石构成（Grimm and Hess，1997）。金星上的广阔玄武岩平原表明金星壳发
生了分化，而高原地区（如阿尔法区）可能代表着不同成分的金星壳（Basilevsky，et
al.，1992；Weitz and Basilevsky，1993）。

金星样本的 K/U 和 K/Th 比值与地球的火山岩和火星的 SNC 陨石相似。在七个着陆
点的 K/U 比值变化相对较小，差异不超过三倍，这意味着金星壳的挥发性元素和难熔元
素的丰度与地球和火星相当，但与月球不同（Sohl and Schubert，2015）。

通过重力和地形数据的分析，估计金星壳平均厚度在 20～50 km 的范围内（Grimm
and Hess，1997；Nimmo and McKenzie，1998；James，et al.，2013）。与其他地区相比，
高原区域（如 Alpha、Ovda、Thetis 和 Tellus Regiones）下方的金星壳更厚（45～
85 km）（Moore and Schubert，1997）。金星岩石圈的厚度估计在 200～400 km 范围内，
而火山高地下的岩石圈较薄（如 Atla 和 Beta 地区）（Herrick，et al.，1989；Simons，et
al.，1994）。这种火山隆起下的岩石圈变薄可能是由金星幔柱造成的。

（2）金星幔

尽管很多研究假定金星幔的结构和成分与地球幔非常类似，最新的研究表明，两者可能存在很多重要的不同。比如，最近的太阳星云凝结模型似乎倾向于金星幔比地球的地幔小一些，这意味着金星核金星幔的体积比要比地球大（Trønnes, et al., 2019）。由于行星的核幔比在很大程度上决定了其氧化还原状态，这意味着金星与地球有着不同的氧化还原状态，进而有不同的演化路径。然而，金星幔的组成并不为人所知，基于宇宙化学约束的已有模型的 FeO 质量分数的变化范围从 0 到 18.7%（地球值对应 8.4%）（Fegley, 2014）。而由于金星没有板块构造，人们推测金星幔可能比地球地幔更为干燥（Kaula, 1994）。

重力数据表明，在金星大型火山隆起下存在热金星幔柱，金星快车探测器还得到裂谷区的疑似活火山的热信号（Shalygin, et al., 2012）和近期未被充分风化的熔岩流（Smrekar, et al., 2010），这些都指向持续的火山活动。金星上金星幔柱引发的火山活动意味着金星幔物质在很深的地方加热，然后能在没有板块构造驱动的对流活动的情况下不断冷却而被带入金星表面，然而这些过程的机制目前仍然并不清楚。

对金星幔和核的结构与成分进行联合反演研究，发现两者具有关联效应。比如，如果金星幔的 FeO 含量增加（或减少），那么金星核应该变小（或变大），金星核的尺寸因而会根据假设的金星幔的化学组成而变化数百千米（Shah, et al., 2022）。在特定的金星核尺寸和金星幔成分时，金星幔在其底部可能没有类似于地球"D"层的钙钛矿到后钙钛矿相变（Dumoulin, et al., 2017；Xiao, et al., 2021；Margot, et al., 2021）；而如果金星核比地核含有更少的轻元素，那么金星幔甚至可能比地球的地幔还要深（Sohl and Schubert, 2015）。

（3）金星核

人们对金星核结构与成分的推测，主要来自地球物理观测的约束，包括金星质量、直径、潮汐勒夫数和转动惯量等。金星的直径比地球小 5%，在与地球的地核和地幔具有相同组成下，估计金星的核半径是全球半径的 0.51，而地球的地核半径是全球的 0.55；以观测到的金星质量和直径为约束，更为综合的模型显示金星核尺寸有 500 km 的不确定性，其半径在 2 940～3 425 km 范围内（Dumoulin, et al., 2017）。麦哲伦号和先驱者号金星探测器测得的潮汐勒夫数为 0.295±0.066（Konopliv and Yoder, 1996），显示出很大的不确定性，并不能很好地约束金星核处于固态还是液态（Dumoulin, et al., 2017）。最近，Margot 等人（2021）使用 2006—2020 年获得的与金星旋转有关的雷达散斑的地球观测数据，来测量其自转轴方向和进动速率。他们得到的平均转动惯量归一化因子为 0.337±0.024，但较大的不确定性也不能很好地约束金星核尺寸和状态（Breuer et al., 2022）。

与地球不同，金星没有磁场（Donahue and Russell, 1997）。一方面，以此为约束，同时考虑到金星中心的压力比地球的压力小，人们推测金星核可能还没有冷却到足以启动内核的生长，但已经冷却到足以阻止热驱动发电机的运行（Stevenson, et al., 1983）；另一方面，也有可能金星核已经足够凝固，以至于发电机无法在剩余的液体层中运行（Arkani-

Hamed, 1994)。这些模型进一步地可以对金星核的温压和成分提供一定的约束。

如图 7-3 所示，金星内部除了图 7-1 显示的类似于地球的结构之外，还有三种主要模型：1) 金星可能足够热，以至于金星核顶部的幔有几十到 200 km 仍处于熔融状态；2) 在金星幔完全凝固后，金星核可以保持完全熔融状态；3) 目前的观测仍然不排除金星太冷以至于金星核完全固态的可能性。利用最新的观测数据，人们对包括金星核在内的金星内部结构与成分模型做了新的讨论（Xiao, et al., 2021; Shah, et al., 2022），但显然还需要未来更多的观测数据来得到有关金星结构与成分的准确模型。

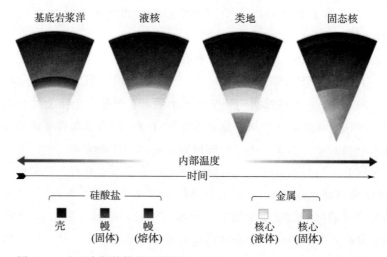

图 7-3　金星内部结构的可能模型（O'Rourke, et al., 2023, 见彩插）

7.4　内部动力学

金星是太阳系中最接近地球的行星之一，也是了解行星形成和演化的重要研究对象。与地球不同的是，金星表面平均温度高达近 470 ℃，表面气压超过 90 个地球标准大气压。同时，金星表面存在强烈的火山喷发痕迹和大规模的地质活动，这表明金星内部的状态和动力学过程与地球有着显著的差异。此外，这颗行星的表面特征与火星、水星或月球等构造上基本不活跃的天体的特征也大不相同。因此，深入了解金星内部的动力学过程对于揭示行星演化过程以及行星形成和演化的规律具有重要意义。

早期的金星探测任务显示金星当前的构造体制与地球显著不同，但为什么会这样仍缺乏深入的答案。解决这个问题的一个主要挑战是观察金星的强有力的约束条件的困难，特别是对于深部内部。金星固体圈层的演化决定了内部的状态、金星表面构造以及与流体圈层的相互作用，包括大气层、金星核，以及磁场的形成和演化。

7.4.1　金星幔对流模式和全球热演化

金星内部的金星幔对流过程是控制金星内部热演化和金星表面、地貌演化的重要因素

(Stevenson，2003)，决定了金星内部的温度大小与分布以及岩石圈和金星壳的厚度与分布。根据金星表面的地形、地貌等数据可以发现，金星上并不存在类似于地球的板块构造，这意味着金星地幔对流模式与地球可能有着显著的差异。鉴于金星的大小，通过与地球的对比，不难发现金星内部需要存在强烈的对流来释放吸积过程中储存的原始热量及长周期放射性元素衰变生热。其中，最基本的问题是：如果金星幔具有与地球相当的生热元素，那么金星幔如何进行散热（Namiki and Solomon，1998），是通过表面偶发的幕式灾难性重构还是更加连续的渐变性过程？这些过程与金星表面构造有何种联系？在这些问题的驱动下，近 30 年来，关于类地行星内部地幔对流模式的研究取得了显著进展。

行星的表面年龄是其地质和内部活动水平的一级约束。金星是太阳系中唯一具有与地球相仿的平均表面重塑年龄的类地行星。随着陨石坑定年方法精度的提高，金星平均表面重塑年龄持续被修正，从最初估计的 3 亿～10 亿年（Phillips，et al.，1992；Strom，et al.，1994），到近年来重新订正的 1.5 亿～2.5 亿年（Le Feuvre and Wieczorek，2011；Bottke，et al.，2016）。尽管确切的表面年龄存在争议，但与其他小型类地行星相比，金星的地质活动显然依旧非常活跃。由于金星表面重塑速度和地球相当，但又缺乏板块构造，因此对研究行星内部散热具有重要意义。

研究金星内部热演化的动力学过程主要基于流体力学的基本控制方程（质量方程、能量方程、动量方程），把金星幔演化作为高黏度流体对流过程进行研究。

虽然目前金星表面岩石圈与盖层对流模型（stagnant‑lid convection）（Stern，et al.，2018）的地质结构类似，但盖层对流模式的岩石圈热传导效率太低，无法实现金星表面快速的重塑速度（Reese，et al.，1998）。所以早期研究对于金星的对流模式主要归纳成两类端元模型：

第一类是热管模型（图 7‑4），即岩石圈底部发生大范围熔融，岩浆通过在岩石圈熔化的管道喷发到表面，通过这种机制将内部的热量带到金星表面，从而实现内部散热，这一模型也被用于解释地球早期热演化过程（Spohn，1991；Van Thienen，et al.，2005；Moore and Webb，2013）。如果金星地幔对流模式一直处于盖层对流，那么金星内部通过岩石圈对外散热的主要方式则是岩浆热管模式（O'Reilly and Davies，1981；Spohn，1991），但是近年来的研究显示，如果岩浆热管作为主要的散热方式，那么需要大量的岩浆作用并产生非常厚的金星壳，这与金星重力观测数据并不一致，因此仅通过热管模型很难解释金星的热演化过程和表面特征。

第二类是幕式翻转模型，这是一种类似于板块构造的模型，即岩石圈会偶尔在很短的时间内发生类似地球板块构造的翻转，随后又恢复盖层对流模式（Ammann and Tackley，2012；Lourenco，et al.，2016，图 7‑5）。这种模式可以解释金星上的一些地貌特征，比如可能的俯冲带（Schubert and Sandwell，1995）以及扩张中心（Stoddard and Jurdy，2012）。金星的地形和大地水准面振幅可以以停滞或偶发模式产生，而且幕式翻转模型可以有效地提高散热效率，同时并不会引起大量的岩浆活动，进而避免了由于盖层对流模式所导致的过厚金星壳。幕式翻转模型中的循环金星壳更容易在核幔边界堆积（盖层对流模

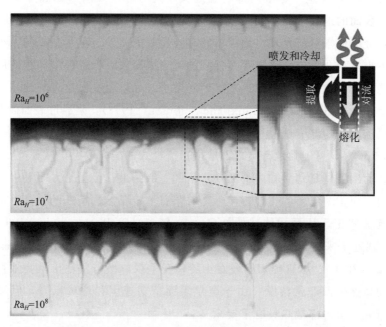

图 7 - 4　热管构造的演化过程及对流强度对其影响（Moore and Webb，2012）

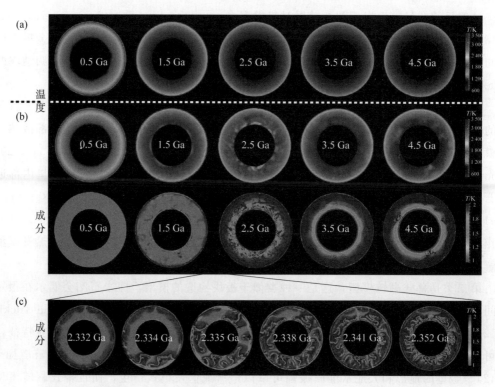

图 7 - 5　盖层对流与幕式翻转对流演化过程（Lourenco，et al.，2016，见彩插）

型中的循环金星壳物质会被均匀混合进背景金星幔），这会显著降低核幔边界热流，进而引发金星磁场从有地磁发电机到无地磁发电机的转化。

　　Smrekar 等人（2023）最新的研究发现，基于金星环形山的地形曲率测量研究发现，环形山通常形成于薄岩石圈上，而不是以往研究认为的通过金星幔热柱加热导致的岩石圈局部减薄，而且金星具有类似地球的岩石圈厚度和全球平均热流。这可能意味着以通过金星幔热柱、侵入式岩浆和局部拆沉作用为主的软盖构造（Lourenco，et al.，2020）可能更适合用来解释金星全球动力学演化的对流模式（图 7 - 6），但这一观点还有待更多的研究来验证。

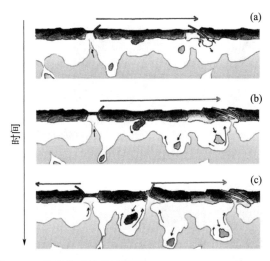

图 7 - 6　软盖构造演化示意图（Lourenco，et al.，2020）

7.4.2　表面地质构造与内部动力学过程

　　金星是一颗与地球大小相似的类地行星，它表面地质构造的形成与内部动力学过程密切相关。由于金星内部的动力学演化可能与地球存在极大差异，进而造成表面地质构造现象也存在明显不同。通过对金星表面地貌的观测和分析，发现金星表面存在大量的火山和断层的痕迹，这表明金星内部存在强烈的活动。同时，金星表面的撞击坑也表明金星在漫长的演化历程中遭受了大量的撞击事件。对金星表面地貌的数值模拟还发现，金星表面的地质构造可能与金星内部的热流和金星幔对流有着密切的关系。

　　近年来的研究热点之一是该行星上是否发生了与地球相类似的构造作用及其范围。裂谷构造，即板块拉伸形成的构造（类似地球的东非裂谷）在金星上被观测发现。通过数值模拟研究，发现在金星高温、高压的表面条件下，裂谷的产生需要金星壳具有足够大的流变强度和厚度。Regorda 等人（2023）指出 25 km 厚的闪长岩金星壳可以产生与观测地形匹配的裂谷规模，而金星上这些裂谷特征的差异可能是由于不同的金星壳厚度引起的。

　　金星上的大型火山构造特征也和地球不尽相同，也是金星表面地质构造与动力学研究的重要内容之一。对于 Nova 和 Corona 这两种金星上常见的大型火山构造特征，它们的起源和关系尚未厘清。数值模拟研究（Gerya，2014；Gulcher，et al.，2020）指出，金星幔热柱上升所产生的减压熔融可以使 Nova 和 Corona 这类结构形成。在金星幔热柱与金星壳相互作用的初期，先形成 Nova 构造，数百万年后，Nova 构造发生向内倾斜的同心圆状断层并与后续生成的金星壳相互作用形成 Corona 构造。这种机制可以保障形成 Nova 和 Corona 在热量和岩浆供应，可以持续达 1 500 万年，并且模型预测的地表地形和断裂模式与金星上观测到的部分 Nova 和 Corona 构造相符（图 7 - 7）。

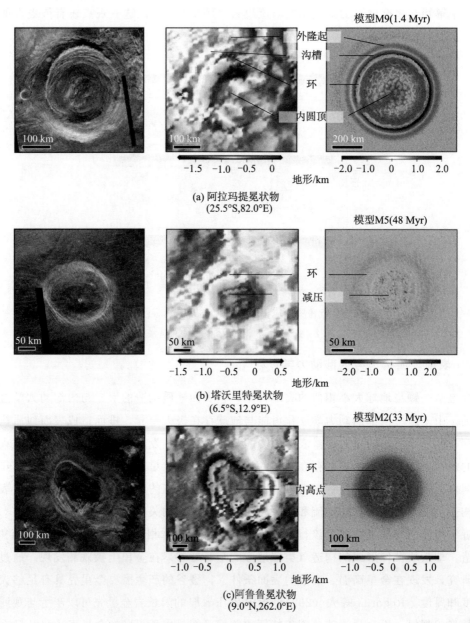

图 7 - 7　Nova 和 Corona 构造演化的动力学过程以及与观测对比（Gulcher，et al.，2020，见彩插）

7.4.3　固体圈层与大气圈层耦合的动力学过程

金星固体圈层与大气圈层之间存在着复杂的相互作用和耦合，这对于金星内部动力学过程的研究也具有重要意义，是金星内部动力学研究领域的一个前沿方向。金星的大气圈层主要由二氧化碳组成，同时还包括少量的氮、氧和水蒸气等成分。与地球大气圈层不同的是，金星的大气圈层呈现出极其浓厚的状态，表面高达 92 个大气压。这使金星大气圈层与固体圈层之间的相互作用比地球更加明显。金星大气圈层的厚度和稳定性受到金星内部动力学过程的影响，金星内部的热流和金星幔对流会导致金星表面的温度分布不均，从而影响大气圈层的运动和演化。另外，金星表面的地形和地貌特征也会影响大气圈层的运动和演化，山脉和高原等地形会影响大气圈层的流动和热量传递。同时，金星大气圈层的成分和密度也会影响固体圈层的热演化和地质构造的形成。除了对地质现象的影响，揭示金星的宜居性演化也是金星固体圈层与大气圈层耦合动力学过程研究的一个重要目标。在太阳系内，金星是与地球最相似的行星，但它表现出截然不同的气候和行为，使其成为研究行星差异性演化的理想对象。

在金星这样一颗活跃的行星上，强烈的火山活动对其大气层的演化有直接影响。火山脱气将挥发物释放到大气中，大气可能对对流机制和固体行星行为产生影响（Lenardic，et al.，2008），温度变化可以改变对流模式，大气和金星幔动力学双向耦合研究（Phillips，et al.，2001）发现金星表面温度对金星幔对流和火山活动有显著影响。温室效应甚至可以将金星表面温度提高到临界值，使金星表面流动起来，从而增加金星幔的冷却速度并减少脱气（Noack，et al.，2012），这导致大气中水的浓度降低，从而降低金星表面温度，进而为金星的气候提供负反馈稳定机制。通过金星表面条件的变化以直接的方式将大气演化和金星幔对流联系起来。基于这种方法通过大气和固体行星系统追踪挥发物，可以研究进入和离开大气的挥发性通量的演化以及金星幔的对流机制以及和地球的对比，可以进一步探究金星大气中的挥发分来源（Gillmann，et al.，2014，2020）。目前这些研究主要处于探索阶段。

7.5　前沿科学问题及未来研究方向

目前，金星内部动力学过程的研究仍存在着一些前沿科学问题和未解之谜。其中，包括金星幔对流模式的具体形态和机制、金星表面地形和地貌的演化历史以及金星大气圈层与固体圈层之间的耦合机制等问题。

未来的研究方向将主要集中在以下几个方面：

（1）金星幔对流模式和演化历史的研究

目前对十金星幔对流模式和演化历史的认识还不够充分，比如：金星的核幔圈层耦合的具体形式以及对于金星内部热-化学结构演化的影响。未来需要通过深入观测和数值模拟等手段来进一步研究这些问题，以揭示金星内部的热流分布特征和金星幔对流模式的具体形态和机制。

（2）金星表面地形和地貌的演化历史的研究

金星表面地形和地貌的形成和演化历史是金星内部动力学过程的重要组成部分，未来需要通过多种手段来研究这些问题，如探测器着陆和高分辨率影像等，以深入了解金星表面地形和地貌的形成机制和演化历史。

（3）金星固体圈层与大气圈层之间的相互作用和耦合机制的研究

金星固体圈层与大气圈层之间存在着复杂的相互作用和耦合，未来需要通过多种手段来深入研究这些问题，如利用卫星探测等技术手段，以揭示金星固体圈层与大气圈层之间的耦合机制和相互作用以及行星宜居性演化。

综上所述，金星内部结构、成分和动力学的研究是一个充满挑战和机遇的领域，未来的研究将需要借助多种手段和技术手段，以深入了解金星内部的各个方面，为我们揭示太阳系行星的形成和演化历史提供更多的线索和证据。

参 考 文 献

［1］ Aitta A. Venus' Internal Structure, Temperature and Core Composition ［J］. Icarus, 2012, 218:
967 - 974.

［2］ Arkani - Hamed J. On the Thermal Evolution of Venus ［J］. Journal of Geophysical Research,
1994, 99: 2019 - 2033.

［3］ Armann M, Tackley P J. Simulating the Thermochemical Magmatic and Tectonic Evolution of
Venus's Mantle and Lithosphere: Two - Dimensional Models ［J］. Journal of Geophysical Research:
Planets, 2012, 117: E12.

［4］ Basilevsky A T, Nikolaeva O V, Weitz C M. Geology of the Venera - 8 Landing Site Region from
Magellan Data - Morphological and Geochemical Considerations ［J］. Journal of Geophysical
Research, 1992, 97 (E10): 16, 315 - 16, 335.

［5］ Bjonnes E E, Hansen V L, James B, et al. Equilibrium Resurfacing of Venus: Results from New
Monte Carlo Modeling and Implications for Venus Surface Histories ［J］. Icarus, 2012, 217 (2):
451 - 461.

［6］ Bottke W F, Vokrouhlicky D, Ghent B, et al. On Asteroid Impacts, Crater Scaling Laws, and a
Proposed Younger Surface Age for Venus ［C］. 47th Lunar and Planetary Science Conference, 2016.

［7］ Breuer D, Spohn T, Van Hoolst T, et al. Interiors of Earth - like Planets and Satellites of the Solar
System ［J］. Surv Geophys, 2022, 43: 177 - 226.

［8］ Donahue T M, Russell C T. The Venus Atmosphere and Ionosphere and Their Interaction with the
Solar Wind: An Overview. In: Bougher S W, Hunten D M, and Philips R J (eds.) Venus Ⅱ:
Geology, Geophysics, Atmosphere, and Solar Wind Environment, pp. 3 - 31 ［C］. Tucson, AZ:
University of Arizona Press, 1997.

［9］ Dumoulin C, Tobie G, Verhoeven O, et al. Tidal Constraints on the Interior of Venus ［J］. J
Geophys Res Planets, 2017, 122 (6): 1338 - 1352.

［10］ Fegley B Venus. Treatise on Geochemistry 127 - 148 ［M］. Elsevier, 2014.

［11］ Gerya T. Plume - Induced Crustal Convection: 3D Thermomechanical Model and Implications for the
Origin of Novae and Coronae on Venus ［J］. Earth and Planetary Science Letters, 2014, 391: 183 - 192.

［12］ Gillmann C, Golabek G J, Raymond S N, et al. Dry Late Accretion Inferred from Venus's Coupled
Atmosphere and Internal Evolution ［J］. Nature Geoscience, 2020, 13: 265 - 269.

［13］ Gillmann C, Tackley P. Atmosphere/Mantle Coupling and Feedbacks on Venus ［J］. Journal of
Geophysical Research: Planets, 2014, 119: 1189 - 1217.

［14］ Grimm R E, Hess P C. The Crust of Venus. In: Bougher S W, Hunten D M, and Philips R J
(eds.) Venus Ⅱ: Geology, Geophysics, Atmosphere, and Solar Wind Environment, pp. 1205 -
1244 ［C］. Tucson, AZ: University of Arizona Press, 1997.

［15］ Gülcher A J P, Gerya T V, Montési L G J, et al. Corona Structures Driven by Plume - lithosphere

Interactions and Evidence for Ongoing Plume Activity on Venus [J]. Nature Geoscience, 2020, 13: 547 - 554.

[16] Herrick R R, Bills B G, Hall S A. Variations in Effective Compensation Depth Across Aphrodite Terra, Venus [J]. Geophysical Research Letters, 1989, 16: 543 - 546.

[17] James P B, Zuber M T, Phillips R J. Crustal Thickness and Support of Topography on Venus [J]. J Geophys Res Planet, 2013, 118 (4): 859 - 875.

[18] Kaula W M. The Tectonics of Venus [J]. Philosophical Transactions of the Royal Society of London A, 1994, 349: 345 - 355.

[19] Kleine T, Munker C, Mezger K, et al. Rapid Accretion and Early Core Formation on Asteroids and the Terrestrial Planets from Hf - W Chronometry [J]. Nature, 2002, 418: 952 - 955.

[20] Konopliv A S, Yoder C. Venusian k2 Tidal Love Number from Magellan and PVO Tracking Data [J]. Geophys Res Lett, 1996, 23: 1857 - 1860.

[21] Le Feuvre M, Wieczorek M A. Nonuniform Cratering of the Moon and a Revised Crater Chronology of the Inner Solar System [J]. Icarus, 2011, 214: 1 - 20.

[22] Lognonne P. Planetary Seismology [J]. Annual Review of Earth and Planetary Sciences, 2005, 33: 571 - 604.

[23] Lourenço D L, Rozel A, Tackley P J. Melting - Induced Crustal Production Helps Plate Tectonics on Earth - like Planets [J]. Earth and Planetary Science Letters, 2016, 439: 18 - 28.

[24] Lourenço D L, Rozel A B, Ballmer M D, et al. Plutonic - Squishy Lid: A New Global Tectonic Regime Generated by Intrusive Magmatism on Earth - like Planets [J]. Geochemistry, Geophysics, Geosystems, 2020, 21: e2019GC008756.

[25] Margot J, Hauck S, Mazarico E, et al. Mercury's Internal Structure. In S Solomon, L Nittler & B Anderson (eds.), Mercury: The View after MESSENGER (Cambridge Planetary Science, pp. 85 - 113) [C]. Cambridge: Cambridge University Press, 2018. doi: 10.1017/9781316650684.005.

[26] Margot J L, Campbell D B, Giogini J D, et al. Spin State and Moment of Inertia of Venus [J]. Nature Astronomy, 2021, 5: 676 - 683.

[27] Mckinnon W B, Zahnle K J, Ivanov B A, et al. Cratering on Venus: Models and Observations. In: Bougher S W, Hunten D M, and Philips R J (eds.) Venus II: Geology Geophysics, Atmosphere, and Solar Wind Environment, pp. 969 - 1014 [C]. Tucson, AZ: University of Arizona Press, 1997.

[28] Moore W B, Schubert G. Venusian Crustal and Lithospheric Properties from Nonlinear Regressions of Highland Geoid and Topography [J]. Icarus, 1997, 128: 415 - 428.

[29] Moore W B, Webb A A G. Heat - pipe Earth [J]. Nature, 2013, 501: 501 - 505.

[30] Namiki N, Solomon S C. Volcanic Degassing of Argon and Helium and the History of Crustal Production on Venus [J]. Journal of Geophysical Research: Planets, 1998, 103: 3655 - 3677.

[31] Nimmo F, McKenzie D. Volcanism and Tectonics on Venus [J]. Annual Review of Earth and Planetary Sciences, 1998, 26: 23 - 51.

[32] O'Reilly T C, Davies G F. Magma Transport of Heat on Io: A Mechanism Allowing a Thick Lithosphere [J]. Geophysical Research Letters, 1981, 8: 313 - 316.

[33] O'Rourke J G, Wilson C F, Borrelli M E, et al. Venus, the Planet: Introduction to the Evolution of

Earth's Sister Planet [J]. Space Sci Rev, 2023, 219: 10. https: //doi. org/10. 1007/s11214 – 023 – 00956 – 0.

[34] Phillips R J, Bullock M A, Hauck S A. Climate and Interior Coupled Evolution on Venus [J]. Geophysical Research Letters, 2001, 28: 1779 – 1782.

[35] Phillips R J, Raubertas R F, Arvidson R E, et al. Impact Craters and Venus Resurfacing History [J]. Journal of Geophysical Research: Planets, 1992, 97: 15923 – 15948.

[36] Reese C, Solomatov V, Moresi L N. Heat Transport Efficiency for Stagnant Lid Convection with Dislocation Viscosity: Application to Mars and Venus [J]. Journal of Geophysical Research: Planets, 1998, 103: 13643 – 13657.

[37] Regorda A, Thieulot C, van Zelst I, et al. Rifting Venus: Insights from Numerical Modeling [J]. Journal of Geophysical Research: Planets, 2023, 128 (3): e2022JE007588.

[38] Schubert G, Sandwell D. A Global Survey of Possible Subduction Sites on Venus [J]. Icarus, 1995, 117 (1): 173 – 196.

[39] Seiff A. Thermal Structure of the Atmosphere of Venus. In: Hunten D M, Colin L, Donahue T M, and Moroz V I (eds.) Venus, pp. 154 – 158 [C]. Tucson, AZ: University of Arizona Press, 1983.

[40] Shah O, Helled R, Alibert Y, et al. Possible Chemical Composition and Interior Structure Models of Venus Inferred from Numerical Modelling [J]. The Astrophysical Journal, 2022, 926: 217.

[41] Shalygin E V, Basilevsky A T, Markiewicz W J, et al. Search for Ongoing Volcanic Activity on Venus: Case Study of Maat Mons, Sapas Mons and Ozza Mons Volcanoes [J]. Planet Space Sci, 2012, 73 (1): 294 – 301.

[42] Simons M, Hager B H, Solomon S C. Global Variations in the Geoid/ Topography Admittance of Venus [J]. Science, 1994, 264: 798 – 803.

[43] Smrekar S E, Stofan E R, Mueller N, et al. Recent Hotspot Volcanism on Venus from VIRTIS Emissivity Data [J]. Science, 2010, 328 (5978): 605 – 608.

[44] Smrekar S E, Davaille A, Sotin C. Venus Interior Structure and Dynamics [J]. Space Sci Rev, 2018, 214: 88.

[45] Smrekar S E, Ostberg C, O'Rourke J G. Earth – like Lithospheric Thickness and Heat Flow on Venus Consistent with Active Rifting [J]. Nature Geoscience, 2023, 16 (1): 13 – 18.

[46] Sohl F, Schubert G. Interior Structure, Composition and Mineralogy of the Terrestrial Planets. In: Schubert G, Spohn T (eds.) Treatise on Geophysics, vol 10, 2nd [C]. Planets and Moons. Oxford, Elsevier, 2015: 23 – 64.

[47] Spohn T. Mantle Differentiation and Thermal Evolution of Mars, Mercury, and Venus [J]. Icarus, 1991, 90 (2): 222 – 236.

[48] Stähler S C, Khan A, Banerdt W B, et al. Seismic Detection of the Martian Core [J]. Science, 2021, 373 (6553): 443 – 448. https: //doi. org/10. 1126/science. abi7730.

[49] Stern R J, Gerya T, Tackley P J. Stagnant Lid Tectonics: Perspectives from Silicate Planets, Dwarf Planets, Large Moons, and Large Asteroids [J]. Geoscience Frontiers, 2018, 9 (1): 103 – 119.

[50] Stevenson D J, Spohn T, Schubert G. Magnetism and Thermal Evolution of the Terrestrial Planets [J]. Icarus, 1983, 54: 466 – 489.

[51] Stevenson D J. Styles of Mantle Convection and Their Influence on Planetary Evolution [J]. Comptes

Rendus Geoscience, 2003, 335 (1): 99 - 111.

[52]　Stoddard P R, Jurdy D M. Topographic Comparisons of Uplift Features on Venus and Earth: Implications for Venus Tectonics [J]. Icarus, 2012, 217 (2): 524 - 533.

[53]　Strom R G, Schaber G G, Dawson D D. The Global Resurfacing of Venus [J]. Journal of Geophysical Research: Planets, 1994, 99 (E5): 10899 - 10926.

[54]　Trønnes R G, Baron M A, Eigenmann K R, et al. Core Formation, Mantle Differentiation and Core - Mantle Interaction Within Earth and the Terrestrial Planets [J]. Tectonophysics, 2019, 760: 165 - 198. https: //doi. org/10. 1016/j. tecto. 2018. 10. 021.

[55]　Van Thienen P, Vlaar N, Van den Berg A. Assessment of the Cooling Capacity of Plate Tectonics and Flood Volcanism in the Evolution of Earth, Mars and Venus [J]. Physics of the Earth and Planetary Interiors, 2005, 150 (4): 287 - 315.

[56]　Weber R C, Lin P Y, Garnero E J, et al. Seismic Detection of the Lunar Core [J]. Science, 2011, 331: 309 - 312.

[57]　Weitz C M, Basilevsky A T. Magellan Observations of the Venera and Vega Landing Site Regions [J]. Journal of Geophysical Research, 1993, 98 (E9): 17, 069 - 17, 097.

[58]　Xiao C, Li F, Yan J, et al. Possible Deep Structure and Composition of Venus with Respect to the Current Knowledge from Geodetic Data [J]. Journal of Geophysical Research: Planets, 2021, 126 (7): e2019JE006243.

第 8 章　生命信号的探测

8.1　引言

　　目前已知的生命都出现在地球上，地球之外的生命形式尚属未知。当前，对于其他形式宇宙生命的了解几乎为零，所以科学家主要聚焦于与地球类似的地外环境去寻找类似地球的生命，并将生命定义为"能够进行达尔文式演化的一种自我维持的化学系统"（Benner，2010），满足生命状态四个基本过程的化学系统：即生命能够消耗能量，利用稳定的化学反应系统进行繁殖，维持内部条件，利用环境信息维持生存（Bartlett，Wong，2020）。研究生命在宇宙天体中起源、演化、分布和未来的天体生物学在我国方兴未艾，该学科利用多学科交叉手段共同研究地外生命的存在形式（林巍等，2022）。生命依赖于其周围的环境（Chan，et al.，2019），在尚未发现与地球生物截然不同的生命形式之前，我们期望去寻找适宜已知生命生存的环境，并在其中探测可能的生命。基于已知的地球生物来看，生命产生需要满足的几个条件包括水分、营养元素（CHNOPS 和必需的微量元素等）、能量来源（光能或化学能）和稳定的环境条件（Hoehler，2007）。在这样的环境中，生命存在的证据依赖于生命活动所留下来的印记，这些印记被称为生命信号，例如化学组成、生源矿物、有机分子、结构纹理、同位素和生源气体等生命物质或现象（Summons，et al.，2011）。

　　生命信号种类繁多（图 8-1），化学组成类生命信号指的是生物化学元素在空间分布上和组成上与非生命物质不同的一种现象；矿物类生命信号是指无机物在生物吸收后通过不同于非生命过程指导下的结晶或成矿方式而形成的生源性矿物特点；有机类生命信号是指生命过程所产生的有机分子的特征；结构纹理类生命信号是指生物在存在或运动过程中形成的不同于非生命物质的宏观的和微观的形态或轨迹特征；同位素类生命信号是指生物在代谢或利用外界养分的过程中对某些质量的同位素有特定偏好的一种现象；大气成分类生命信号是指一些具有特征性的生物气体；行星表面反射率类生命信号是指遥感技术可以检测的大范围生物色素引发的反射率特征；时间性变异生命信号是指生命活动产生的物质具有随着时间变化而变化的现象；科技类生命信号是指能够自主研发科技的高等文明在利用技术的时候产生的可检测信号（Schwieterman，et al.，2018；Hays，et al.，2017）。

　　然而需要注意的是，生命信号具有很大的模糊性，要证明所发现的信号确实来自于生命活动有必要重点关注超越任何非生命过程所能够产生的探测结果。在此之前，深入调查和理解各类可能产生疑似生命信号的非生命过程是极为必要的。太阳系中三个有大气包围的行星（地球、金星和火星）仅有一颗孕育且维持了多彩生命的存在，地球的宜居性已经

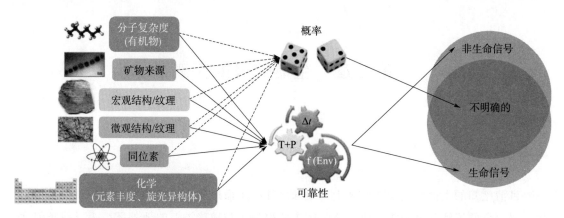

图 8-1　生命信号种类与探测（Chan, et al., 2019）

维持了至少 42 亿年（Mojzsis, et al., 2001; Tarduno, et al., 2020），深入系统地研究为何另外两颗无法成为像地球一样生机勃勃的行星有助于更精准地定位恒星系中的宜居带，也有助于系外行星的生命信号探测（Westall, et al., 2023; Limaye, et al., 2021）。而离地球最近的行星——金星就是解决上述问题最理想的出发点之一。

　　关于金星的天体生物学问题主要包括：研究金星的化学、大气和气候环境演化，寻找过去可能存在过的生命，评估大气或内部现存生命的可能性，以及未来的金星生命信号探测规划。

8.2　环境演化

　　如果从系外观察太阳系，地球和金星这两个岩石行星长得非常相似，金星只比地球略小，距离非常接近，地质历史时间相当接近，也推测具有相似的物质组成。金星到太阳的距离和公转周期大约是地球到太阳距离和公转周期的 2/3。然而，如果近距离观测，金星与地球差异实在非常大，地球生机勃勃，孕育了丰富的大洋、大陆和生命，而金星却是像火焰山一样的不毛之地，还被极厚的硫酸云所笼罩。科学家们好奇为什么两颗距离如此近、地质又如此相似的行星会分别是生命的天堂和地狱。认识金星的行星环境演化是金星生命探测的基础，金星上是否能够长期维持温和的表面环境，由此判断生命可能存在的地质历史时间和存在方式。

　　在实际探测金星的太空任务以前，金星曾被认为是适宜生命生存的太阳系天体之一。直到美国水手 2 号成功飞掠金星时，才首次认识到金星的严酷生境，包括炽热滚烫的行星表面和浓厚富酸的行星大气（Chase, et al., 1963）。了解金星的地表地貌和内部结构是早期金星任务的主要科学目标，此后基于对金星大气更深入的了解，行星科学家们认为云层和两极环境是潜在的宜居环境（Cockell, 1999）。

8.2.1　大气演化

　　研究金星对于理解类地行星大气和大气化学的演变有重要价值，让我们能够认识行星化学和环境自从行星形成之初到现在的演变过程。研究金星大气也有助于更好地理解地球和系外行星的气候和大气层，还有助于理解行星如何维持一个长期拥有液态水环境的宜居条件（Gillmann，et al.，2022）。为了寻找其他恒星系中的生命和生物基本结构物质的化学信号，我们有必要事先查明太阳系中类地行星的化学多样性。认识非生命过程可能产生的类似生命信号以及找出明确的生命信号对于天体生物学和地外生命探测有很大的帮助（图 8 - 1）。

　　在太阳系形成之初，太阳大约比现在要暗淡 25%，所以距离太阳更近的金星很有可能在早期更加类似于现代地球的环境（Way，et al.，2016）（图 8 - 2）。随着太阳的亮度逐渐增加，金星陷入了一个失控温室效应的现象中（Kasting，1988）。如果早期金星存在海洋，逐渐升高的温度增加了海洋中水蒸气的蒸发速率，大气中上升的水汽含量增加大气对于红外射线的吸收能力，使行星的温度进一步升高，这一正反馈循环使金星表面的水体慢慢被蒸干。此后不久，金星表面的碳酸盐类岩石或矿物高温分解，释放二氧化碳进入大气，将玄武岩氧化形成含氧矿物（Leconte，et al.，2013；Honing，et al.，2021）。值得注意的是，金星是否曾经存在过海洋或发育过碳酸盐等目前仍然没有定论，也可能有一个未知的金星幔释气过程短期内让金星大气充满二氧化碳（O'rourke，Korenaga，2015），如果该假说成立，那么这一过程最有可能发生在金星早期的岩浆海时期或行星形成的晚期吸积时期（Gaillard，et al.，2022；Gillmann，et al.，2020）。这层厚厚的二氧化碳大气和强烈的温室效应造就了如今金星的 93 bar 的高压和 740 K 的高温（图 8 - 2）。然而，在厚重的云层之上，金星的上层大气（大约距离金星表面 50 km 以上）与地球更为类似：气压约为 1 bar，温度约为 263～350 K（Cockell，1999）。虽然金星的表面常年被厚重的云层覆盖，在上层大气却有阳光的射入。含有已知生命所需的基本元素 CHNOPS 的物质也在上层大气有所发现，例如二氧化碳、氮气和硫酸液滴等（Hoehler，2007）。

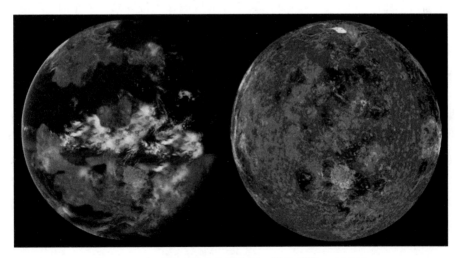

图 8 - 2　金星的地质演化想象图（图片来源：NASA）

如今的金星大气仅包含 30 ppm 的水汽（Fegley，2014），并且金星大气中的氘原子在氢元素中的占比远远高于地球大气（Donahue, et al., 2016; De Bergh, et al., 1991），由此数据推测，至少占金星总体积0.3%的海洋曾覆盖金星表面（Donahue, 1999）。科学家们也提出在38亿～30亿年前，金星可能开始存在稳定的液态水，大量的液态水曾在30亿～20亿年前出现在金星表面（Way, et al., 2016; Way, Delgenio, 2020）。这些对于水的推测结果表明，金星可能曾与地球一样适宜生命的演化和生存。

8.2.2　内部演化

数值模拟研究发现，金星幔早期释放水汽和二氧化碳与大气圈中的物质发生交换和相互作用（Gillmann, Tackley, 2014），释气过程是大气中二级挥发性物质的来源，这个过程主要与三个地质过程相关——岩浆洋凝固、小天体撞击和火山活动（Gillmann, et al., 2020; Salvador, Samuel, 2023）。金星表面重塑时间发生在距今约7亿年前的时期，然而其机理依然是未知的，可能金星拥有一个长期静止的金星壳，后期火山活动重新塑造金星表面形貌；也可能金星壳间歇性地被板块移动重新构造，并有较长时间的静止期；强烈的熔岩活动把板块分隔，并可能对岩石圈物质循环产生重大影响（Rolf, et al., 2022）。需要指出的是，金星目前尚没有确定的板块构造运动的证据，或许金星上的金星表面重塑过程是多种机制在不同地质演化阶段中共同作用的结果（Westall, et al., 2023），这些过程反映了不同的挥发性气态物质的再循环。

一定程度的高温会令固体行星表面的流动性加强，过度的高温则降低了壳幔间的流动性差异，从而使金星壳层被幔部对流牵引移动（Noack, et al., 2012）。在有水的地质历史时期，蒸发的过程可能导致金星早期经历过一段时间的表面低温，从而导致更高的黏度和对流应力，提高表面的流动性（Gillmann, Tackley, 2014; Lenardic, et al., 2008）。更加温和的环境有助于二氧化碳的赋存，减少大气中二氧化碳的累积（Westall, et al., 2023）。根据这个理论模型，金星表面的宜居环境可能甚至持续到7亿年前（Way, et al., 2016）。流动性维持着足够的硬度驱使金星壳与金星幔之间剥离开，同时足够柔软让对流和板块移动足够有力，形成一个动态的板块。要详细解析这一过程可能依赖于金星的地质演化历史，尤其是从岩浆洋凝固到固体幔对流的过渡过程（Weller, et al., 2015; Salvador, et al., 2017）。

行星板块与碳酸盐-硅酸盐循环和行星宜居状态的持续时间息息相关。在地球上，洋中脊释气或火山活动释放的二氧化碳能够通过硅酸盐风化过程吸收，沉积为海床中的碳酸盐，在隐没带区域循环回地幔，从而保持一个稳定的大气组成（Kasting, Catling, 2003）。由于硅酸盐风化在海平面以上的陆地组分尤为高效，因此陆地在这个循环中发挥了重要作用。然而，地球表面的碳循环和风化模式是否适用于金星尚存争议，有待对金星进一步探测研究。

8.3　早期宜居环境

相比于火星和冰天体等，被厚重大气所覆盖的金星表面的水活动痕迹更难于寻找

（Khawja，et al.，2020）。通过先驱者号金星探测器上的中性质谱仪发现了金星云层下的大气中的氘/氢比约为地球的 120 倍（Donahue，et al.，1982；De Bergh，et al.，1991），金星快车号发现金星云层上方的大气氘/氢比是地球的 240 倍左右（Fedorova，et al.，2008），预示着迅速的水流失过程，也表示金星很可能曾经拥有一个巨大的水体（图 8 - 2）。即便在小规模的水环境中，如果有能量的输入，无机物依然能够转换为有机物（Patel，et al.，2015）。地球生命可能能够在地球海洋形成之初的短时间内在热液喷口附近演化出来，也有人认为生命可能在热液、热泉或热池内部直接产生（Zahnle，et al.，2020；Damer，Deamer，2020）。虽然火山岩浆流和板块活动重新塑造了金星表面（Schaber，et al.，1992），但有证据显示金星可能在 30 亿年前拥有一个移动板块对流和表面液态水，并且存在一个热液系统的演化（Weller，Kiefer，2020）。因此，如果早期金星拥有海洋、活火山和海床，那么热液系统的形成几乎是必然的，那时的金星可能适合生命的起源（Ivanov，Head，2013；Shalygin，et al.，2015），推测假想的金星生命可能与地球生命几乎在同一时期、相似的热液系统附近形成。

　　此外，一部分生命起源所必需的物质可能在金星的早期地质历史上通过陨石撞击到达金星，同时不计其数的宇宙尘埃也降落在金星表面，甚至是海洋中（Plane，et al.，2018），预估从木星系到达金星的物质就有大约每日 32 t 的量（Frankland，et al.，2017）。宇宙尘埃可能为水冰分子提供凝结位点，从而形成金星大气中的冰霾层，麦哲伦号金星探测器和阿雷西博望远镜的雷达探测数据发现，在过去 10 亿年间金星表面上沉降的尘埃厚约为 1～2 mm，与地球的情况相似（Garvin，1990）。外部来源的前生命化学物质甚至原始生命都有可能通过上述途径进入金星。

　　如果早期金星表面确实拥有海洋和更加温和的气候，生命是否可能曾经在这些环境中出现仍是未知，因为即便是地球上的早期生命化石也难以明确判定。金星的表面频繁地受到火山活动的改造，也使寻找过去金星生命愈加困难。即便如此，探索和研究早期金星生命化石对于理解宇宙生命和天体生物学的发展都具有重要意义。

8.4　现存生命的可能性和信号探测

　　现代金星上是否存在生命是数十年来广为争论的话题（Grinspoon，Bullock，2007）。如果早期金星确实拥有类似地球的含碳化合物、表面水、水-岩相互作用、基本营养和过渡金属元素，甚至是合适的地质构造、火山活动和热液活动，那么金星很可能曾经孕育过类似地球生物的生命。然而，现代金星的表面对于液态水的保存来说过于炎热，不可能维持类似地球的生物化学反应体系，由此引发科学家思考超临界态的二氧化碳可否成为一种为生物化学反应提供介质的极性溶剂（Budisa，Schulze - Makuch，2014）。另外，金星表面以下的高压条件也有可能使水维持在液相，利用水分生存的生命有可能深入表面之下（Schulze - Makuch，Irwin，2002）。然而目前没有证据显示金星内部储存有水，唯一发现的水源聚集在硫酸云中，因此科学家希望在硫酸云层的气溶胶中寻找生命，这也可以用于理解金星表面水存在的时间是否允许生命演化并适应在酸性大气中存活（图8-3）。

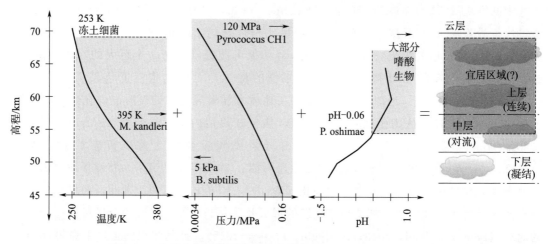

图8-3　金星大气环境因素的垂直分布（Izenberg, et al., 2021）

除了水和硫酸之外，金星大气中还存在其他未知的可能与宜居性相关的现象包括：紫外线吸收现象，大气折射率的异常变化，云层下的未知微粒，金星号和织女星号下降探测器的X射线荧光光谱仪以及先驱者号中性质谱仪发现云层液滴中存在的磷、铁、氯元素的证据。然而这些元素的光谱学证据还需要更多观测来佐证（Mogul, et al., 2021；Titov, et al., 2018）。

8.4.1　大气生命信号

（1）化学非平衡态

生命在金星大气层或云层中的可能性还是未知。虽然金星的大气干燥且富含硫酸气溶胶，但是地球的极端微生物能够适宜更加险恶的环境条件，例如强酸和高温的环境。有证据显示，金星大气中痕量气体的成分尚未达到平衡态（Johnson, et al., 2019）。相比较而言，地球上大气化学的非平衡态主要来源于生命活动（Baum, 2018），所以有科学家通过太空观测提出金星大气层和云层中的非平衡态可能是疑似微生物活动的信号（Schulze-Makuch, Irwin, 2002；Grinspoon, 1997）。

理论上二氧化碳在强烈的太阳辐射和闪电的作用下会还原成大量一氧化碳，然而金星号、先驱者号和麦哲伦号金星探测器发现金星大气中的一氧化碳含量稀少（Bezard, De Bergh, 2007）。另外，硫化氢和二氧化硫两种气体在一起会发生反应，但在金星大气中同时发现了二者，预示着某种未知的（生物的？）过程形成了它们（Schulze-Makuch, Irwin, 2002）。此外，金星大气中羰基硫的形成机制也尚不清楚（Schulze-Makuch, Irwin, 2002），地球上的羰基硫一般认为是生命过程产生的，但上述气体组合还不能完全确认它们是否一定是生源性的，更深入的大气化学研究将有助于认识这些气体和化学非平衡态产生的机制。

Greaves研究团队基于地球的遥感观测发现60 km高度的金星大气中可能存在磷化氢

（Greaves，et al.，2021），同时先驱者号金星探测器的中性质谱仪获取的数据也揭示了许多含氮分子的化学非平衡态（Mogul，et al.，2021）。磷化氢是否真的大量存在，又是否以 Greaves 团队所提出的方式广泛分布，目前依然存在疑问（Villanueva，et al.，2021）。金星 8 号的气相色谱仪检测到了金星大气中的氨气（Surkov，et al.，1973），然而处于平衡态的大气中是不会产生氨气的。同样，140 km 高度以下的氢气含量 100 ppm 也远远超过（约 4 700 倍）基于大气平衡态下的模拟估计值，而通过该模拟算法计算得到的其他主要金星大气成分则与观测值非常近似，表明氢气可能确实处于一个非平衡态（Johnson，et al.，2019；Krissansen - Totton，et al.，2016）。此外，易发生氧化还原反应的氧气和甲烷也在大气的同一层位（50～60 km）出现（Johnson，et al.，2019）。这些发现指示着金星大气中可能存在局部的化学非平衡态，而云层提供了一个潜在的生态位。然而，遥感探测的结果终究无法确定局部尺度的实际情况，所以还需要借助原位探测来验证这些大气中的化学非平衡态。

（2）太阳辐射吸收

金星大气的另一有趣物质是能吸收紫外线的气溶胶，即使在正午大概也仅有 4% 的太阳辐射能够到达金星表面，其中高约 57～70 km 的云层几乎吸收了所有的紫外辐射（Crisp，1986），导致先驱者号的光学气溶胶分析计几乎观测不到 57 km 以下区域的紫外线通量（Ragent，et al.，1985），后续的金星 14 号发现了部分区域仍然在 48 km 高度有 320～390 nm 波段的紫外线透过（Ekonomov，et al.，1984），织女星 1 号和 2 号金星着陆器上的紫外线吸入式光谱仪也在夜间大气高度约为 47 km 处观测到了紫外吸收现象（Bertaux，et al.，1996），表明金星大气对于紫外的吸收是有区域性的，不同区域的云层对于辐射的吸收能力也不同。经过长期的研究，尽管已经鉴定出一部分可能吸收紫外辐射的简单分子（例如二氧化硫、羰基硫、二硫化碳和二氧化二硫）（Krasnopolsky，2018），但是它们无法解释所有观测到的紫外吸收现象（Pérez - Hoyos，2018），因此这些气溶胶的性质和来源仍然是未知的（Titov，et al.，2018；Pérez - Hoyos，2018），部分学者结合地球化学建模法和地球微生物学实验，猜测该现象可能来源于生物对紫外的吸收能力（Limaye，et al.，2018）。

地球上的微生物能够在云层甚至高层大气中存活，来自因斯布鲁克大学的研究团队分析了从奥地利松布利克山低温云层中收集到的微生物，云中液滴所含有的微生物量每毫升约 1 500 个，有球状的、杆状的和丝状的细菌，很多微生物仍然保持着代谢的活性（Sattler，et al.，2001）。由于在低温云层中，细菌的分裂过程一般会持续数日，而这个时间段要小于云的存在时间，他们认为这个结果几乎可以确认这些细菌是在云层中进行代谢和繁殖的。后续的细胞培养实验发现对流层云中的水分包含每毫升 10^3～10^5 个活细胞，并且保留有代谢活性（Amato，et al.，2017），这些微生物主要归属于浮霉菌门、α - 变形菌纲、β - 变形菌纲、绿菌门和蓝细菌门（Krishnamohan，et al.，2019）。除了云层水汽之外，尘埃可以携带每平方米 10^1～10^6 个细胞在空气中从对流层扩散至平流层，但是干燥的生物气溶胶中所携带的微生物几乎不进行代谢活动（Bowers，et al.，2011；Bryan，et al.，2019）。虽然金星的云都具有强酸性，但是其云层温度范围与地球的相似（Limaye，et al.，2021），在地球上发现的云中生物和嗜酸微生物表明，金星大气中存在生命的可能性并不一定为零。

在金星大气中发现了很多生命所需的物质，这些物质以一种易于为生物所利用的挥发态的形式存在。生物化学分子中的 99.9% 都是由 CHNO 组成的，剩下 0.1% 的原子主要是磷和硫。金星大气中存在丰富的 CHNOS，而磷元素比较稀少（Milojevic，et al.，2021），其中，硫既是氨基酸中的基本组成元素，又是缺氧环境下厌氧微生物呼吸作用中的电子供体和受体。在富硫的金星大气中，应用硫代替氧的微生物和代谢模式是有可能发生的（Limaye，et al.，2021）。基于以上发现，最有可能限制金星大气微生物产生和存活的元素是磷。所需的阳离子（如钙、钾、钠、镁和铁）也是可能的限制因素。这些元素可能从尘埃或火山物质中来，但尚未在金星大气中检测到。

对于只能停留在高空中的微生物来说，保持在合适的高度是最具挑战性的环节，因为一旦过于升高或降低，就意味着进入了不适居的环境。这些微生物也很难利用休眠策略来维持生存，因为休眠期间代谢活动的停止一般需要通过水分、光和热等适宜的环境刺激来调节休眠后的复苏和修复过程（Friedmann，et al.，1993；Schulze - Makuch，et al.，2018），然而对于长期较稳定的金星大气极端环境来说，很难创造出适合复苏的条件。地球上云层液滴颗粒的驻留时间大约为数小时到数日，符合大多数土壤或水生微生物的传代时间，更加轻小的气溶胶颗粒则能够在更加干燥寒冷的平流层驻留好几年，此处微生物的代谢则更加缓慢，根据其他极端环境微生物的生理特征推测，往往可能需要数月的时间来传代（Bakermans，et al.，2003）。此外，目前发现的地球大气生命几乎都是在数代以内从地球表面的生态系统进入较高层大气的，如何长期维持封闭式的大气生态系统对于寻找金星大气生命也是个富有挑战性的科学问题（Westall，et al.，2023）。

研究金星大气的宜居区域以及大气漂浮颗粒物的驻留时间和运动规律有助于评估金星大气生物圈存在的可能性。此前的发现认为，金星云层液滴的驻留时间要比地球长。Seager 团队设计了一个模型发现对于 3 μm 直径级别的气溶胶颗粒可以在金星高空中漂浮约半年（Seager，et al.，2021），如果加上全球大气环流的推动作用，它们也许能够漂浮更久（Grinspoon，Bullock，2007）。代谢和繁殖活动也必须是连续的，一个完整的循环（图 8-4），包括：1）微生物在适居的环境下吸收足够的养分；2）随着颗粒物质升降；3）到达极端环境后部分微生物进入脱水失活的状态；4）微生物在极端环境下受到辐照等损伤；5）重新进入适居环境后部分脱水微生物重新复苏吸收水分并开始修复自身损伤；6）幸存的微生物生长繁衍并汲取养分；7）大气循环过程中干湿状态如此反复交替（Westall，et al.，2023）。在此循环中，复苏修复过程要与养分吸收和能量获取有机地结合才能保证一个大气生态系统能够稳定存在。

对于金星大气宜居性最大的影响因素就是其云层气溶胶中是否含有足量的水分用以供给生命的生存或复苏。数值模拟结果得到金星云层气溶胶的水活度低于 0.02（Limaye，et al.，2021；Seager，et al.，2021），远小于已知生物所能耐受的最低水活度，即帚状曲霉

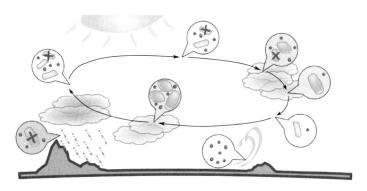

图 8-4　大气生物圈循环想象图（Westall，et al.，2023）

的 0.585（Hallsworth，et al.，2021）。这些数值模拟研究的结果不一定能够完全反映金星大气中气溶胶在空间分布上的真实情况，金星大气的局部区域也许存在能达到 0.585 水活度以上的条件（Mogul，et al.，2021；Rimmer，et al.，2021）。

8.4.2　表面和内部生命信号

金星表面几乎不受紫外辐射的影响，高压的金星内部可能保留有曾经的液态水，如果营养物质在金星表面和内部积累，可能曾在金星表面出现的耐高压高温的嗜极端微生物也许可以转移到金星的内部生存（Schulze-Makuch，Irwin，2002）。目前受限于对金星表面和内部的测量甚至观察的缺失，我们对于表面和内部的形貌和物质组成都知之甚少，尚需工程技术上的进步来帮助提升对于金星大气内行星环境的认识。

需要注意的是，虽然寻找液态水和含碳化合物是合乎我们对于生命的认知的，但是这不能完全排除其他类型生命形式的存在（Bartlett，Wong，2020）。

8.5　展望

查明早期或现代金星是否存在适宜生命居住的环境是金星生命探测中的重要科学目标。未来对于金星的生命探测任务主要需聚焦于过去的宜居环境和演化特点，以及现在金星大气中的宜居区域（Westall，et al.，2023）。为了论证金星大气生命信号的真实性，需要对很多重要的环境因素进行约束（Des Marais，et al.，2008），进行更多实验室和野外实验、数值模拟和原位/绕轨探测。为此，我们需要进一步查清的金星行星特征包括其表面和内部结构、大气和云层的性质特征、实验室和计算机对于类金星天体的行星过程模拟的结果（Limaye，et al.，2021）。

8.5.1　表面与内部

深入研究金星上水活动的历史对于评估金星上潜在生命的来源、起源与演化非常重要。更加精准的金星大气氩、氮、氙同位素比值测量，对于比较早期行星和小天体在水的累积和逸散上的差异有重要价值，同时有助于认识金星上（尤其是云层中）液态水的演变历史（National Academies of Sciences Engineering and Medicine，2022）。

　　还需要查明熔岩对金星壳的重塑作用以及陨石撞击的历史与频率。理解金星过去的宜居性对于认识潜在生命存在于现在金星云层宜居区域的可能性也非常重要。表面气候的改变也许会影响岩石圈环境和金星幔对流，从而改变金星表面与内部的宜居性（Weller，Kiefer，2020）。金星表面可能反映了板块活动形成的镶嵌地块（充满复杂交错构造单元的地貌），推测是金星上最古老的裸露岩石（Kreslavsky，et al.，2015），它们形成的时间可能存在差异，具体年龄目前也是需要更细致的测量（Gilmore，et al.，2015）。这些古老岩层中可能蕴含着关于金星早期水储备量、水侵蚀地貌，甚至生命演化的地质历史记录（Khawja，et al.，2020）。

8.5.2　云层与大气

　　太阳风吹散很多金星大气中的带电粒子，现代金星大气中氢氧自由基的逃逸反映了水的流失过程（Persson，et al.，2018），提高对大气逃逸的认识和模拟有助于更好地估计早期金星的水储备量以及水活动历史。目前，大气逃逸已经粗略通过极地轨道观测分析，如果能够在太阳-金星的拉格朗日点观测和采样，则能够对太阳风物质和金星诱导磁场尾的逃逸物质进行连续性的分析，从而更深入系统地了解金星大气与太阳风的相互作用（Kovalenko，et al.，2020）。

　　金星大气中吸收辐射的未知物质是否与微生物气溶胶有关，观测到的化学非平衡态又是否与生命活动相关。随着紫外、可见光和红外光谱技术的发展，微型设备长时间对小尺度微量物质的探测技术逐渐成熟，将空间和时间分辨率上优化后的载荷应用于金星大气分析有助于提高对金星大气的认识（Limaye，et al.，2018；Lee，et al.，2015；Kremic，et al.，2020）。借鉴深空气候观测卫星在日-地拉格朗日点（符合最佳行星观测条件的天文学位置）运行的成功案例（Su，et al.，2020），可以从太阳-金星的拉格朗日点对金星大气的光谱和热谱进行探测（Kovalenko，et al.，2020）。此外，未来金星探测任务查明不同高程的大气对于辐射吸收能力的垂直特征也有助于理解气溶胶的性质。

　　如果金星云层中的大颗粒气溶胶能够吸收紫外辐射并有足够的湿气和营养物质，那么就有保存微生物的可能性（Limaye，et al.，2018）。继续研究气溶胶中的化学组成和氧化还原特性能够帮助评估金星云层的宜居性。如果可以采集到金星云层样品，就可以通过显微学的方法判断其来源和物理、化学甚至生物性质（Yamagishi，et al.，2016）。俄罗斯空间研究所正在研发可在科学气球平台上搭载的气溶胶质谱仪和荧光成像显微镜，这些先进设备将有助于加深对金星气溶胶颗粒各方面性质的认识（Baines，et al.，2021；Sasaki，et al.，2022）。

　　金星大气中存在很多由于探测器的精度限制而无法确认的化学物质及其分布情况，厘清磷化氢、氨气和甲烷存在的真实性以及含这些还原性分子的时空变化特征和周围环境的大气化学特征有助于认识行星中的其他化学甚至生物过程（Limaye，et al.，2021；

Schulze - Makuch，2021），亟需研发的设备包括高分辨率、高精度（检出限最好在 1×10^{-6} 以下）质谱仪与可调谐激光光谱仪（Limaye，et al.，2021）。

8.5.3　实验室与数值模拟分析

在实验室预先对类金星大气环境中的疑似生命现象进行光学和化学性质的分析有助于加深对行星非生命和生命过程的认识，也有助于解释金星大气所发现的现象（Limaye，et al.，2021）。这样的实验室分析包括对气溶胶中的生物化学分子和微生物进行光谱学分析，对酸性云层中生物大分子的半衰期进行研究。基于地球大气生物圈的基础研究对推测金星大气生物圈存在的可能性有参考作用，例如研究地球高层大气气溶胶中嗜极端环境生物的生存情况，地球平流层中硫酸气溶胶中的生物特征，气溶胶中生物的繁殖和代谢能力。生命对于硫酸的耐受极限是多少，金属元素是否是所有生命必须的结构或功能物质，这些问题也未完全研究清楚。

数值模拟研究帮助建立光化学模型用以理解金星大气中的化学反应和大气组成的理论相对丰度，由此出发以更好地理解观察到的大气化学组成的意义（Krasnopolsky，2012）。

8.6　前沿科学问题及未来研究方向

金星和水星对于生命来说有着不同的意义，水星距离太阳过近，自转轴倾角近乎为零，并且没有大气层的覆盖，频繁经历大的撞击事件，推测液态水难以在水星表层附近存留，即使水冰层有可能在水星壳层底部存在，因此水星被认为是不适宜生命居住的星球。此后越来越多的观测证实，水星上存在一些水冰的沉积（Lawrence，et al.，2013）以及丰富的有机分子（Paige，et al.，2013），壳层底部也很可能储存大量水冰，对水星上有机类生命信号等的分析常用于理解假阳性生命信号（Butkus，et al.，2023）。金星则拥有浓厚的大气层，且在约 40 亿年前，年轻的太阳不那么炎热时能维持一个类似现代地球一样的温和环境，也许液态水曾存在于金星表面。重要的科学问题包括：1）早期金星表面是否可能存在径流、湖泊，甚至海洋；2）早期金星的环境是否更加温和宜居；3）金星大气中的超临界态或液态的二氧化碳和硫酸液滴是否可能替代水作为生命代谢活动的介质；4）现代金星大气中是否存在生命所必须的各种化学元素；5）现代金星上为生命提供能量的潜在来源是什么；6）现代金星大气或内部结构中是否可能存在相对稳定、能够可持续循环的生物圈；7）对于金星的探索如何有助于科学家更深地认识假阳性生命信号；8）现代金星是否适宜保存大量有机分子，是否可能处于前生命化学演化阶段？

参 考 文 献

[1]　Amato P, Joly M, Besaury L, et al. Active Microorganisms Thrive Among Extremely Diverse Communities in Cloud Water [J]. Plos One, 2017, 12: e0182869.

[2]　Baines K H, Nikolic D, Cutts J A, et al. Investigation of Venus Cloud Aerosol and Gas Composition Including Potential Biogenic Materials via an Aerosol – Sampling Instrument Package [J]. Astrobiology, 2021, 21: 1316 – 1323.

[3]　Bakermans C, Tsapin A I, Souza – Egipsy V, et al. Reproduction and Metabolism at −10 ℃ of Bacteria Isolated from Siberian Permafrost [J]. Environ Microbiol, 2003, 5: 321 – 326.

[4]　Bartlett S, Wong M L. Defining Lyfe in the Universe: From Three Privileged Functions to Four Pillars [J]. Life (Basel), 2020, 10: 42.

[5]　Baum D A. The Origin and Early Evolution of Life in Chemical Composition Space [J]. J Theor Biol, 2018, 456: 295 – 304.

[6]　Benner S A. Defining Life [J]. Astrobiology, 2010, 10: 1021 – 1030.

[7]　Bertaux J L, Widemann T, Hauchecorne A, et al. VEGA 1 and VEGA 2 Entry Probes: An Investigation of Local UV Absorption (220～400 nm) in the Atmosphere of Venus (SO₂ Aerosols, Cloud Structure) [J]. Journal of Geophysical Research: Planets, 1996, 101: 12709 – 12745.

[8]　Bezard B, De Bergh C. Composition of the Atmosphere of Venus Below the Clouds [J]. Journal of Geophysical Research: Planets, 2007, 112: E04S07.

[9]　Bowers R M, Mcletchie S, Knight R, et al. Spatial Variability in Airborne Bacterial Communities Across Land – use Types and Their Relationship to the Bacterial Communities of Potential Source Environments [J]. Isme J, 2011, 5: 601 – 612.

[10]　Bryan N C, Christner B C, Guzik T G, et al. Abundance and Survival of Microbial Aerosols in the Troposphere and Stratosphere [J]. Isme J, 2019, 13: 2789 – 2799.

[11]　Budisa N, Schulze – Makuch D. Supercritical Carbon Dioxide and its Potential as a Life – Sustaining Solvent in a Planetary Environment [J]. Life (Basel), 2014, 4: 331 – 340.

[12]　Butkus C R, Warren A O, Kite E S, et al. A Note on Graphite Hydrogenation as a Source of Abiotic Methane on Rocky Planets: A Case Study for Mercury [J]. Icarus, 2023, 400: 115580.

[13]　Chan M A, Hinman N W, Potter – Mcintyre S L, et al. Deciphering Biosignatures in Planetary Contexts [J]. Astrobiology, 2019, 19: 1075 – 1102.

[14]　Chase S C, Kaplan L D, Neugebauer G. Mariner II: Preliminary Reports on Measurements of Venus: Infrared Radiometer [J]. Science, 1963, 139: 907 – 908.

[15]　Cockell C S. Life on Venus [J]. Planet Space Sci, 1999, 47: 1487 – 1501.

[16]　Crisp D. Radiative Forcing of the Venus Mesosphere: I. Solar Fluxes and Heating Rates [J]. Icarus, 1986, 67: 484 – 514.

[17]　Damer B, Deamer D. The Hot Spring Hypothesis for an Origin of Life [J]. Astrobiology, 2020,

20: 429 - 452.

[18]　De Bergh C, Bézard B, Owen T, et al. Deuterium on Venus: Observations from Earth [J]. Science, 1991, 251: 547 - 549.

[19]　Des Marais D J, Nuth J A, 3RD, Allamandola L J, et al. The NASA Astrobiology Roadmap [J]. Astrobiology, 2008, 8: 715 - 730.

[20]　Donahue T M, Hoffman J H, Hodges R R, et al. Venus Was Wet: A Measurement of the Ratio of Deuterium to Hydrogen [J]. Science, 1982, 216: 630 - 633.

[21]　Donahue T M. New Analysis of Hydrogen and Deuterium Escape from Venus [J]. Icarus, 1999, 141: 226 - 235.

[22]　Ekonomov A P, Moroz V I, Moshkin B E, et al. Scattered UV Solar Radiation Within the Clouds of Venus [J]. Nature, 1984, 307: 345 - 347.

[23]　Fedorova A, Korablev O, Vandaele A C, et al. HDO and H_2O Vertical Distributions and Isotopic Ratio in the Venus Mesosphere by Solar Occultation at Infrared Spectrometer on Board Venus Express [J]. J Geophys Res - Planet, 2008, 113: E00B22.

[24]　Fegley B. 2.7 - Venus. In: HOLLAND H D, TUREKIAN K K. Treatise on Geochemistry [M]. Second Edition. Oxford: Elsevier, 2014, 127 - 148.

[25]　Frankland V L, James A D, Carrillo - Sanchez J D, et al. CO Oxidation and O - 2 Removal on Meteoric Material in Venus' Atmosphere [J]. Icarus, 2017, 296: 150 - 162.

[26]　Friedmann E I, Kappen L, Meyer M A, et al. Long - term Productivity in the Cryptoendolithic Microbial Community of the Ross Desert, Antarctica [J]. Microb Ecol, 1993, 25: 51 - 69.

[27]　Gaillard F, Bernadou F, Roskosz M, et al. Redox Controls During Magma Ocean Degassing [J]. Earth Planet Sc Lett, 2022, 577: 117255.

[28]　Garvin J B, Getty S A, Arney G N, et al. Revealing the Mysteries of Venus: The DAVINCI Mission [J]. The Planetary Science Journal, 2022, 3: 117.

[29]　Garvin J B. The Global Budget of Impact - Derived Sediments on Venus [J]. Earth Moon Planets, 1990, 50 - 1: 175 - 190.

[30]　Gillmann C, Golabek G J, Raymond S N, et al. Dry Late Accretion Inferred from Venus's Coupled Atmosphere and Internal Evolution [J]. Nat Geosci, 2020, 13: 265 - 269.

[31]　Gillmann C, Tackley P. Atmosphere/Mantle Coupling and Feedbacks on Venus [J]. J Geophys Res - Planet, 2014, 119: 1189 - 1217.

[32]　Gillmann C, Way M J, Avice G, et al. The Long - Term Evolution of the Atmosphere of Venus: Processes and Feedback Mechanisms [J]. Space Sci Rev, 2022, 218: 56.

[33]　Gilmore M S, Mueller N, Helbert J. VIRTIS Emissivity of Alpha Regio, Venus, with Implications for Tessera Composition [J]. Icarus, 2015, 254: 350 - 361.

[34]　Greaves J S, Richards A M S, Bains W, et al. Phosphine Gas in the Cloud Decks of Venus [J]. Nature Astronomy, 2021, 5: 655 - 664.

[35]　Grinspoon D H, Bullock M A. Astrobiology and Venus Exploration. In: Exploring Venus as a Terrestrial Planet [M]. Washington: American Geophysical Union, 2007, 191 - 206.

[36]　Grinspoon D H. Chapter 6: Life on Venus: A Barren World? In: Venus Revealed: A New Look Below the Clouds of Our Mysterious Twin Planet [M]. Perseus Publishing, 1997.

[37]　Hallsworth J E, Koop T, Dallas T D, et al. Water Activity in Venus's Uninhabitable Clouds and Other Planetary Atmospheres [J]. Nature Astronomy, 2021, 5: 665 - 675.

[38]　Hays L E, Graham H V, Marais D J D, et al. Biosignature Preservation and Detection in Mars Analog Environments [J]. Astrobiology, 2017, 17: 363 - 400.

[39]　Hebden K. JWST's Quest for Indications of Life on Planets and Exoplanets [J]. Nature Astronomy, 2022, 6: 5 - 7.

[40]　Hoehler T M. An Energy Balance Concept for Habitability [J]. Astrobiology, 2007, 7: 824 - 838.

[41]　Honing D, Baumeister P, Grenfell J L, et al. Early Habitability and Crustal Decarbonation of a Stagnant - Lid Venus [J]. J Geophys Res - Planet, 2021, 126: e2021JE006895.

[42]　Ivanov M A, Head J W. The History of Volcanism on Venus [J]. Planet Space Sci, 2013, 84: 66 - 92.

[43]　Izenberg N R, Gentry D M, Smith D J, et al. The Venus Life Equation [J]. Astrobiology, 2021, 21: 1305 - 1315.

[44]　Johnson N M, De Oliveira M R R. Venus Atmospheric Composition in Situ Data: a Compilation [J]. Earth and Space Science, 2019, 6: 1299 - 1318.

[45]　Kasting J F, Catling D. Evolution of a Habitable Planet [J]. Annu Rev Astron Astr, 2003, 41: 429 - 463.

[46]　Kasting J F. Runaway and Moist Greenhouse Atmospheres and the Evolution of Earth and Venus [J]. Icarus, 1988, 74: 472 - 494.

[47]　Khawja S, Ernst R E, Samson C, et al. Tesserae on Venus May Preserve Evidence of Fluvial Erosion [J]. Nat Commun, 2020, 11: 5789.

[48]　Knicely J J C, Gilmore M S, Lynch R J, et al. Strategies for Safely Landing on Venusian Tesserae [J]. Planet Space Sci, 2023, 228: 105652.

[49]　Kovalenko I D, Eismont N A, Limaye S S, et al. Micro - Spacecraft in Sun - Venus Lagrange Point Orbit for the Venera - D Mission [J]. Advances in Space Research, 2020, 66: 21 - 28.

[50]　Krasnopolsky V A. A Photochemical Model for the Venus Atmosphere at 47 - 112 km [J]. Icarus, 2012, 218: 230 - 246.

[51]　Krasnopolsky V A. Disulfur Dioxide and its Near - UV Absorption in the Photochemical Model of Venus Atmosphere [J]. Icarus, 2018, 299: 294 - 299.

[52]　Kremic T, Ghail R, Gilmore M, et al. Long - duration Venus Lander for Seismic and Atmospheric Science [J]. Planet Space Sci, 2020, 190: 104961.

[53]　Kreslavsky M A, Ivanov M A, Head J W. The Resurfacing History of Venus: Constraints from Buffered Crater Densities [J]. Icarus, 2015, 250: 438 - 450.

[54]　Krishnamohan Kpsp, Bala G, Cao L, et al. Climate System Response to Stratospheric Sulfate Aerosols: Sensitivity to Altitude of Aerosol Layer [J]. Earth Syst Dynam, 2019, 10: 885 - 900.

[55]　Krissansen - Totton J, Bergsman D S, Catling D C. On Detecting Biospheres from Chemical Thermodynamic Disequilibrium in Planetary Atmospheres [J]. Astrobiology, 2016, 16: 39 - 67.

[56]　Lawrence D J, Feldman W C, Goldsten J O, et al. Evidence for Water Ice Near Mercury's North Pole from MESSENGER Neutron Spectrometer Measurements [J]. Science, 2013, 339: 292 - 296.

[57]　Leconte J, Forget F, Charnay B, et al. Increased Insolation Threshold for Runaway Greenhouse

Processes on Earth – like planets [J]. Nature, 2013, 504: 268 – 271.

[58]　Lee Y J, Imamura T, Schröder S E, et al. Long – term Variations of the UV Contrast on Venus Observed by the Venus Monitoring Camera on Board Venus Express [J]. Icarus, 2015, 253: 1 – 15.

[59]　Lenardic A, Jellinek A M, Moresi L N. A Climate Induced Transition in the Tectonic Style of a Terrestrial Planet [J]. Earth Planet Sc Lett, 2008, 271: 34 – 42.

[60]　Limaye S S, Mogul R, Baines K H, et al. Venus, an Astrobiology Target [J]. Astrobiology, 2021, 21: 1163 – 1185.

[61]　Limaye S S, Mogul R, Smith D J, et al. Venus' Spectral Signatures and the Potential for Life in the Clouds [J]. Astrobiology, 2018, 18: 1181 – 1198.

[62]　Limaye S S, Watanabe S, Yamazaki A, et al. Venus Looks Different from Day to Night Across Wavelengths: Morphology from Akatsuki Multispectral images [J]. Earth Planets Space, 2018, 70: 24.

[63]　Milojevic T, Treiman A H, Limaye S S. Phosphorus in the Clouds of Venus: Potential for Bioavailability [J]. Astrobiology, 2021, 21: 1250 – 1263.

[64]　Mogul R, Limaye S S, Lee Y J, et al. Potential for Phototrophy in Venus' Clouds [J]. Astrobiology, 2021, 21: 1237 – 1249.

[65]　Mogul R, Limaye S S, Way M J, et al. Venus' Mass Spectra Show Signs of Disequilibria in the Middle Clouds [J]. Geophys Res Lett, 2021, 48: e2020GL091327.

[66]　Mojzsis S J, Harrison T M, Pidgeon R T. Oxygen – isotope Evidence from Ancient Zircons for Liquid Water at the Earth's Surface 4,300 Myr ago [J]. Nature, 2001, 409: 178 – 181.

[67]　National Academies of Sciences Engineering and Medicine. Origins, Worlds, and Life: A Decadal Strategy for Planetary Science and Astrobiology 2023 – 2032 [M]. Washington, DC: The National Academies Press, 2022.

[68]　Noack L, Breuer D, Spohn T. Coupling the Atmosphere with Interior Dynamics: Implications for the Resurfacing of Venus [J]. Icarus, 2012, 217: 484 – 498.

[69]　O'Rourke J G, Korenaga J. Thermal Evolution of Venus with Argon Degassing [J]. Icarus, 2015, 260: 128 – 140.

[70]　Paige D A, Siegler M A, Harmon J K, et al. Thermal Stability of Volatiles in the North Polar Region of Mercury [J]. Science, 2013, 339: 300 – 303.

[71]　Pandey S, Macey M C, Das D, et al. Astrobiology as a Driver to Connect India's Public, Scientists, and Space Missions [J]. New Space, 2022, 10: 51 – 67.

[72]　Patel B H, Percivalle C, Ritson D J, et al. Common Origins of RNA, Protein and Lipid Precursors in a Cyanosulfidic Protometabolism [J]. Nat Chem, 2015, 7: 301 – 307.

[73]　Persson M, Futaana Y, Fedorov A, et al. H^+/O^+ Escape Rate Ratio in the Venus Magnetotail and its Dependence on the Solar Cycle [J]. Geophys Res Lett, 2018, 45: 10805 – 10811.

[74]　Plane J M C, Flynn G J, Maattanen A, et al. Impacts of Cosmic Dust on Planetary Atmospheres and Surfaces [J]. Space Sci Rev, 2018, 214: 23.

[75]　Pérez – Hoyos S, Sánchez – Lavega A, GarcíA – Muñoz A, et al. Venus Upper Clouds and the UV Absorber from MESSENGER/MASCS Observations [J]. Journal of Geophysical Research: Planets, 2018, 123: 145 – 162.

[76] Ragent B, Esposito L W, Tomasko M G, et al. Particulate Matter in the Venus Atmosphere [J]. Advances in Space Research, 1985, 5: 85 – 115.

[77] Rimmer P B, Jordan S, Constantinou T, et al. Hydroxide Salts in the Clouds of Venus: Their Effect on the Sulfur Cycle and Cloud Droplet pH [J]. The Planetary Science Journal, 2021, 2: 133.

[78] Rolf T, Weller M, Gulcher A, et al. Dynamics and Evolution of Venus' Mantle Through Time [J]. Space Sci Rev, 2022, 218: 70.

[79] Sagdeev R Z, Linkin V M, Blamont J E, et al. The VEGA Venus Balloon Experiment [J]. Science, 1986, 231: 1407 – 1408.

[80] Salvador A, Massol H, Davaille A, et al. The Relative Influence of H_2O and CO_2 on the Primitive Surface Conditions and Evolution of Rocky Planets [J]. J Geophys Res – Planet, 2017, 122: 1458 – 1486.

[81] Salvador A, Samuel H. Convective Outgassing Efficiency in Planetary Magma Oceans: Insights from Fluid [J]. Icarus, 2023, 390: 115265.

[82] Sasaki S, Yamagishi A, Yoshimura Y, et al. In Situ Biochemical Characterization of Venus Cloud Particles Using a Life – signature Detection Microscope [J]. Can J Microbiol, 2022, 68: 413 – 425.

[83] Sattler B, Puxbaum H, Psenner R. Bacterial Growth in Supercooled Cloud Droplets [J]. Geophys Res Lett, 2001, 28: 239 – 242.

[84] Schaber G G, Strom R G, Moore H J, et al. Geology and Distribution of Impact Craters on Venus – What Are They Telling Us [J]. J Geophys Res – Planet, 1992, 97: 13257 – 13301.

[85] Schulze – Makuch D, Irwin L N. Reassessing the Possibility of Life on Venus: Proposal for an Astrobiology Mission [J]. Astrobiology, 2002, 2: 197 – 202.

[86] Schulze – Makuch D, Wagner D, Kounaves S P, et al. Transitory Microbial Habitat in the Hyperarid Atacama Desert [J]. P Natl Acad Sci USA, 2018, 115: 2670 – 2675.

[87] Schulze – Makuch D. The Case (or Not) for Life in the Venusian Clouds [J]. Life (Basel), 2021, 11: 255.

[88] Schwieterman E W, Kiang N Y, Parenteau M N, et al. Exoplanet Biosignatures: A Review of Remotely Detectable Signs of Life [J]. Astrobiology, 2018, 18: 663 – 708.

[89] Seager S, Petkowski J J, Gao P, et al. The Venusian Lower Atmosphere Haze as a Depot for Desiccated Microbial Life: A Proposed Life Cycle for Persistence of the Venusian Aerial Biosphere [J]. Astrobiology, 2021, 21: 1206 – 1223.

[90] Shalygin E V, Markiewicz W J, Basilevsky A T, et al. Active Volcanism on Venus in the Ganiki Chasma Rift Zone [J]. Geophys Res Lett, 2015, 42: 4762 – 4769.

[91] Su W Y, Minnis P, Liang L S, et al. Determining the Daytime Earth Radiative Flux from National Institute of Standards and Technology Advanced Radiometer (NISTAR) Measurements [J]. Atmos Meas Tech, 2020, 13: 429 – 443.

[92] Summons R E, Amend J P, Bish D, et al. Preservation of Martian Organic and Environmental Records: Final Report of the Mars Biosignature Working Group [J]. Astrobiology, 2011, 11: 157 – 181.

[93] Surkov Y A, Andrejchikov B M, Kalinkina O M. On the Content of Ammonia in the Venus Atmosphere Based on Data Obtained from Venera 8 Automatic Station [J]. Proceedings of the Akademiia Nauk SSSR Doklady, 1973, 213: 296 – 298.

［94］ Tarduno J A，Cottrell R D，Bono R K，et al. Paleomagnetism Indicates That Primary Magnetite in Zircon Records a Strong Hadean Geodynamo ［J］. Proc Natl Acad Sci USA，2020，117：2309 – 2318.

［95］ Titov D V，Ignatiev N I，Mcgouldrick K，et al. Clouds and Hazes of Venus ［J］. Space Sci Rev，2018，214：126.

［96］ Villanueva G L，Cordiner M，Irwin P G J，et al. No Evidence of Phosphine in the Atmosphere of Venus from Independent Analyses ［J］. Nature Astronomy，2021，5：631 – 635.

［97］ Way M J，Del Genio A D，Kiang N Y，et al. Was Venus the First Habitable World of Our Solar System? ［J］. Geophys Res Lett，2016，43：8376 – 8383.

［98］ Way M J，Del Genio A D. Venusian Habitable Climate Scenarios：Modeling Venus Through Time and Applications to Slowly Rotating Venus – Like Exoplanets ［J］. J Geophys Res – Planet，2020，125：e2019JE006276.

［99］ Weller M B，Kiefer W S. The Physics of Changing Tectonic Regimes：Implications for the Temporal Evolution of Mantle Convection and the Thermal History of Venus ［J］. J Geophys Res – Planet，2020，125：e2019JE005960.

［100］ Weller M B，Lenardic A，O'Neill C. The Effects of Internal Heating and Large Scale Climate Variations on Tectonic Bi – Stability in Terrestrial Planets ［J］. Earth Planet Sc Lett，2015，420：85 – 94.

［101］ Westall F，HöNing D，Avice G，et al. The Habitability of Venus ［J］. Space Sci Rev，2023，219：17.

［102］ Yamagishi A，Satoh T，Enya K，et al. LDM (Life Detection Microscope)：In situ Imaging of Living Cells on Surface of Mars ［J］. Transactions of the Japan Society for Aeronautical and Space Sciences，Aerospace Technology Japan，2016，14：117 – 124.

［103］ Zahnle K J，Lupu R，Catling D C，et al. Creation and Evolution of Impact – Generated Reduced Atmospheres of Early Earth ［J］. The Planetary Science Journal，2020，1：11.

［104］ 林巍，申建勋，潘永信. 关于我国天体生物学研究的思考 ［J］. 地球科学，2022，47：4108 – 4113.

附录 A　国外典型金星探测任务情况

A.1　美国水手系列金星探测器

A.1.1　水手 1 号（Mariner - 1, 1962）

水手 1 号探测器是美国发射的第一个水手系列探测器（表 A - 1），该探测器原计划探测金星，但因出现故障而被摧毁。

表 A - 1　水手 1 号探测器参数

项目	参数
发射日期	1962 年 6 月 22 日世界时 09:26:16
运载火箭	宇宙神
任务对象	金星
质量	200 kg
轨道数据	弹道轨道
NSSDCID	MARINI

A.1.2　水手 2 号（Mariner - 2, 1962）

水手 2 号是世界上第一个成功的行星际探测器。水手 2 号探测器于 1962 年 8 月 27 日从发射场上发射。作为水手 1 号备份的水手 2 号质量为 202.80 kg，其任务在于试图飞掠金星并传回此行星的大气、磁场以及质量等数据。水手 2 号长距离飞行所需的电源是由两片 183 cm×76 cm 以及 152 cm×76 cm 的太阳能板所供应，并于发射后 44 min 完全地展开运作，除了辐射探测器失效外，水手 2 号其他探测仪器在全程巡航任务中均正常地维持操作功能。水手 2 号在飞向金星的过程中曾一度由于太空悬浮粒的撞击而失去控制，但在 11 月又恢复正常的运作。在 1962 年 12 月 14 日水手 2 号以距金星 34 773 km 的距离掠过金星，并于 1963 年 1 月 3 日前持续不断地传回所探测的资料，整体而言此行任务极为成功。

A.1.3　水手 5 号（Mariner - 5, 1967）

1967 年 6 月 14 日发射的水手 5 号飞到离金星的距离只有 3 990 km 的地方。

A. 1. 4　水手 10 号（Mariner - 10, 1973）

水手 10 号是人类设计的首个执行双行星探测任务的飞行器，也是第一个装备成像系统的探测器，它的设计目标是飞掠水星和金星两大行星。1973 年 11 月 3 日，由美国发射升空。水手 10 号质量为 503 kg，装备有紫外线分光仪、磁力计、粒子计数器、电视摄像机等仪器。1974 年 2 月 5 日，水手 10 号从距金星 5 760 km 的地方飞过，拍摄了几千张金星云层的照片，然后它继续朝水星前进。

水手 10 号的探测设备与实验包括：

1）一对具有数字磁带式记录器的视场狭窄的相机；

2）紫外线分光计；

3）红外线辐射计；

4）太阳电浆侦测器；

5）带电微粒子；

6）磁场探测；

7）掩星观测；

8）天体力学探测。

A.2　苏联金星系列金星探测器

A. 2. 1　金星 1 号（Venera - 1, 1961）

金星 1 号探测器质量为 643 kg，1961 年 2 月 12 日试验发射，在距金星 9.6 万 km 处飞过，进入绕太阳轨道后失去联络。任务失败。

A. 2. 2　金星 2/3 号（Venera - 2/3, 1965）

金星 2 号于 1965 年 11 月 12 日发射，获取了射线和磁场等信息，后发生通信故障，任务失败。

金星 3 号于 1965 年 11 月 15 日发射，该探测器质量为 963 kg，当它在金星上硬着陆后，一切通信遥测信号全部中断，估计仪器设备摔毁了。任务失败。

A. 2. 3　金星 4 号（Venera - 4, 1967）

金星 4 号于 1967 年 1 月 12 日发射，同年 10 月抵达金星，向金星释放了一个登陆舱，在它穿过大气层的 94 min 时间里，测量了大气温度、压力和化学组成。该任务的主要目标是探测金星的大气。

飞行器在下降穿越大气层的时间内，释放了一个温度计、一个气压计、一个射电测高仪、大气密度测量仪、11 个气体分析仪和工作在 DM 波段的无线电发射机。飞行器主体携带了磁强计、宇宙射线探测仪、氢氧探测仪和带电粒子捕捉仪。在金星大气里下降过程中向地球传回信息，直到 24.96 km 的高度。

A.2.4　金星 5/6 号（Venera - 5/6，1969）

金星 5 号的发射时间为 1969 年 1 月 5 日，它的设计同金星 4 号非常接近，只是更结实一些，其探测方式同金星 4 号。在着陆舱下落过程中，获得了 53 min 的探测数据。当着陆舱下落到距离金星表面约 24~26 km 时被大气压坏，此时的压力为 26.1 个大气压。

金星 6 号于 1969 年 1 月 10 日发射，同年 5 月 17 日到达金星。着陆舱一直下降到距离金星表面 10~12 km。

A.2.5　金星 7 号（Venera - 7，1970）

1970 年 12 月 15 日，金星 7 号在金星实现软着陆，成功传回金星表面温度等数据资料。测得金星表面温度为 447 ℃，气压为 90 个大气压，大气密度约为地球的 100 倍。该探测器的着陆舱能承受 180 个大气压，因此成功地到达了金星表面，成为第一个到达金星实地考察的人类使者。它在降落过程中，考察了金星大气层的内部情况及金星表面结构。传回的数据表明，着陆舱受到的压力达 90 多个大气压，温度高达 470 ℃。大气成分主要是二氧化碳，还有少量的氧、氮等气体。至此，人类撩开了金星神秘的面纱。

A.2.6　金星 8 号（Venera - 8，1972）

金星 8 号探测器携带温度压力和光传感器、测高仪、伽马射线分光计、气体分析仪和无线电发射机，于 1972 年 7 月 22 日到达金星，发射信号的时间为 3 011 s，证实了金星 7 号任务的数据，也测量了金星表面摄影的光照度。到达金星表面的金星 8 号还化验了金星土壤，对金星表面的太阳光强度和金星云层进行了电视摄像转播，金星上空显得极其明亮，天空是橙黄色的，大气中有猛烈的雷电现象，还有激烈的湍流。

A.2.7　金星 9/10 号（Venera - 9/10，1975）

1975 年 6 月 8 日和 14 日先后发射的金星 9 号和金星 10 号，于同年 10 月 20 日和 23 日分别进入不同的金星轨道并成为环绕金星的第一对人造金星卫星。两者探测了金星大气结构和特性，首次发回了电视摄像机拍摄的金星全景表面图像。两者最终着陆在金星的地点相距 2 200 km，探测了金星表面的一些基本情况，包括金星表面温度压力、风速和岩石类型等（表 A - 2）。

表 A - 2　金星 9 号和金星 10 号相关参数

项目	金星 9 号	金星 10 号
发射时间	1975 年 6 月 8 日	1975 年 6 月 14 日
到达时间	1975 年 10 月 20 日	1975 年 10 月 23 日
最终轨道	1 510 km×112 200 km	1 620 km×113 900 km

续表

项目	金星 9 号	金星 10 号
轨道周期	48 h 18 min	49 h 23 min
轨道倾角	34.17°	29.5°
轨道器工作时间	延续到 1976 年 3 月 22 日	

金星 9 号进入时温度高达 12 000 ℃，重力加速度为 168g。降落伞在 49 km 跌落，悬浮体散射计记录的最后云层的高度是 30 km。在 42 km 时，温度为 158 ℃，压力为 3.3 大气压，在 15 km 时，温度上升到 363 ℃，压力为 37 个大气压。

金星 10 号着陆在金星表面纬度 16°，经度 291°。金星 10 号上的科学仪器表明，金星表面温度为 465 ℃，92 个大气压。金星 10 号着陆点是一个古老的地貌，属于平原地区。这里的岩石很平整，密度为 2.7 g/cm³。

金星 9 号和金星 10 号载荷和科学成果见表 A-3 和表 A-4。

表 A-3 金星 9 号和金星 10 号载荷

名称	载荷	功能
着陆器	全景遥测光度计	
	分光计	测量大气化学成分
	辐射仪	测量 63～18 km 大气高度
	温度和压力敏感器	
	加速度计	下降段测量重力加速度
	测风仪	
	伽马射线光谱仪	测量岩石颗粒辐射
	辐射密度计	
	质量光谱仪	
轨道器	全景相机	
	红外光谱仪	
	红外辐射计	测量云层温度
	光偏振计	
	光谱仪	
	磁力计	
	等离子静电光谱仪	
	变换粒子的捕获	
	紫外成像光谱仪（法国）	

表 A-4　金星 9 号和金星 10 号科学成果

名称	科学目标	探测成果
金星 9 号和 金星 10 号轨道器	云底	30～35 km，云层到 64 km
	云层夜晚辉光	
	受到硫酸影响，高度腐蚀，特别是上层大气	
	低层云层中有溴和碘蒸气	
	赤道附近的云层密度，呈螺旋式到达极地	
	云层温度	向光面 35 ℃，背光面 45 ℃
	最高云层温度	金星表面 40～50 km 处
	进入云层前的温度	−35 ℃
	38 km 处 CO_2 与水之比	1 000：1
金星 9 号着陆器	金星表面有足够的自然光(l0 000lux)	
	着陆时扬起尘土	
	风速	0.4～0.7 m/s(不到 10 km/h)
	温度	480 ℃
	土壤密度	2.7 g/cm³～2.9kg/cm³
	压力	90 个大气压
	云层	3
金星 10 号着陆器	风速	0.8～1.3 m/s
	温度	465 ℃
	压力	92 个大气压
	表面密度	2.8 g/cm³

A.2.8　金星 11/12 号（Venera-11/12，1978）

1978 年 9 月 9 日和 9 月 14 日，苏联又发射了金星 11 号和 12 号（表 A-5），两者均在金星成功实现软着陆，分别工作了 110 min。特别是金星 12 号于 12 月 21 日向金星下降的过程中，探测到金星上空闪电频繁、雷声隆隆，仅在距离金星表面 11～5 km 的这段时间内，就记录到 1 000 次闪电，有一次闪电竟然持续了 15 min。

这次任务主要的科学目标仍集中在金星大气研究，进行了大气化学组分测试分析、云层组成和大气热平衡特征分析。

1978 年 12 月软着陆，速度为 7～8 m/s，95 min 后开始通过飞行平台向地球传回探测数据。主要载荷包括大气组成分析测试的气相色谱仪、研究太阳辐射散射和土壤成分的仪器，一个称作 Groza 测量大气放电的仪器，并证实闪电和雷电的存在，大气组分具有较高的 Ar36/Ar40 比值，在低空发现有 CO 存在。

表 A - 5　金星 11 号和金星 12 号载荷

名称	载荷	备注
轨道器	全向伽马射线和 X 射线检查仪	法国制造
	Konus 宇宙射线检测仪	
	KV - 77	测量高能粒子
	等离子光谱仪	
	紫外光谱仪	
	磁力计	
	太阳风检测仪	
着陆器	全景彩色相机	
	气体色谱仪	
	质量光谱仪	
	伽马射线光谱仪	
	雷电检测仪	
	温度和气压敏感器	
	风速计	
	悬浮体散射计	
	光学分光计	
	X 射线荧光光谱仪	
	加速度计	
	土壤穿透器(PrOP - V)	

A. 2. 9　金星 13/14 号（Venera - 13/14，1981）

1981 年 10 月 30 日和 11 月 4 日先后上天的金星 13 号和金星 14 号，其着陆舱携带的自动钻探装置深入到金星表面，采集了岩石标本。两次任务着陆点相距 950 km。

金星 13 号探测器的设计和金星 9～12 号类似，在大气层下降过程中进行化学和同位素测量，监测散射太阳光谱，记录放电现象。在金星表面，飞行器利用照相系统、X 射线荧光分光计、螺旋钻孔机和地表取样器、动力穿透器和地震检波器探测金星表面。下降探测器于 1982 年 3 月 1 日和主体分离，进入金星大气层，降落在 $7°30'S$、$303°E$ 一个称作菲比区高地正东方。该高地露出表面的岩石被有纹理的黑色风化土壤所包围。着陆后，探测器开始全景摄影，从金星表面传回第一张彩色照片，机械臂伸到地面，采集样品，放置在保持 30 ℃、0.05 个大气压密闭室内，进行 X 射线荧光分光计分析测试。着陆器在 457 ℃、84 个大气压下工作了 127 min（设计寿命 32 min）。金星 14 号任务在 465 ℃、94 个大气压下工作了 57 min（设计寿命 32 min）。

这两次探测结果和科学数据研究表明，金星上的地质构造仍然很活跃，金星的岩浆里含有水分。从两者发回的照片知道，金星的天空是橙黄色的，金星表面的物体也是橙黄色的。金星 14 号的着陆地点比较平坦，是一片棕红色的高原，金星表面覆盖着褐色的沙砾，岩石层比较坚硬，各层轮廓分明。在距离金星表面 $30\sim45$ km 的地方有一层像雾一样的硫酸气体，这种硫酸雾厚度约为 25 km，具有很强的腐蚀性。探测表明，金星赤道带有从东到西的急流，最大风速达 110 m/s。金星大气有 97% 是二氧化碳，还有少量的氮、氩及一氧化碳和水蒸气。主要由二氧化碳组成的金星大气，好似温室的保护罩一样，它只让太阳光的热量进来，不让其热量跑出去，因此形成金星表面的高温和高压环境。

金星 13 号和金星 14 号载荷和科学成果见表 A-6 和表 A-7。

表 A-6　金星 13 号和金星 14 号载荷

名称	载荷	功能
着陆器	重力仪	
	悬浮体散射计	测量气溶胶的密集度
	质量光谱仪	检测大气化学成分
	气相色谱仪	检测大气化学成分
	光谱仪和紫外分光计	测量大气层和水蒸气中的太阳辐射
	遥测光度计	拍照
	穿透器	着陆时测试金星表面硬度
	X 射线荧光光谱仪	检验土壤化学成分
	闪电成像仪	
	压力和温度指示仪	
	无线电光谱仪	分析电子和地震活动
	液体比重计、湿度敏感器	检测水蒸气含量
	试验性太阳	测量光强度
	加速度计	
轨道器	伽马冲击检测仪	法国制造
	宇宙射线检测仪	
	太阳风检测仪	
	磁力计	

表 A-7　金星 13 号和金星 14 号科学成果

项目	科学成果
着陆探测	金星岩石的化学成分 探测到两次小型地震 两个着陆点的特征 被风吹走的尘土 土壤强度 大气脱水 大气中的水蒸气扩散

续表

项目	科学成果
大气探测	高度为 90 km 时,大气压为 0.000 5 bar,温度为 −100 ℃ 高度为 75 km 时,大气压为 0.15 bar,温度为 −51 ℃ 水蒸气集中在 40～60 km 在 48 km 处水的质量分数为 0.2% 悬浮体散射器证实三个不同的云层:①57 km 及以上云层较密; ②50～57 km 透明的中间云层;③48～50 km 更密的云层 光强:2.4%(金星 13 号),3.5%(金星 14 号)

A. 2. 10　金星 15/16 号（Venera - 15/16，1983）

1983 年 6 月 2 日和 6 月 7 日,金星 15 号和金星 16 号相继发射成功,两者分别于 10 月 10 日和 14 日到达金星附近,成为人造金星卫星,它们每 24 h 环绕金星一周,探测了金星表面以及大气层的情况。

两个飞行器相差一天先后进入金星轨道,轨道平面夹角约为 4°,有可能对同一地区重复成像。每个飞行器的近极地轨道的近金点在 62°N,成像地区从北极到 30°N 的范围,时间长达 8 个月。工作轨道为 1 000 km×65 000 km,轨道周期为 1 440 min,轨道倾角为 87.5°。该探测器主要是在金星 9 号和金星 14 号探测器的基础上略加修改,探测器质量为 5 300 kg,圆柱高 5 m,直径为 6 m,圆筒的一端有 1.4 m 高的合成孔径雷达（SAR）的抛物面天线,另外还有一个 1 m 直径的高度计抛物面天线。高度计和 SAR 的天线指向相差 10°。圆柱的另一端装有燃料箱和推进器单元。两侧有两个太阳电池阵列。通信用的 2.6 m 天线也放置在圆柱的侧面。

探测器上的雷达高度计在围绕金星的轨道上对金星表面进行扫描观测,雷达的表面分辨率达 1～2 km,可看清金星表面的地形结构,成功绘制了北纬 30°以北约 25% 金星表面地形图。

与之前的金星探测器相比,金星 15 号和金星 16 号有更多推进剂（1 985 kg）,贮箱长 1 m;抛物面天线增大至 1 m;传输能力增加 30 倍,信息流 108 kbit/s;6 m 宽的雷达,分辨率 1～2 m;雷达高度计精确度为 50 m。

金星 15 号和 16 号载荷和科学成果见表 A-8 和表 A-9。

表 A-8　金星 15 号和金星 16 号载荷

序号	载荷	备注
1	雷达	
2	Omega 辐射度测量系统	
3	傅里叶红外光谱仪(GDR)	35 kg,柏林空间中心研制
4	无线电掩星设备	
5	色散	
6	宇宙射线探测仪	飞行期间工作
7	太阳风探测仪	飞行期间工作

表 A - 9　金星 15 号和金星 16 号科学成果

序号	内容
1	对金星表面 40% 区域金星测绘（北部和极区）
2	大气热特征：不规则，有热点，也有冷点
3	证实主云层处的位置
4	行星表面类型
5	个别表面特征类型

A.3　金星先驱者 1 号

A.3.1　科学目标与工程目标

金星先驱者 1 号（Pioneer Venus Orbiter，PVO - 1）的目标是考察金星的大气层、电离层和金星表面的特点，主要分为以下几个方面：

1）测定云层的组成情况；

2）测定从金星表面到较高高度范围内大气的组成；

3）测定电离层的组成；

4）从行星尺度角度来测定金星表面的特性；

5）考查电磁场和太阳风的关系。

A.3.2　任务过程

金星先驱者 1 号于 1978 年 5 月 20 日发射，经过 7 个月的行星际飞行后到达金星。地金转移段围绕太阳运行超过 180°，约为 4.8 亿 km。金星先驱者 1 号主发动机点火制动后进入周期为 24 h 的椭圆轨道，围绕金星运行，如图 A - 1～图 A - 3 所示。

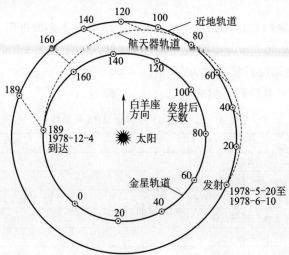

图 A - 1　金星先驱者 1 号巡航路线图

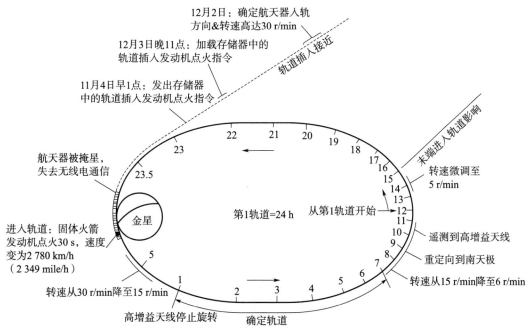

图 A - 2　金星先驱者 1 号入轨

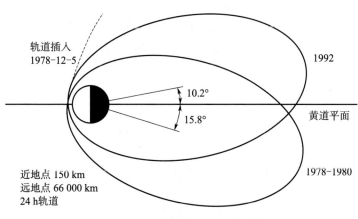

图 A - 3　金星先驱者 1 号在轨运行图

A. 3. 3　平台方案

金星先驱者 1 号是一个轨道环绕器，由卫星子系统和 17 个科学载荷组成。采用自转稳定平台，平台高 1.2 m，直径为 2.5 m。自转高增益天线直径为 1.09 m，采用 S/X 双频波段。具体参数见表 A - 10。

表 A - 10　　金星先驱者 1 号基本情况

序号	项目	参数
1	发射时间	1978 年 5 月 20 日
2	入轨时间	1978 年 12 月 4 日
3	在轨运行质量	517 kg
4	轨道倾角	75°
5	轨道周期	24 h
6	运行轨道	椭圆轨道(近地点 150 km,远地点 66 000 km)

金星先驱者 1 号构型如图 A-4 和图 A-5 所示。

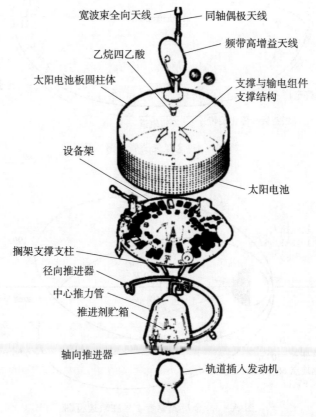

图 A-4　金星先驱者 1 号的组成

A.3.4　有效载荷

先驱者金星 1 号装载有以下 16 个科学载荷:

1) 云层偏振成像仪(Cloud Photopolarimeter,OCPP),测量云层和雾层的垂直分布,质量为 6.5 kg,功耗为 5.4 W,带有滤光轮的 3.7 cm 口径相机。

2) 雷达表面成像仪(Surface Radar Mapper,ORAD),对金星表面的大部分区域进行成像,质量为 9.7 kg,功耗为 18 W,150 m 分辨率。

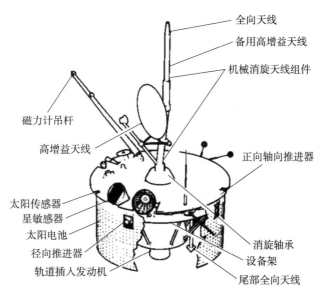

图 A-5　金星先驱者 1 号局部

3) 红外辐射计 (Infrared Radiometer，OIR)，测量不同高度金星大气的红外辐射，质量为 5.9 kg，功耗为 5.2 W，测量金星大气从太阳得到能量的最大位置。

4) 紫外气辉光谱仪 (Airglow Ultraviolet Spectrometer，OUVS)，测量金星云层的紫外辐射情况，质量为 3.1 kg，功耗为 1.7 W，气辉是高层大气气体吸收紫外线的现象。

5) 质谱仪 (Neutral Mass Spectrometer，ONMS)，测量中性原子和分子的密度，质量为 3.8 kg，功耗为 12 W，中性气体分子的水平和垂直分布。

6) 太阳风等离子分析仪 (Solar Wind Plasma Analyzer，OPA)，测量金星太阳风的密度、速度、流向和温度，质量为 3.9 kg，功耗为 5 W，静电能量分析。

7) 磁力计 (Magnetometer)，研究金星的弱磁场，质量为 2 kg，功耗为 2.2 W，弱磁场与太阳风的交互作用。

8) 电场探测仪 (Electric Field Detector，OEFD)，测量无线电波频率 50～50 000 Hz 的电场变化情况，质量为 0.8 kg，功耗为 0.7 W，研究太阳风在金星周围的偏离情况。

9) 电子测温仪 (Electron Temperature Probe，OETP)，测量电离层的热特性，质量为 2.2 kg，功耗为 4.8 W，研究电子温度、密度和探测器表面电压。

10) 离子谱仪 (Ion Mass Spectrometer，OIMS)，测量金星大气粒子的分布，质量为 3 kg，功耗为 1.5 W，电荷的分布和密度。

11) 带电粒子延缓潜力分析仪 (Charged - Particle Retarding Potential Analyzer，ORPA)，测量电离层离子的能量，质量为 2.8 kg，功耗为 2.4 W，大部分种类离子的速度、温度和浓度。

12) γ 射线爆发探测仪 (Gamma Ray Burst Detector，OGBD)，测量太阳系外 γ 射线爆发情况，质量为 2.8 kg，功耗为 1.3 W，γ 射线能量范围为 0.2～2 MeV。

13) 两个射电科学试验仪 (Radio Science Experiments)，X 和 S 波段掩星试验（大

气），多普勒频移（卫星加速度）。

　　14）射电掩星试验设备。

　　15）大气阻力试验设备。

　　16）大气和太阳风湍流射电科学试验设备。

A.3.5　取得的成果

　　金星先驱者 1 号于 1978 年 12 月 4 日进入金星轨道。该卫星透过云层观察并绘制了第一张雷达地形图，其分辨率为 75 km。它发现金星表面相对平滑。卫星的摄像头也探测到了持续的闪电，并证实金星几乎没有任何磁场。金星先驱者轨道飞行器测量了金星上层大气和电离层的详细结构，研究了太阳风与金星附近的电离层和磁场的相互作用，确定了行星尺度上金星大气和表面的特征，从航天器轨道的扰动中确定了金星的引力场谐波，并探测到伽马射线爆发。它还对彗星进行了紫外线观测。

A.4　金星先驱者 2 号

A.4.1　科学目标与工程目标

　　金星先驱者 2 号（Pioneer Venus Orbiter，PVO-2）的目标是探测金星的大气组成、分布和密度等参数，测量金星的云层和雾层组成和分布。

A.4.2　任务过程

　　金星先驱者 2 号于 1978 年 8 月 8 日发射，经过 4 个月的星际飞行到达金星。地金转移段围绕太阳运行小于 180°，到达金星时速度为 5.4 km/s。地金转移段轨道如图 A-6 所示。

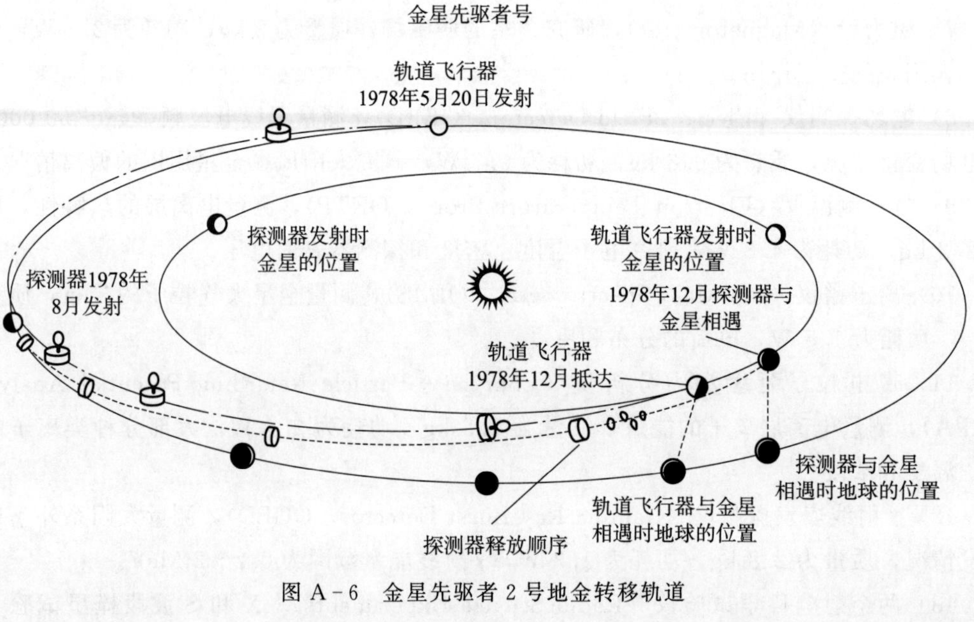

图 A-6　金星先驱者 2 号地金转移轨道

在到达金星之前，大型探测器和三个小型探测器从卫星本体分离，以直接进入的方式进入金星大气。分离过程如图 A - 7 所示。

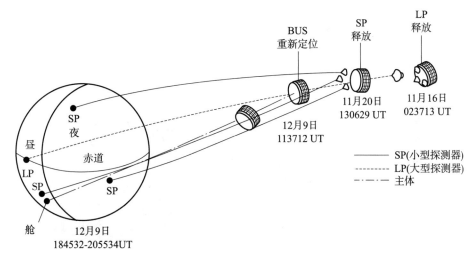

图 A - 7　金星先驱者 2 号入轨示意图

A.4.3　平台方案

金星先驱者 2 号是一个轨道环绕器，搭载有一个大型探测器（315 kg）和三个小型探测器（均为 90 kg）。1978 年 11 月 16 日大型探测器和主体分离，11 月 20 日小型探测器分离，并于 12 月 9 日随主体进入金星大气层。

探测器本体上携带了两个试验设备、一个质谱仪和一个用于研究大气组成的离子谱仪。没有防热壳和降落伞，探测器本体直径为 2.5 m，质量为 290 kg，仅在距离金星表面高度约 110 km 处存活并在烧毁前实施探测，仅提供金星大气层上部的直接图像。

大型探测器直径为 1.5 m，压力容器自身的直径为 73.2 cm。装备七种仪器，并以 11.5 km/s 的速度在金星赤道附近夜间进入大气层，在 47 km 高度处展开降落伞。探测温度和压力的垂直分布、云层中的粒子、太阳和红外通量、大气组成和风。

三个小型探测器全部相同，直径为 0.8 m，也包括一个被减速伞包裹的球形压力容器，与大型探测器不同的是，小型探测器用减速伞代替降落伞，并且减速伞也不与探测器分离。每个小探测器携带一个测云计和温度、压力、加速度传感器，并且还携带一个用于绘制大气层中射线能量源分布网状射线通量辐射计。每个小探测器都针对金星的不同部分并且由此命名，“北”探测器进入金星大气层白天一侧北纬 60°，“夜”探测器进入金星黑夜一侧，“昼”探测器进入金星白天一侧。“昼”探测器是四个探测器在撞击金星后唯一继续发回电信号的探测器，且持续工作了 1 h。

金星先驱者 2 号整星构型如图 A - 8 所示。

金星先驱者 2 号探测器携带的大型探测器如图 A - 9 和图 A - 10 所示。

金星先驱者 2 号探测器携带的三个小型探测器及其进入过程如图 A - 11 和图 A - 12 所示。

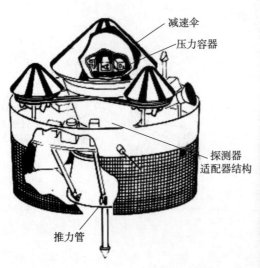

图 A-8　整星示意图

图 A-9　大型探测器结构图

A.4.4　有效载荷

金星先驱者 2 号携带的有效载荷如下：

（1）探测器本体

1）质谱仪；

2）离子谱仪。

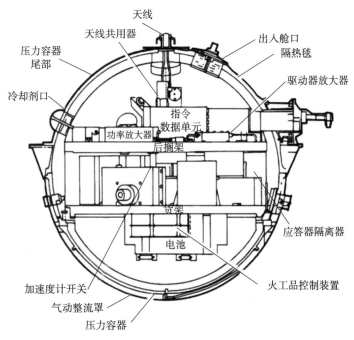

图 A-10 布局示意图

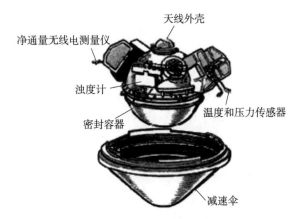

图 A-11 小型探测器结构图

（2）大型探测器

1）质谱仪：用于测量大气成分；

2）气相色谱仪：用于测量大气成分；

3）太阳光通量辐射计：用于测量大气中的太阳光通量；

4）红外辐射计：用于测量红外线的分布；

5）云层粒子大小光谱仪：用于测量粒子的尺寸和形状；

6）测云计：用于发现云团；

7）温度、压力和加速度传感器。

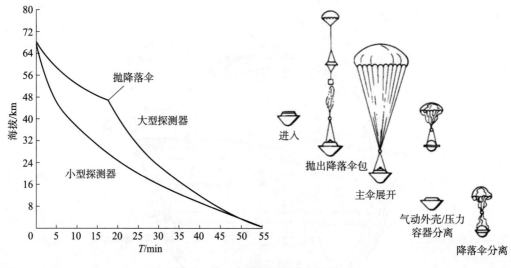

图 A‑12　小型探测器进入过程

（3）小型探测器

1）测云计；

2）温度、压力和加速度传感器；

3）射线通量辐射计。

A.4.5　取得的成果

金星先驱者 2 号证实了金星云层主要由硫酸液滴组成。来自探测器的数据表明，在约 10～50 km 范围内，金星的大气几乎没有对流。在约 30 km 的烟雾层下面，大气相对清晰。此外，在海拔 50 km 以下，四个探测器报告的温度显示差别很小，尽管它们的进入地点相距数千千米。

A.5　织女星号探测器

A.5.1　科学目标与工程目标

织女星号探测器是苏联与多个国家（包括奥地利、保加利亚、匈牙利、东德、西德、波兰、捷克斯洛伐克、法国等）共同联合研制的。织女星 1 号和织女星 2 号两颗姐妹星于 1984 年 12 月先后发射，目的地为哈雷彗星（1986 是哈雷彗星回归年），途经金星时释放气球和着陆器进行金星探测。这是人类首次利用悬浮气球对外星球大气进行探测。织女星号的任务目标如下：

1）探测金星大气环境和对流；

2）探测金星表面环境和岩石成分；

3）金星表面采样分析。

A.5.2 任务过程

织女星 1 号和织女星 2 号分别于 1984 年 12 月 15 日和 21 日在苏联拜科努尔发射场发射。运载火箭为 Proton 8K82K，运载将织女星号送至近地停泊轨道后，再由上面级 Block - D 送入地金转移轨道。

气球与着陆器在隔热罩内，于 125 km 处进入金星大气层，64 km 处气球和着陆器分离，分别打开降落伞减速。55 km 处气球开始充气，53 km 处充气装置分离，50 km 处抛弃压舱物，最后漂浮于 54 km 高度，见表 A - 11 和图 A - 13。

表 A - 11 织女星号任务的基本情况

序号	名称	指标
1	发射时间	织女星 1 号：1984 年 12 月 15 日　9：16：24UTC 织女星 2 号：1984 年 12 月 21 日　9：13：52UTC
2	发射地点	拜科努尔发射场
3	气球-着陆器分离时间	织女星 1 号：1985 年 6 月 11 日 织女星 2 号：1985 年 6 月 15 日
4	飞掠哈雷彗星时间	织女星 1 号：1986 年 3 月 6 日 织女星 2 号：1986 年 3 月 9 日
5	距离哈雷彗星距离	织女星 1 号：8 890 km 织女星 2 号：8 030 km

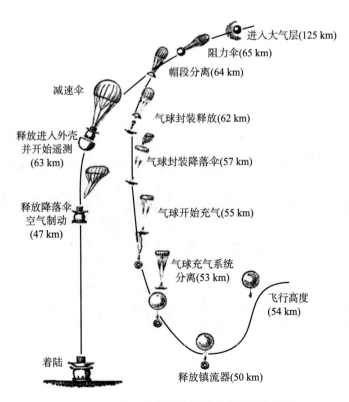

图 A - 13 织女星号释放气球与着陆器全过程

A.5.3　平台方案

织女星号探测器的设计主要继承金星 9 号和金星 10 号。整体外观如图 A-14 所示。

图 A-14　织女星号探测器的整体外观

球形隔热罩的直径为 2.4 m，内含一个着陆器和一个浮空气球。中部圆柱体装有轨控发动机和推进剂，背面装有散热器，背面两个黑色圆盘为测控天线。

（1）着陆器

着陆器和金星 9～14 号的设计一致。织女星 2 号于 1985 年 6 月 15 日，03：00：50UT 在金星表面着陆；织女星 1 号由于受强风影响，没有能够正常开机。织女星 1 号着陆点为 7.2°N，177.8°E；织女星 2 号着陆点为 7.14°S，177.67°E。

着陆器总体外形如图 A-15 所示。

图 A-15　织女星着陆器总体外形

着陆之后，着陆器对着陆点附近表面进行采样分析。采样器如图 A-16 所示。

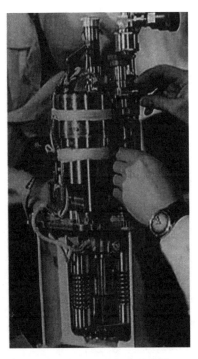

图 A - 16　金星表面采样器

（2）浮空气球

浮空气球质量为 21.5 kg，任务时间为 1985 年 6 月 11 日—1985 年 6 月 13 日（织女星 1 号）；1985 年 6 月 15 日—1985 年 6 月 17 日（织女星 2 号）。气球直径为 3.4 m，共携带载荷 5 kg，悬挂于气球下方 12 m 处。释放时位于金星黑夜。载荷分布示意图如图 A - 17 所示。

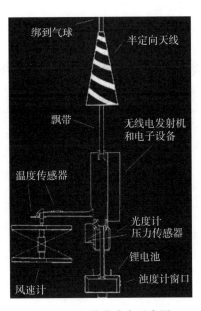

图 A - 17　载荷分布示意图

气球悬浮于金星表面上方 54 km 高度，处于金星大气活动最活跃的层面。测得的数据直接传回地球。气球电池使用寿命为 60 h，实际传输数据为 47 h。漂浮约两天，共9 000 km 之后，气球进入金星白天，受热膨胀后破裂。地基 VLBI 跟踪气球运动轨迹，可测量金星风速。跟踪过程利用了 20 个测控站，包括苏联、法国和 NASA 深空测控网。

A.5.4　有效载荷

（1）浮空气球载荷

1）温度计和风速计。风速计是一个自由转动的螺旋桨，其转速由一个光电计数器测量。

2）光度计和晶体压力传感器。

3）浊度计，通过光的反射来测量云的密度。

（2）着陆器载荷

1）温度、气压计；

2）紫外吸收光谱仪（ISAV - S）；

3）光学气溶胶分析仪、浊度计（ISAV - A）；

4）悬浮颗粒形态计量仪（LSA）；

5）悬浮颗粒质量仪（MALAKHIT - M）；

6）悬浮颗粒气相色谱仪（SIGMA - 3）；

7）气溶胶 X 光荧光谱仪（IFP）；

8）湿度计（VM - 4）；

9）土壤 X 光荧光谱仪（BDRP - AM25）；

10）伽马射线谱仪（GS - 15STsV）；

11）透度计/土壤欧姆计（Prop - V）；

12）稳态振荡器/多普勒无线电。

（3）彗星探测器载荷

彗星探测器载荷列表见表 A - 12，载荷平台如图 A - 18 所示。

表 A - 12　彗星探测器载荷列表

序号	名称	质量/kg	功耗/W
1	电视成像系统 Television System(TV)	32	50
2	三通道分光计 Three - Channel Spectrometer(TKS)	14	30
3	红外光谱仪 Infrared Spectrometer(IKS)	18	18
4	尘埃质量谱仪 Dust Mass Spectrometer(PUMA)	19	31

续表

序号	名称	质量/kg	功耗/W
5	尘埃颗粒计数器 Dust Particle Counter(SP-1)	2	1
6	中性气体质量谱仪 Neutral Gas Mass Spectrometer(ING)	7	8
7	等离子能量分析仪 Plasma Energy Analyzer(PLASMAG)	9	8
8	能量粒子分析仪 Energetic Particle Analyzer(TUNDE-M)	5	6
9	磁强计 Magnetometer(MISCHA)	4	6
10	波动和等离子分析仪-N Wave and Plasma Analyzer(APV-N)	5	8
11	波动和等离子分析仪-V Wave and Plasma Analyzer(APV-V)	3	2
12	尘埃粒子探测器 Dust Particle Detector(DUCMA)	3	2
13	尘埃粒子计数器 Dust Particle Counter(SP-2)	4	4
14	能量粒子探测器 Energetic Particles(MSU-TASPD)		

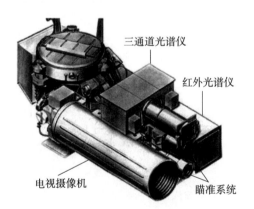

图 A-18 彗星探测载荷平台

A.5.5 取得的成果

表 A-13 所示为 X 射线荧光分析仪测得的金星表面的岩石成分，并与金星 13 号和 14 号的结果进行了对比。

表 A - 13　金星表面成分

序号	成分	金星 13(%)	金星 14(%)	织女星 2 号(%)
1	SiO_2	45.1±3.0	48.7±3.6	45.6±3.2
2	TiO_2	1.59±0.45	1.25±0.41	0.2±0.1
3	Al_2O_3	15.8±3.0	17.9±2.6	16.0±1.8
4	FeO	9.3±2.2	8.8±1.8	7.74±1.1
5	MnO	0.2±0.1	0.16±0.08	0.14±0.12
6	MgO	11.4±6.2	8.1±3.3	11.5±3.7
7	CaO	7.1±0.96	10.3±1.2	7.5±0.7
8	K_2O	4.0±0.63	0.2±0.07	0.1±0.08
9	S	0.6±0.4	0.35±0.31	1.9±0.6
10	Cl	<0.3	<0.4	<0.3

　　伽马射线谱仪共在五个金星探测器上工作过,结果见表 A - 14。从表 A - 14 中可以看出,除了金星 8 号外,结果显示金星岩石成分接近火山岩,而金星 8 号的结果更接近花岗岩。

表 A - 14　金星表面元素百分比

序号	同位素	金星 8	金星 9	金星 10	织女星 1 号	织女星 2 号
1	^{40}K,wt%	4.0±1.2	0.5±0.1	0.3±0.2	0.45±0.22	0.40±0.20
2	^{238}U,×10^{-6}	2.2±0.7	0.6±0.2	0.5±0.3	0.64±0.47	0.68±0.38
3	^{232}Th,×10^{-6}	6.5±0.2	3.7±0.4	0.7±0.3	1.5±1.2	2.0±1.0

　　浮空气球的气压测量值通过测控网传回了地球,变化如图 A - 19 和 A - 20 所示。可以看出,气球漂浮高度基本保持在 53~54 km,织女星 2 号在寿命末期突然下降,然后又回到原来位置,可能是受到气流的影响。这些探测结果说明,金星大气中间层的流动比原先想象的要更加剧烈。

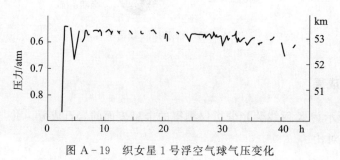

图 A - 19　织女星 1 号浮空气球气压变化

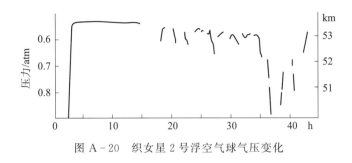

图 A - 20 织女星 2 号浮空气球气压变化

A.6 麦哲伦号金星探测器

A.6.1 科学目标与工程目标

美国麦哲伦号金星探测器于 1989 年 5 月 4 日由亚特兰蒂斯号航天飞机发射升空，1990 年 8 月 10 日到达金星，进入近极地椭圆轨道。

麦哲伦号金星探测器任务的科学目标是通过对金星的地形地貌和电特性的分析，提高对其地质史的了解，同时提高对金星的行星物理学，主要是其密度分布以及动力学的认识，并提供金星表面详细的全球视图。

1）获取金星表面高分辨率雷达成像图，在 243 天（金星自转一周）的飞行中，对 90% 的金星表面连续成像。

2）测量金星表面的高度，获取金星表面地形图，其分辨率相当于合成孔径雷达距离鉴别力，水平空间分辨率为 50 km，海拔分辨率为 100 m。

3）获取金星表面重力场分布，分辨率为 700 km，精度为 2～3 毫伽（0.001 cm/s^2）。

4）加深对金星地质结构的认识，包括密度分布和动力学特性。

A.6.2 任务过程

麦哲伦号金星探测器飞行阶段如图 A - 21 所示。

（1）发射入轨

根据金星与地球的关系，麦哲伦号金星探测器的发射窗口是 1989 年 4 月 28 日—1989 年 5 月 5 日，其中，1989 年 5 月 4 日是最佳时刻。

航天飞机于 1989 年 3 月 22 日抵达发射场，麦哲伦号金星探测器与上面级组合体于 1989 年 3 月 25 日抵达发射场。

1989 年 4 月 28 日，由于地面自动软件系统检查到航天飞机的一个问题而停止发射，并将时间推迟至 1989 年 5 月 4 日。

1989 年 5 月 4 日，多云、大风，不适合发射。幸好当天有 64 min 的发射窗口，在东部时间下午 2：46：59，即窗口的最后 5 min，云层消散。最终，麦哲伦号金星探测器于 1989 年 5 月 4 日从美国佛罗里达州肯尼迪航天中心发射升空，进入 296km 的地球停泊轨道。

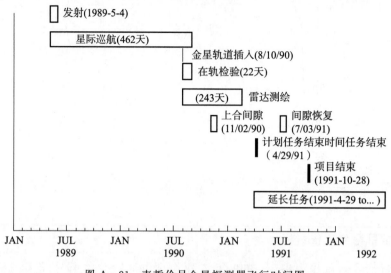

图 A - 21　麦哲伦号金星探测器飞行时间图

　　绕地球飞行 5 圈后，探测器/上面级组合体从航天飞机中伸出，6 min 后探测器的太阳帆板展开。之后上面级发动机点燃它的两个固体发动机，将麦哲伦号金星探测器送入地金转移轨道（图 A - 22）。完成巡航段的少量轨道修正后，上面级与麦哲伦号分离。之后，麦哲伦号用自身的推进剂继续飞行。

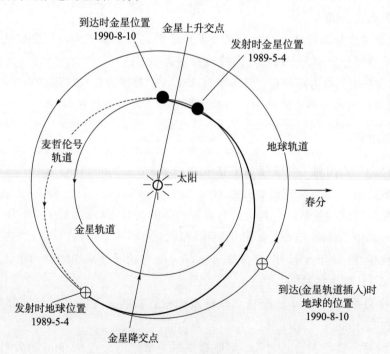

图 A - 22　麦哲伦号金星探测器地金转移轨道

（2）巡航段

麦哲伦号金星探测器的转移轨道属于Ⅳ类轨道，即绕太阳飞行 1.5～2 圈，约为 540°。整个巡航段持续约为 15 个月，最终于 1990 年 8 月 10 日到达，中途经过了三次轨道修正（TCM），时间分别为 1989 年 5 月 21 日、1990 年 3 月 13 日和 1990 年 7 月 25 日。

实际上，若按原计划定于 1988 年 5 月发射，麦哲伦号金星探测器通过Ⅰ类轨道只需要 4 个月可以到达金星，即飞行小于 180°。并且，在 1989 年 10 月也有类似机会，但由于与伽利略计划发生冲突而不采取。

由于发射未按原定计划（1988 年发射）进行，使对金星成像存在一些变化：大冲（即太阳位于地球与金星之间）将发生在成像任务的过程中，而不是任务完成后，由于麦哲伦号金星探测器无法与地面站建立通信链路，因此 1990 年 11 月 2 日左右的 18 天内的成像数据将丢失。这些丢失的数据只有到 1991 年 7 月才能再次获得，此时为 243 天任务完成后的计划重排。

在麦哲伦号金星探测器的巡航期，有两项基本的任务：一是检查各个分系统和组件的性能；二是计划和准备在金星轨道上的工作。

（3）捕获入轨

当探测器到达金星前约 13 h，金星的重力场将探测器的速度从 15 984 km/h 逐渐增大至 38 944 km/h。在 1990 年 8 月 10 日太平洋时间上午 09：30 左右，麦哲伦号金星探测器将到达金星的北极区域（图 A - 23）。

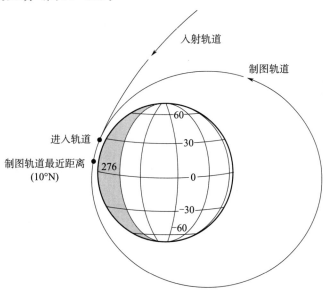

图 A - 23　麦哲伦号金星探测器的金星进入轨道

当探测器到达金星近金点 10°N，探测器将到达金星背面。3 min 后，固体发动机点火持续约 84 s 后，麦哲伦号金星探测器的速度降为 29 600 km/h，并被金星捕获，进入绕金椭圆轨道（图 A - 24）。由于航天飞机和上面级的限制使麦哲伦号金星探测器只能携带一个固体发动机。

由于固体发动机点火和轨道控制发生在金星背面，因此无法与地面通信长达 30 min 的时间。

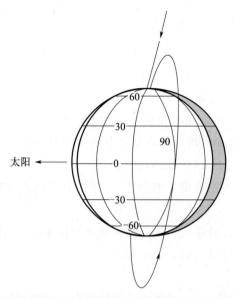

图 A - 24　从地球站所看到的麦哲伦号金星探测器入轨情况

麦哲伦号金星探测器进行 8 个月的成像观测前，要进行 22 天的在轨检查（IOC），时间从 8 月 10 日—8 月 31 日。在 IOC 中，第一件事就是重新调整探测器的状态，主要是抛掉固体发动机。在这一过程中，先点燃四个爆炸螺栓使弹簧可以推动探测器以 0.9 m/s 的速度离开。

然后，探测器需要将巡航段切换至环金段错误保护机制。由于需要获取大量、准确的当前状态数据，这个过程需要花费好几天的时间。在 IOC 的最后，麦哲伦号金星探测器将处在成像轨道，表 A - 15 为轨道参数，并且这些参数在余下的 243 天中不会产生进动。

表 A - 15　麦哲伦号金星探测器轨道参数

序号	名称	指标
1	近金点高度	257 km
2	远金点高度	8 000 km
3	近金点纬度	10°N
4	轨道周期	3.15 h
5	轨道倾角	85.3°

A.6.3　平台方案

麦哲伦号金星探测器是采用完全冗余、三轴稳定设计的探测器，发射时直径和长度分别为 6.3 m 和 9.1 m，见表 A - 16。该金星探测器由马丁·玛丽埃塔航天集团提供，雷达由休斯飞机公司按照合同的规定向喷气推进实验室（JPL）提供。

表 A - 16 麦哲伦号金星探测器的基本情况

序号	名称	指标
1	发射时间	1989 年 5 月 4 日
2	发射地点	肯尼迪航天中心
3	运载器	亚特兰蒂斯号
4	上面级	Inertial Upper Stage (IUS)
5	发射质量	3 460 kg
6	探测器干重	1 035 kg
7	总功耗	1 200 W
8	巡航段	1989 年 5 月 4 日—1990 年 8 月 10 日
9	轨道周期	3.25 h
10	轨道倾角	86°
11	高增益天线直径	3.7m
12	星上处理器	1805 处理器(4 个)
13	姿控方式	三轴稳定
14	推进	24 个推力器和 1 个固体发动机

麦哲伦号金星探测器装有 SAR、高中低增益天线以及高度计。整体外形如图 A - 25 和图 A - 26 所示。

(1) 结构系统

麦哲伦号金星探测器质量为 3 453 kg,主要包含以下几个部分:

①天线系统(高增益天线、中增益天线、低增益天线和高度计)

麦哲伦号金星探测器的前端(+Z)是直径为 3.7 m 的固定抛物线状高增益天线(HGA),其在 S 波段捕捉雷达数据,并在 X 波段进行数据回放。X 波段数传系统凭借 S 波段馈电下方的辅助反射器使用位于 HGA 中心的馈电。此辅助反射器对于 S 波段的频率是透明的。由于须在各个测绘轨道上对该探测器进行大量操纵,上述两种用途对热设计具有特别的意义。该天线是在铝蜂窝基础上覆盖石墨环氧薄片,具有轻质、高强度特性。

中增益锥形天线(MGA)位于设备舱的顶部,附着于前端设备舱上;低增益天线(LGA)附着在 HGA 的馈电系统上;MGA 和 LGA 是对 HGA 的补充,当 HGA 不能对准地球时发挥作用,如巡航阶段和紧急上行通信阶段。

雷达测高计天线(ALTA)位于 HGA 的侧面,从 HGA 下面伸出来,主要用于雷达高度测量,通过对金星垂直探照获取表面一维高程特性(图 A - 27)。该天线为铝结构,长为 1.5 m,孔径为 0.6 m×0.3 m,质量为 6.8 kg。

②前部设备模块(Forward Equipment Module,FEM)

与 HGA 相连的前端设备舱内置雷达电子、无线通信设备、几个姿态控制设备(包括陀螺仪、三个反作用飞轮)、电池、电源控制器(图 A - 28)。

前部设备模块由铝制材料构成,尺寸为 1.7 m×1.0 m×1.3 m。在前部设备模块两边

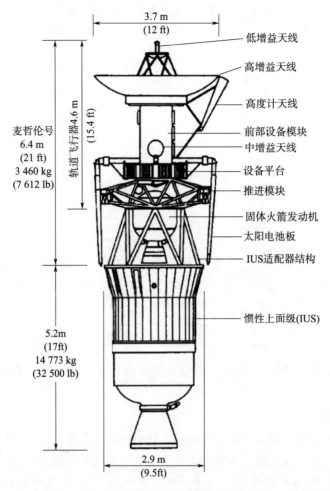

图 A-25　麦哲伦号金星探测器和上面级组合体

的百叶窗用于热控,百叶窗表面的镜面特性使其免受强光影响。

③设备舱（Equipment Bus）

在前部设备模块的下面是十边形设备舱,该舱为旅行者的备份件,为铝制结构,通过螺栓连接,表面覆盖一层铝膜,高为 42.4 cm,直径约为 2 m。该舱的 10 个隔间尺寸均为 0.42 m×0.47 m×0.18 m,中间的环形孔洞装载液体推力所需的联氨。

该设备舱装有飞行计算机、磁带录音机、太阳帆控制器、固态存储器、计算机和麦哲伦号子系统的输入/输出接口和爆炸控制设备。

④太阳帆板

两块铰接式（单自由度）太阳电池板安装在前部设备模块与设备舱之间±X 轴尾桁之上。两块正方形帆板边长为 2.5 m,共能提供 1 200 W 的功率。当帆板展开后,总共有 10 m。帆板上的浅色线条为太阳反射（Solar Reflection）,用于保持帆板温度在 115 ℃ 以下。在帆板正面约有 35％的区域覆盖太阳反射片,背面则全部（100％）覆盖太阳反射片（图 A-29）。

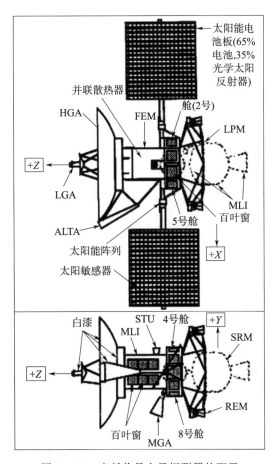

图 A‐26　麦哲伦号金星探测器的配置

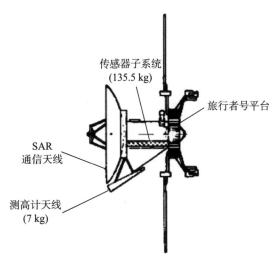

图 A‐27　雷达与天线系统图

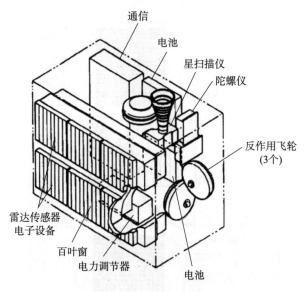

图 A-28   前部设备模块

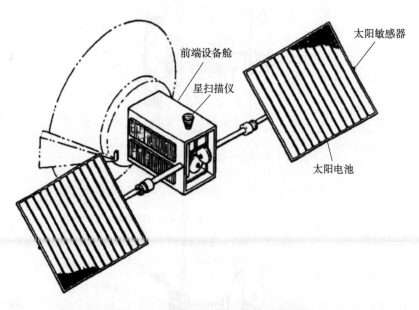

图 A-29   前部设备模块和太阳帆板图

太阳帆板在探测器内折叠放置，在地球轨道时展开。在巡航段和绕金段旋转，以对准太阳。

帆板顶部的太阳敏感器和设备舱中的控制设备保持帆板对日定向。当附在太阳电池板上的太阳传感器被用于太阳电池板（只能围绕一根轴转）的优化定位时，在前部设备模块上还附着的恒星扫描器，可以利用它来更新姿态参照系统。

帆板的铝蜂窝结构、臂杆和大型连接端需要能够承受探测器进入环金轨道时的冲力。

⑤推进器设备

推进器设备包含 24 个液态推力模块和一个固体火箭发动机（SRM），固体火箭发动机用于金星轨道进入。整个推进模块结构准确地与固体火箭发动机相连，用于轨道修正、轨道进入期的高度控制和其他情况（图 A - 30）。

推进器设备同时提供上面级适配结构。

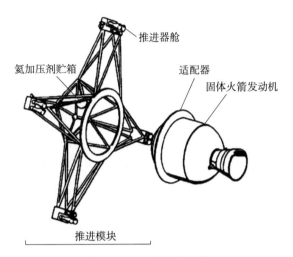

图 A - 30   推进模块图

（2）热设计

与地球卫星相比，麦哲伦号金星探测器近金运行时，太阳光强度是地球的 2 倍，返照强度是地球的 5 倍。此外，还有太阳粒子等极端恶劣环境，因此，需采用独特的材料。该设计须考虑到太阳强度、热光表面特性的变化，以及探测器的姿态、高度和配置等。在发射之前通过系统性试验（包括 2.3 个太阳的模拟）对热性能进行验证。然而，麦哲伦号金星探测器在发射升空数月之后，其表面性能大幅下降。温度超过预期值，该项任务须满足热条件，以防发生过热现象，并实现科技成果的最大化。

麦哲伦号热控分系统的设计是为了将各组件的温度保持在飞行条件所允许的温度范围内，即 -10~55 ℃。部分单机温度要求例外，见表 A - 17。

表 A - 17   麦哲伦号金星探测器各部件的温控范围

序号	内容	温度
1	电池	0~20 ℃
2	雷达	0~40 ℃
3	固体火箭发动机	9~33 ℃
4	指令与数据分系统(CDS)计算机	-10~65 ℃
5	结构部件 天线 太阳帆板	-169~140 ℃ -130~125 ℃

影响麦哲伦的热控分系统的因素分别如下：

1）"入射"太阳辐射（相当于两个地球的"太阳"）；

2）返照辐射（大约是地球值的 5 倍）；

3）电子设备热耗散；

4）零部件之间的热传导和辐射换热；

5）航天器向空间环境的热辐射。

麦哲伦采用的是以偏冷、被动热控措施为主的热控设计。具体措施包括加热器（恒温调节和计算机调节）、可变辐射百叶窗组件、光学太阳反射器、多层隔热板以及涂层。探测器外表面均为无机质，使太阳风带来的降解最小化。由于金星表面几乎无磁场，麦哲伦号金星探测器表面不要求导电。

①加热器和恒温调节

麦哲伦号金星探测器的加热器按照距太阳 1 AU 设计的，采用的是封闭型百叶窗。使用了 219 个 Kapton 层压板修补加热器，最大的是固体火箭发动机、雷达以及电池加热器。加热器采用了冗余设计，使用各自的修补板（Patch），除了推进剂管线以外（合用一块修补板，但是有一个冗余的 Kapton 缠绕外包），都分别使用了两块修补板。使用各自的修补板或者冗余的缠绕外包的目的，就是为了防止单条粘合线故障导致所有加热器失效。

大多数加热器是采用四冗余（两组并联电路各有两个恒温调节器）机械恒温调节器来控制的（具有消弧功能）。除了雷达和电池是用温度敏感器、继电器以及开关继电器的软件来控制的。使用这种方法有助于在飞行过程中通过指令修正加热器的参数设置来调节温度。所有加热器的设计都期望能够在任何时间可控，有两个例外情况：在使用火箭发动机舱或信号发射器之前特定时间内，启用火箭发动机舱（REM）催化床加热器和拔销器/分离螺母加热器。

对于大多数加热器，各修补板配备了两个加热元件，分别具有标称电阻和 67% 的标称电阻。在初始的时候，只有一个元件与电源相连接，但如果要求发生变化或热真空试验不足的原因，在安装之后或多或少需要些热量，则可采用替代性元件或串联或并联的方式，对加热器尺寸进行调整。

②百叶窗

大多数电子部件的内部功率通过可变发射百叶窗总成发生耗散。该探测器设有 14 扇百叶窗，采用两个定位点的其中一个，这取决于下面部件的容许温度范围。该探测器平台设有 10 个电子舱，其中 7 个采用百叶窗，在其余 3 个中，有两个是空的，一个配备并联稳压器。前部设备舱的 +X 侧设置雷达和六扇百叶窗。−X 侧只对异频雷达收发机设置一扇百叶窗。

百叶窗还有一个双金属弹簧，将两个叶片连接起来，其根据基板温度开关该叶片对（Blade Pair）。每扇百叶窗设置 8 对叶片，1 对叶片发生故障只对百叶窗的总热力性能产生极小的影响。百叶窗采用 "3/16" 铝蜂窝盖（出于刚度的考虑而呈铝制蜂巢状设计），以消除叶片内的太阳能截留（Solar Entrapment）现象。

③光学太阳反射器

为了实现冷偏热设计，百叶窗盖和散热器采用高发射、低吸收性光太阳发射器。探测器平台上 10 个隔舱，以及前端设备舱的 ±X 侧均采用光学太阳反射器。前端设备舱的 ±Y 侧均配备大型的 Astroquartz® 并联散热器（实际上是复杂的 Kapton 修补板加热器），其几乎覆盖前端设备舱的整个侧面。

采用表面似霜的光学太阳反射器，最大程度地减少镜面反射，当直接的反射能量聚集在局部区域时，温度将会上升。

④多层隔热

麦哲伦号金星探测器广泛采用了多层隔热衬垫，其有两个主要用途：一是控制热量在太空发生损耗和由太阳引起的增热现象；二是将该探测器的特定区域与其他区域隔离开，比如，采用内部衬垫将 HGA 和电池与前端设备舱隔离。

外部多层隔热（MLI）衬垫采用 Astroquartz 压制成 2 mil 非穿孔、双镀铝聚酰亚胺薄片，从而形成外层，最大限度地减少所吸收的太阳能。由于 Astroquartz 的太阳能吸收率低、红外发射率高、镜面反射低以及其具有无机特性，所以选择它作为外部衬垫底。尽管可以预见会发生颗粒脱落现象，但振动和噪声试验表明，颗粒的生成可以忽略不计，因此还是选择 Astroquartz（然而，飞行经验表明，荫蔽-阳光照射热冲击会释放热量）。为了适应高温环境，将最外层底下的 3 层做成 0.33 mil 双镀铝、1.5% 穿孔聚酰亚胺薄片。剩余的 10 个内层采用由涤纶网隔离，0.25 mil 双镀铝、1.5% 穿孔聚酯薄膜。衬垫内表面是 2 mil、单镀铝 1.5% 穿孔聚酰亚胺薄片，高发射率表面可以使内部温度梯度最小化。

内衬垫采用 2 mil 单镀铝 1.5% 穿孔聚酰亚胺薄片和由涤纶网隔离的 0.25 mil 双镀铝 1.5% 穿孔聚酯薄膜，分别替代 Astroquartz 和聚酰亚胺薄片。

火箭发动机舱衬垫采用双层非薄片 Astroquartz 替代单层，以适应由羽流撞击造成的高温环境。

所有衬垫层采用冗余接地母线与探测器结构进行连接。向探测器内部排放衬垫内积存气体，反过来，通过 −X 液体推进舱衬垫中弹簧回返冗余排放板向航天飞机货舱排放探测器的内部体积，以最大限度地减少自我污染现象。

⑤涂层

麦哲伦号金星探测器的钛、铝和复合外表面采用白漆。所采用的水基 MS-74 是非导电、分散型有机涂料，用于涂覆高、中、低增益天线，高度计天线，高度计天线支柱和太阳电池板支撑。如遇留给光学太阳反射器的空间不足或复杂形状妨碍光学太阳反射器的安装，光学太阳反射器附近区域也采用白漆。内表面（部件和结构）广泛采用黑漆，使热梯度最小化。

⑥热真空试验

麦哲伦号的热控分系统经过两场单独试验的验证。由于操纵上的条件限制，不能对整个探测器进行试验，第一场试验验证了麦哲伦号的下方部位。下方部位包括上面级适配器、惰性固体火箭发动机、固体火箭发动机适配器以及相关热控系统部件。这场试验在位于丹佛的马丁·玛丽埃塔航天模拟实验室（SSL）进行，试验时采用 4.6 m×6.1 m 热真空罐。这场试验由冷热部分组成，旨在验证发动机热控系统的性能。

此外，还对麦哲伦号进行了在轨状态的太阳热真空试验（STV），为期 20 天。这场试验包括了探测器中除试验电池（与飞行相一致）外的所有飞行部件，也没有包括太阳帆板，主要由于真空罐装不下。这场试验在航天模拟实验室的 8.8 m×19.8 m 真空罐（太阳能模拟）中进行。该探测器可能受到一系列飞行条件的限制，其中，包括相当于 0～2.3 "太阳"的太阳强度、多个太阳角、替代性（冗余）硬件配置、稳态和瞬变现象以及巡航和轨道动力情况。也进行"裕度"试验，采用附加的加热器在超出预期的温度下对探测器的性能进行验证。

太阳热真空试验满足所有热目标和要求，论证了热分系统的性能，并评估了极端温度下系统综合性能，并为数学模型验证提供必要数据。几乎所有情况下该探测器在约 5 ℃ 范围内实现综合热平衡。这场试验还表明了若干个次要的工艺、分析、设计错误和一个重大设计缺陷（火箭发动机舱）。

（3）通信设计

在雷达收发机中，除了有低增益的放大器外，还有两个高增益的行波管，使麦哲伦可以达到 268.8 kbit/s 的峰值速度，麦哲伦号 HGA 采用两种频率的波段进行通信。此外，麦哲伦号探测器还配有中增益天线和 LGA，中增益天线波束宽度为 18°，用于金星入轨段和 15 个月的巡航段测控数据的传送以及 HGA 不能有效指向地球时的紧急通信，LGA 波束宽度为 90°，用于紧急通信。HGA 指标见表 A-18。

表 A-18 HGA 指标

波段	S 波段	X 波段
功能	与地面站进行工程数据的传送	与地面站进行雷达数据的传送
通信能力 1	在距离 2.6 亿 km 的地面站，可以接收 HGA 以 5 W 低功率发送的工程信号	地面站可以接收 HGA 以 20 W 功率发送的雷达数据
通信能力 2	能够通过 HGA 向地面站以 1.2 kbit/s（S 波段）传送工程数据，同时以 268.8 kbit/s（X 波段）传送雷达数据 能够接收地面站以 40 kbit/s（S 波段）传送的遥测数据，同时以 115.2 kbit/s（X 波段）传送紧急雷达数据	
波束宽度	2.2°	0.6°

A.6.4 有效载荷

在麦哲伦号金星探测任务中，借助一套高分辨率的合成孔径成像雷达（SAR）系统，从椭圆轨道对金星的表面进行了测绘。探测器处于一个周期为 3.15 h 的任务轨道中。此近极轨道在北纬 100°处距行星表面不到 290 km。随后，该探测器和雷达经历了持续约 36 天密集的检测和标定，然后雷达就开始了它的测绘操作。

在其后的 1 800 个轨道周期（连续 243 天，一次金星公转）内，该雷达在探测器距离行星最近的、选定的 48 min 里工作。随后探测器将旋转自身，把 HGA 指向地球，并发射所记录的数据。在数据传输完成以后，通过转回面朝行星的方向，探测器将自行进行定位，以重复此前的雷达操作。尽管该雷达是麦哲伦号上仅有的科研仪器，当在地面跟踪探测器的遥测载波时，通过观察其运动中的微小扰动，还是可以收集到引力场的数据。

该雷达拥有 SAR 模式、高度计模式和被动辐射计模式三种模式。这款多模式雷达是该任务中唯一的科学仪器，其目标是测绘金星表面至少 70% 的区域，分辨率达到 600 m，最佳分辨率不到 300 m。为了从椭圆形轨道获得如此高的分辨率图像，系统的设计和所需操作都很复杂而且富于创新精神。

麦哲伦号金星探测器 SAR 系统能透过厚实的云层测绘出金星表面上小如一个足球场的物体图像，分辨率比苏联金星 15 号和 16 号高出 10 倍。SAR 的基本参数见表 A-19。

表 A-19　SAR 的基本参数

序号	名称	指标
1	频率	2.385 GHz
2	峰值功率	325 W
3	脉冲长度	26.5 ms
4	脉冲重复周期	4 400~5 800 Hz
5	刈幅宽度	25 km
6	数据采集速率	806 kbit/s
7	水平分辨率	150 m
8	海拔分辨率	30 m

为了节约成本，麦哲伦号探测器的设计利用了来自此前或现有任务备件的可用组件。该设备的主体是备用的旅行者号（Voyager）和伽利略号（Galileo）的硬件。其探测器是由马丁·玛丽埃塔太空航行团队组装的，他们对其运转负责。不过，其雷达传感器是休斯飞机公司的新设计，在很大程度上基于地球轨道运行的 SAR 经验。

影响雷达设计的主要任务限制条件（表 A-20）如下：

1）一个与数传分系统共享的、固定于探测器上的 HGA；

2）一个椭圆形而非圆形的轨道；

3）数据传输率和数据量的限制；

4）仅从已存储的序列中执行的雷达命令。

表 A-20　约束条件分析

序号	项目	参数
1	椭圆轨道	3.1~3.7 h
2	近拱点高度	250~300 km
3	航行者天线	3.7 m（与通信公用）
4	数据记录速度	806 kbit/s
5	数据量/轨道	1 700 Mbit/s
6	往地球传输的数据速率	270 kbit/s

金星雷达探测器的比较见表 A-21。

表 A-21　金星雷达探测器的比较

项目	先驱者号	金星 15 号、16 号	麦哲伦号
近地点高度/km	200	1 000	250
远地点高度/km	67 000	65 000	7 800
周期/h	24	24	3.2
在赤道轨道上移动/km	157	157	20.9
高度控制方法	旋转	气体	动量飞轮
合成孔径雷达天线/m	—	6×1.4 抛物面	3.7 碟形
高度计天线/m	0.38	1 抛物面	0.08×0.8 喇叭天线
极化	线性	线性	HH
发射机类型	固态	TWT	固态
峰值功率/W	20	80	350
脉冲长度	—	—	26.5 ms
脉冲重复频率	—	—	4 400~5 800 Hz
合成孔径雷达带宽/MHz	0.25	0.65	2.26
雷达频率/GHz, cm	1.75, 17	3.75, 8	2.385, 12
刈幅宽度/km	可变	≈120	20~25
合成孔径雷达数据速度-S/C(kbit/s)	低	≈70	750
运行高度/km	200~4000	1 000~2 000	250~3 500
存储量/bit	—	≈10^8	$2×10^9$
距离分辨率/m	23 000	1 000~2 000	120~300
方位分辨率/m	70 000	1 000~3 000	120
观察次数	多次	4~10 次	4~25 次
覆盖率/(%)	92%	25%	95%
入射角/(°)	0~5	7~17	15~45

用在麦哲伦号上的 HGA 是旅行者号的备份，直径为 3.7 m 的抛物面天线。尽管此天线用于数传性能优异，但是作为合成孔径雷达天线，它不仅尺寸不足，而且对于简易的操作来说，波形系数也不适合。与数传子系统对此天线的分享也降低了设计一套可以为 SAR 量身定制的、全新的馈电系统的效率。HGA 被固定在探测器的结构上，这样天线的重新定向就需要整架探测器的旋转。三轴反作用飞轮姿态控制系统正是为了这种类型的操作而设计的。

椭圆形、周期为 196 min 的轨道对于此前接近圆形轨道的 SAR 经验而言差异很大。

之所以为此项任务选择椭圆形轨道，是因为它降低了探测器的复杂性，从而降低了该任务的成本。但是，这样做的代价是增加了雷达运转的复杂性。为了满足麦哲伦号雷达的分辨率要求，其回波必须在发射脉冲之间交错。对于麦哲伦号，数据收集开始于接近北极点的位置，此时探测器的高度约为 2 200 km，在通过高度为 290 km 的近拱点时持续，并在接近南纬 79°处、约 3 000 km 高度时结束。该雷达的运行参数在 48 min 的数据收集中必须变化约 4 000 次，以对数据收集几何结构的改变做出响应。这些命令来自探测器上已存储的序列，在每个轨道上重复执行，直到装载一组将轨道和行星地形的逐渐改变纳入考虑的新的命令。

　　所有在各个轨道运行期间收集到的雷达数据都被记录在探测器的磁带记录器上。其记录速度约为 806 kbit/s，总数据量约为每条轨道 1.8×10^9 bit。尽管相较于其他行星任务，此数据传输率和数据量很大，但是对于对这些值的操作频率达到 100~1 000 次的 SAR 而言还是很小的。由于通信链的限制，该数据不能以记录速度回放，因此记录器被调慢至 269 kbit/s，在轨道周期的 196 min 里，112 min 被用于数据回放。通过在"脉冲串模式"中进行操作，并使用"块自适应量化"技术来降低数据传输率和数据量，对于该数据传输率和数据量的限制被纳入了雷达系统设计。这些特性将在稍后进行说明。

　　对于雷达控制，仅需要已存储序列的任务限制使雷达传感器得到了简化，但是雷达系统将依赖外部子系统，例如用于对轨道进行精确预测的导航子系统，以及用于天线精准指向的探测器姿态控制子系统。为了满足这些需要，导航系统必须执行跟踪数据的每日方案，而探测器必须在每条轨道上执行惯性参照系统的星际定标更新。由于高度变化的观测几何结构，探测器命令系统必须为高精度雷达生成时序命令组。基于轨道星历表预测和探测器指向，其斜距由地面计算预先确定。为了进一步改善数据收集命令，使用了一个行星地形模型。为了控制数据收集，没有使用星上雷达数据处理。

　　该雷达系统由地面系统和星上设备组成。图 A - 31 所示为此系统的组件示意图，从雷达工程子系统的命令上行链过程，到 SAR 数据处理子系统的图像格式，以及图像数据处理子系统的镶嵌过程。该雷达的上行链命令通过一个名为雷达测绘定序软件（RMSS）的软件程序产生，它将优化数据收集的几何结构，并计算出为了在各条轨道中操作雷达所需的大约 4 000 条命令。在所谓的上载序列期间（通常持续 3~4 天），这些命令将在各条轨道中重复使用，这样对探测器的通信量就不至于变得太大。

　　在雷达和探测器收集并回放数据以后，在深空测控网（DSN）站点，该数据将被接收并记录在磁带上，以备稍后送往 JPL。这些站点位于加利福尼亚州、西班牙以及澳大利亚，以允许 24 h 的覆盖范围。在回放期间，可用的管理数据将被直接发送至 JPL，在那里将对它进行实时的监测。在制作另一盘可用于 SAR 数据处理器的磁带之前，在 JPL 进行的第一阶段的处理将去除探测器框架以及 DSN 辅助操作。最初的图像是表示宽 20~25 km、长 16 000 km 的狭长地带的长条。在下一个步骤中，通过使用探测器位置或星历表信息，这些长条将被嵌合成与行星表面重合的地图。

　　雷达的脉冲串模式操作如图 A - 32 所示。SAR、高度计，以及辐射计模式共享一个名

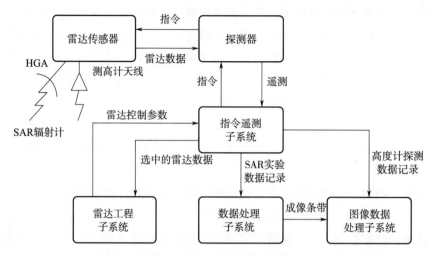

图 A - 31　雷达系统组成图

为脉冲串周期的时间槽。这三种模式在每个脉冲串周期中重复变换。选择脉冲串模式数据收集的原因主要是为了降低平均的数据传输率。脉冲串启用时间决定了合成孔径的长度，从而也决定了雷达的方位向分辨率。脉冲的数量和脉冲速率会随着几何结构的变化而发生改变。脉冲串模式的优点之一是高度计和辐射计模式与 SAR 的交错能力不会打断 SAR 的数据收集。因为在 SAR 模式中脉冲串启用时间较长，其回波必定与发射脉冲发生交错，如图 A - 32 下方的部分所示。因为平台高度的变化，以及因而造成的斜距的持续变化，回波窗口必须不断地进行重新定位，以捕获数据。此参数以及其他参数仅能通过采自一份表格中的探测器命令来进行更改，而不会受到雷达传感器内部的任何测量结果的影响。

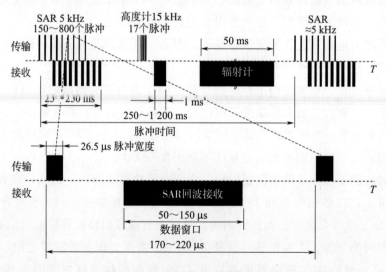

图 A - 32　雷达的脉冲串模式操作

　　在最后的 SAR 回波被捕获以后，雷达将以高度计模式发射一组包含了 17 个脉冲的快速脉冲串，其中，所有的脉冲都将在第一道回波返回以前发送出去。这种数据收集方法使高度计的操作比 SAR 简单得多。通过将回波往返行程时间和对探测器巡航高度的认知结合在一起，高度计的数据将被用于推知地势的高度。在雷达操作的主动部分完成以后，雷达将转换成辐射计模式，利用 HGA 来作为微波热能的被动接收器。从 HGA 的角度看来，这些能量来自所有来源，包括 HGA 本身以及雷达的电子设备。通过测量来自行星的热能，辐射计实验提供了有关有效表面温度的有用信息。该辐射计将使用一个内部标定源和物理温度测量值来清除来自例如雷达传感器、天线以及电缆线路等热噪声源的数据成分。

麦哲伦号探测器的雷达系统应用了块自适应量化器（BAQ），与以往任务的雷达系统有着显著的不同。此设备降低了每个回波的数据量，从而对于给定的数据传输率，在保持了幅值分辨率的同时，允许了更大的空间分辨率。通过仅使用七个可用振幅位中的一个，在保留了符号位的同时，数据传输率被降至原来的 1/4。通过利用回波中、回波间，以及脉冲串之间减速变化的振幅级来设置阈值电平，BAQ 做到了这一点。数字化数值的 24 个长达 16 个样本的数据块的 7 位振幅值被平均到一个脉冲串的 8 次回波中，以达到阈值。这些阈值被应用在下一个脉冲串的数据中，"动态地"确定每个 8 位样本的发射振幅值为 a_0 或者 a_1。这些阈值被放置在脉冲串的报头，通过使用这些 0 和 1 的不同乘数，该数据将在地面进行重组，以减少其失真并保持该过程的增益。一套单独的阈值将被用于一个脉冲串的每次回波（从 100～1 000）。该系统的动态范围由原始的 8 位量化来确定。

此过程会引入何种误差，这是个明显的问题。SAR 数据的实质是这样的，因为探测器在每个脉冲期间仅移动 1～2 m，在脉冲与脉冲之间，所观察的场景（因此回波也是）变化很小。从脉冲串到脉冲串之间的变化也很缓慢。在脉冲串之间的地面间隔通常为 2.1° 天线波束宽度的 1/4～1/15，因此即使反向散射强度发生很大的变化，也不会造成回波强度的立即变化。对于麦哲伦号雷达系统 2.26 MHz 范围带宽以及 1 位波幅的量化，为了达到平衡，对 BAQ 设计的测试涉及使用许多实际 SAR 数据的不同组合的模拟。

因为该雷达必须在很广的高度范围内工作，其内部雷达参数和 HGA 对行星的瞄准在轨道测绘部分的始终都必须随时变化。

对于标称任务的需求是，采用与信号电平和其他约束条件相应的、尽可能高的观察角来进行操作。观察角是在天底方向和探测器的飞行方向一侧的观测角之间的夹角。入射角是在行星曲面上的预期观察角。为了保持在回波中接近恒定的信号电平，观察角的外形是这样的，在高海拔采用低角度，而在低海拔采用大观察角，在两者之间则采用平滑的过渡。该观察角的外形受到探测器姿态控制系统的精确控制，RMSS 命令生成程序将以之作为根据，该程序会产生探测器所使用的指向命令。SAR 系统的预计性能见表 A - 22 和表 A - 23。由于在行星表面上，尽管入射角不同，斜距分辨率仍然保持恒定值，交叉跟踪分辨率的范围将因而发生变化。方位向或纵向分辨率由合成孔径长度确定，在斜距增加时，为了保持稳定的分辨率，合成孔径的长度也必须增加。因此，脉冲串启用时间和合成孔径长度是由探测器中的一份列表中的命令来控制的，而该表格则由 RMSS 来生成。

表 A-22　SAR 的性能

高度/km	纬度/(°)	入射角/(°)	距离分辨率/m	方位分辨率/m	观察
290	+10	47	120	120	5
400	+23，-3	43	130	120	6
600	+46，-26	37	135	120	7
1000	+62，-42	29	175	120	10
1750	+83，-63	19	250	120	15
2100	+90，-67	17	280	120	17

表 A-23　雷达特性

参数	数值	参数	数值
标称高度范围	290～3 000 km	天线观察角	13°～45°
雷达频率	2 385 MHz	HGA1/2-pwr 宽度	2.2°dia
发射脉冲长度	26.5μs	脉冲重复频率	4.4～5.8 kHz
距离分辨率	120～360 m	发射峰值功率	400 W
方位分辨率	120 m	幅宽	2.26 MHz
观察次数	大于 4	行迹宽度	20～35 km
数据量 SAR（I 通道和 Q 通道）	2 bit/chan	数据量 ALT（I 通道和 Q 通道）	4 bit/chan

　　RMSS 是对此前的雷达经验的显著背离，后者的系统仅要求不频繁的参数变化，同时其命令的定时也不具备关键性。为了对雷达系统中所有的接口和交互建模，从椭圆形轨道进行的、使用已存储命令的麦哲伦号的雷达操作要求对计算机软件的创新使用。这些内容包括与雷达的异步操作，以及由于金星大气造成的对回波飞行时间的影响相关的，来自探测器的命令的定时和频率。RMSS 首先计算了优化过的数据收集曲线图，随后在软件中将此曲线图应用到探测器的姿态控制系统模型，随后计算出符合探测器指向曲线图的确切的命令组。与雷达命令一起，在指向模型中所使用的值随后被上行链接到探测器。RMSS 还会使用上载期间的平均轨道根数来计算雷达数据收集的几何结构。该软件还会为诸如导航和探测器指向等参数中的误差建模，并据此调整数据收集过程。

　　SAR 传感器通过了从单元水平到航天器集成的一系列严格测试，这些测试包括电磁兼容性、热力学/真空测试和振动测试。一套复杂的计算机和测试设备被用于监控传感器部署和集成过程，它也被称作传感器支持设备（SSE）。目标模拟器是 SSE 的一部分，它捕捉雷达 RF 输出、下行转换信号并数字化处理、将信号延后往返星表面一次的时间、再将信号上行转换为供传感器接收链路捕捉的"回波"。在每个阶段对信号进行详细分析，来隔离问题。目标模拟器可以捕捉多个脉冲，因此可以在所有条件下测试合成孔径构成所需的性能要求。在地面测试过程中，可以在 BPU 的一个测试点上使用 8 bit 数据进行更精确的传感器性能分析。

A.6.5　取得的成果

在任务的前 8 个月里,麦哲伦号获得了 84% 金星表面的雷达图像,分辨率比苏联金星 15 号和 16 号高出 10 倍。延长任务从 1991 年 5 月 15 日开始到 1992 年 9 月 14 日结束,期间金星表面成像率增加到了 98%,分辨率接近 100 m。

麦哲伦号从 1990 年 8 月 10 日—1994 年 12 月 12 日一直围绕金星探测,最后在金星大气中焚毁。1990 年 8 月 16 日首先用合成孔径雷达对金星表面进行试验性测绘,发回第一张金星照片,该照片显示出金星表面面积为 40 km×80 km 大的熔岩平原;1990 年 9 月 15 日首次获得第一张完整的金星地图,从中发现金星上有巨大的熔岩流、数以千计的裂缝和火山口,还有高耸的山岭、巨大的峡谷、陨石坑、沙丘和活火山等。

麦哲伦号拍摄了大量金星表面高清图像。探测表明,金星上有时发生大的风暴,有过火山活动,表面温度高达 280～540 ℃。它没有卫星,没有水滴,磁场强度很小,大气成分主要是二氧化碳,金星上不适于存活生命物质。

A.7　金星快车探测器

A.7.1　科学目标与工程目标

北京时间 2005 年 11 月 9 日 11 时 33 分,欧洲空间局的金星快车探测器发射升空,这是欧洲发射的首个金星探测器。金星快车探测器约在发射 150 天后进入金星极地轨道,对其进行为期 500 天的探测(图 A-33)。

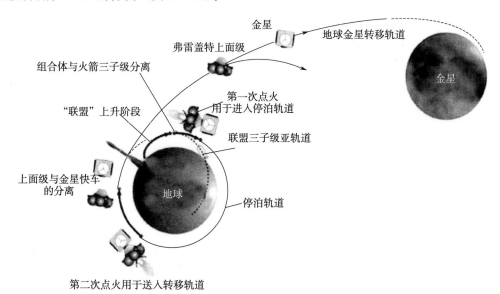

图 A-33　飞行过程

金星快车探测器任务的科学目标如下:

1）解开金星大气上层围绕金星快速旋转之谜；

2）解开金星两极地区强漩涡星辰之谜；

3）金星全球气温平衡状况；

4）金星上温室效应的作用和形成机制；

5）金星云层的结构及动态发展；

6）研究早前在其云层上部发现的神秘紫外线斑；

7）研究金星大气随高度增加而发生的成分变化；

8）金星大气如何与金星表面相互影响；

9）太阳风如何影响金星大气。

金星快车探测器任务实现了数个对金星观测的第一次：

1）第一次在近红外透明窗口对低层大气的合成物进行全球监测；

2）第一次对从表面到 200 km 的高度大气温度和动力学进行连续研究；

3）第一次在轨测量全球温度分布情况；

4）第一次通过 O_2、O 和 NO 的辐射研究中高层大气动力学；

5）第一次测量非热大气逃逸；

6）第一次实现在紫外到红外的光谱范围对金星进行连续观测；

7）第一次应用太阳/恒星掩星技术对金星进行研究；

8）第一次使用三维离子分析仪、高能分辨率电子分光计和高能中性原子成像仪。

A.7.2　任务过程

金星快车探测器由联盟号运载火箭（三级＋弗雷盖特上面级）发射。发射服务通过欧俄合资的斯达西姆公司采购。

火箭三级分离后，弗雷盖特第四级上的主发动机点火工作两次。第一次工作约 20 s，将上面级和探测器组合体送入一条近乎圆形的低地停泊轨道。在低地轨道滑行约 70 min 后，弗雷盖特的主发动机二次点火，工作 16 min，将组合体从停泊轨道送入逃逸轨道。工作结束后，弗雷盖特与探测器分离。

随后，探测器将用 153 天的时间飞完行星际转移轨道，其间根据需要利用推力器进行轨道修正。

探测器完成对日定向并展开太阳阵后，开始做近地在轨测试，然后进行有效载荷状况检查。轨道由地面确定后，会安排进行一次入轨误差修正机动。探测器在随后的巡航段飞行中不安排科学观测。地面每天都将同探测器联络，以检查其状态，并利用高增益天线进行导航。如果需要，探测器将进行一次中段导航机动，以保证能飞向金星。

在即将进入绕金星运行的轨道时，探测器还将进行一次终段调整，对飞行路线进行微调。在行星际转移方案中考虑了太阳、地球、月球、火星、土星和木星的引力场以及太阳辐射压作用在探测器上的力。

抵达金星时，探测器将利用其主发动机来减速，以便能被金星引力捕获。捕获点火在

2006 年 4 月 11 日进行，通过约 53 min 的工作使探测器速度降低 1 310 m/s，从而使探测器先进入一条近心点约为 250 km、远心点约为 22 万 km、周期约为 5.5 个地球日的大椭圆极轨道。此后，主发动机将再工作一次，以使探测器能进入其最终工作轨道。进入绕金星运行的稳定轨道后，将再次对探测器上的仪器进行测试，然后进入运行阶段。

所选择的工作轨道是靠惯性固定的，以使探测器能在 1 个金星恒星日（243 个地球日）内完成对所有以行星为中心的经度的覆盖。额定任务轨道寿命为两个金星恒星日（大致为 500 个地球日）。探测任务中的第一个金星日将覆盖全部纬度、经度和地方时，第二个金星日将填补第一个金星日内的观测空白，更详细地研究在首日观测的基础上选定的科学目标，并研究原先观测到的现象随时间变化的情况。

如上所述，金星快车探测器旨在对金星的大气、等离子体环境和表面特征进行轨道探测。选用大倾角椭圆轨道可实现经度上的完全覆盖，是在近心点附近进行高分辨率观测、在轨道的远拱点部分进行全球观测和对金星等离子体环境及其与太阳风的相互作用进行测量的最佳折衷方案。轨道参数见表 A - 24。

表 A - 24　金星快车探测器轨道参数

序号	轨道参数	额定值
1	近心点高度/km	250～400
2	远心点高度/km	66 600
3	周期/h	24
4	倾角/(°)	≈90

影响金星快车探测器轨道的主要轨道摄动因素只有一个，即太阳引力的影响。太阳引力会使近拱点抬高，每个金星恒星日会抬高约 170 km。为应对这一因素，探测器在工作期间将根据需要利用星上推力器来降低近拱点。

一旦进入工作轨道，金星快车探测器将有两个不同的工作段，即对地定向段和观测段。对地定向段专用于与地球的通信联络和蓄电池充电。探测器不处在观测段时，便转向该阶段。在该阶段，两部高增益天线将有一部指向地球。天线根据那里的季节来选定，以使探测器的冷面始终不受阳光照射，其中有 3/4 的时间（探测器远离地球时）将使用 HGA1 天线，其余时间（探测器距地球较近时）使用 HGA2 天线。为了把固态大容量存储器所存的所有科学数据发回地球，每天要在 X 波段进行 8 h 的高速通信。探测器平均每天可把 2 GB 的科学数据下传到欧洲空间局在西班牙塞夫雷罗斯新建的地面站。

根据有效载荷配置和卫星指向的不同，金星快车探测器有几种不同的观测模式，比如天底定向观测、临边观测和远心点观测等。天底定向模式最适于过近心点过程中的观测，但在轨道的其他部分也可采用。可在该模式下工作的仪器包括 VIRTIS、PFS、SPICAV 和 VMC。

A. 7. 3　平台方案

金星快车探测器星体有 7 个分系统，即结构、温控、电源、推进、姿态与轨道控制、通信和数据管理分系统。

（1）结构系统

金星快车探测器的星体大致呈方形，尺寸为 $1.5\ m \times 1.8\ m \times 1.4\ m$，总体构型为核心结构加外围结构。星体被核心结构的隔板分割成 6 个隔舱（图 A-34 和图 A-35）。各有效载荷装置依其主要需求来安装。对温控和/或指向性能有苛刻要求的有效载荷"行星傅里叶光谱仪""金星大气特征研究分光计"和"可见光与红外热成像光谱仪"（VIRTIS）集中放置于 -X 轴向隔舱内，靠近探测器以 -X 轴冷面和姿态与轨道控制系统基准单元（惯性测量装置和星跟踪器）。MAG 磁强计的传感器和可伸缩支杆装在星体外部顶板上。"空间等离子体与高能原子分析仪"的传感器装在底板和一轴侧壁上。

推进系统的安装与火星快车探测器相同。两个推进剂贮箱安装在核心结构的中心部位，主发动机位于底板之下并指向 -Z 轴方向，而 8 台推力器则设在星体的 4 个底角处。两个太阳翼安装在 ±Y 轴的侧壁上，可绕轴旋转，接口同火星快车探测器。

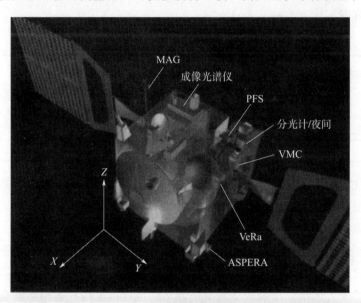

图 A-34　金星快车探测器布局

（2）温控系统

在任务的各个阶段，探测器的温控系统用于使所有设备都处在允许的温度范围内。这些设备分为两类，即集中控制装置，由温控系统统一进行隔热和加热；单独控制装置，自备温控措施，如涂层、加热器和隔热件。金星快车探测器的温控设计采用了被动控制方案，尽量做到与火星快车探测器相一致。不过，考虑到金星是一颗内行星，且温度更高，还是进行了一些系统和设计上的改动。

（3）电源系统

金星快车探测器的电源系统设计要能满足该行星际探测器的任务要求。由于无法由地面进行实时控制，电源系统要做到高度自主。该系统还要能应对多变的环境，特别是太阳

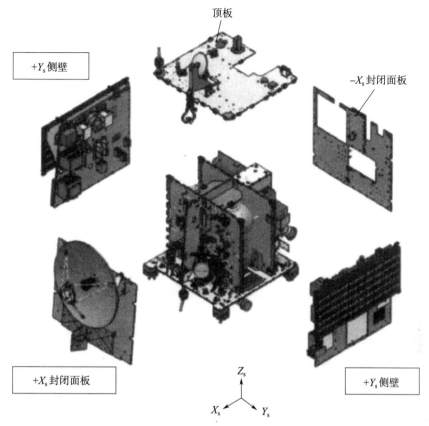

图 A-35　金星快车探测器结构图

帆板上阳光照射强度的大幅度变化。

　　探测器上对称安装有两个太阳电池阵，每个由两块帆板组成，总面积为 5.7 m^2，采用三结砷化镓电池。太阳阵在发射过程中被叠放起来，由各压紧与释放机构压放在探测器侧壁上。展开时两个翼通过爆炸螺栓切割器分别释放。太阳阵通过单自由度太阳阵驱动机构指向太阳，方向通过太阳捕获传感器经姿态与轨道控制系统提供给太阳阵驱动电子装置的数据来控制。太阳阵在地球附近可产生至少 800 W 的功率，在金星轨道上的功率为 1 100 W。在日蚀期或当探测器用电需求超出太阳阵供电能力时，可由 3 组 24 A·h 的锂离子电池供电。

　　（4）推进系统

　　金星快车探测器的推进系统与火星快车探测器所用的双元推进剂系统相同，但加注了更多的推进剂约为 530 kg，而火星快车探测器约为 430 kg，如图 A-36 所示。推进剂为四氧化二氮和单甲基肼，供 8 台推力器和主发动机使用。主发动机推力为 415 N，推力器单台推力为 10 N。

　　（5）姿态与轨道控制系统

　　金星快车探测器采用了固定安装的高增益通信天线和只有一台主发动机的推进系统配置，从而要求它有高度的姿态机动能力。当从天底指向观测轨道段转向对地通信阶段，或

顶板

+Y_s侧壁

-X_s封闭面板

+X_s封闭面板

+Y_s侧壁

Z_s

X_s　Y_s

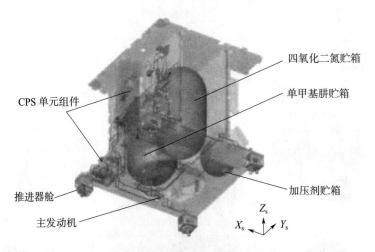

图 A-36　金星快车探测器推进管路布局

要取得进行其他科学观测所需的特定姿态，或要通过选择最适宜的姿态来优化反作用轮卸载操作时，都需要进行姿态机动。

探测器的姿态测量采用星跟踪器和陀螺仪来进行，能保证在几乎任何姿态下都有数据可用。姿态测量受到的主要限制是星跟踪器在太阳或金星处于或靠近其视场时无法提供数据。

反作用轮用于几乎所有的姿态机动，具有灵活性和精确性，并可降低燃料消耗。轮的角动量由地面根据需要通过去饱和机动来管理。

姿态与轨道控制系统（以下简称姿轨控系统）的传感器包括两台星跟踪器、两台惯性测量装置和两台太阳捕获敏感器。每台星跟踪器都有一个 16.4° 的圆视场，能利用星等为 5.5 或更高的恒星进行测量。每台惯性测量装置使用 3 个环形激光陀螺和 3 台加速度计。太阳捕获敏感器用于在太阳捕获模式下或在姿态捕获或重新捕获过程中为探测器定向。

姿轨控系统采用由 4 个斜置反作用轮组成的反作用轮组合，能利用其中任意三个轮来完成大部分基本飞行动作。该系统控制着推进系统，可利用 10 N 推力器完成采用反作用轮无法实现的变姿操作或进行小的轨迹修正。主发动机则用于完成大的变轨动作。姿轨控系统还能向太阳阵驱动机构提供控制输入，以改变太阳阵的指向。

姿轨控系统针对不同的任务阶段（姿态捕获与重新捕获、日常科学任务操作和轨道控制）具有几套工作模式。姿态捕获与重新捕获使用两种模式。首先是太阳捕获模式，即利用来自太阳捕获敏感器的数据使探测器的 X 轴和太阳阵指向太阳。然后是安全/保持模式，即通过建立三轴定向并使高增益天线指向地球来实现捕获，日常科学任务操作都在正常模式下进行。该模式也用于在飞往金星途中以及在变轨机动前后进行探测器定向所需的变姿操作过程中的巡航定向。

轨迹修正或轨道控制机动有 4 种模式：轨道控制模式（OCM）用于采用 10 N 推力器完成的小的轨迹修正；主发动机推进模式（MEBM）用于采用主发动机完成的轨迹修正；制动模式（BM）是专门为大气制动阶段设计的，只在需通过大气制动才能进入最终轨道的情况下使用；推力器过渡模式（TTM）用于实现由推力器控制的模式（即 OCM 和 BM 模式）与由反作用轮控制的正常模式之间的平稳过渡。

（6）通信系统

金星快车探测器的通信系统由一台双波段转发器（DBT）、一台射频分配单元（RFDU）、两台行波管放大器（TWTA）、一台波导接口单元（WIU）和 4 部天线组成。双波段转发器含两个双重收发链路，每路均设有 X 波段发射机、带 5W 末级放大器的 S 波段发射机、X 波段接收机和 S 波段接收机。

金星快车探测器有两部低增益天线和两部高增益天线：

LGA：两部，S 波段同火星快车探测器。

HGA1：双波段天线——S 波段和 X 波段同火星快车探测器。

HGA2：单波段偏置天线——X 波段新增满足极端温度条件下的通信。

低增益天线将在发射和初期运行阶段使用，可覆盖最初 5 天的飞行任务。该阶段过后，在飞往金星的途中，将借助 HGA2 天线进行 X 波段通信。在进入金星轨道过程中，通信将转到 S 波段。在各工作模式下，当不用 VeRa 时，通信将在 X 波段进行。当金星位于其轨道上合一侧且距地球最远时，将使用 HGA1 天线。为了使探测器冷面指向总是远离太阳，在金星位于其轨道下合附近（探测器距地球最远为 0.78 个天文单位时），将使用 HGA2 天线。当使用 VeRa 时，上行通信可通过 HGA1 天线在 X 波段或 S 波段进行。VeRa 下行通信在 S 波段和 X 波段同时进行，信号由 VeRa 的超稳振荡器产生，并通过探测器上的转发器馈送给 HGA1 天线。

接收的射频上行信号（已通过打包指令调制为 NRZ/PSK/PM 数据）被发向一双工器，完成鉴频，之后再前往双波段转发器的输入端。该转发器将进行载波获取和解调，并把萃取的信号送往数据处理系统做进一步处理。S 和 X 波段上传频率分别大致为 2 100 MHz 和 7 166 MHz。金星快车探测器可接收 7.812 5 bit/s、15.625 bit/s、250 bit/s、1 000 bit/s 和 2 000 bit/s 的数据率。原则上，工作于 S 波段的低增益天线将采用低数据率，而高数据率则供一部高增益天线在 X 波段上使用。

由于探测器上的仪器会产生大量的数据，探测器要有高速数据下传能力。但由于探测器远离地球，使下传能力受到了限制。向地面站下传遥测数据可在 S 波段或 X 波段进行。S 波段和 X 波段下传频率分别约为 2 296 MHz 和 8 419 MHz。下传采用可由指令控制和可变的数据率。

（7）数据管理系统

数据管理系统（DMS）负责向整个探测器分发指令，从探测器各系统及有效载荷处收集遥测数据并对收集的数据进行格式编排以及对星体和有效载荷进行全面监控。该系统基于标准的星载数据处理（OBDH）总线结构，并由把控制与数据管理单元（CDMU）处理器与固态大容量存储器（SSMM）和姿轨控系统接口单元联系起来的高速串行数据链路来增强。借助远程终端单元（RTU），OBDH 总线成为平台和有效载荷数据获取及指令分发的数据通道。

数据管理系统有 4 个相同的处理器模块，分置于两个控制与数据管理单元内。两个处理器模块专供数据管理系统使用，另两个供姿轨控系统使用。数据管理系统选用的处理器模块充当总线主控器，负责管理平台的通信、电源和温控系统。选作姿轨控系统计算机的处理器模块负责所有的传感器、作动器、高增益天线和太阳阵驱动电子装置。

固态大容量存储器用于数据存储，最大容量为 12 GB。它与两台数据管理系统处理器、传输帧发生器（TFG）以及 VIRTIS 和 VMC 仪器相连。

控制与数据管理单元控制地面指令的接收和执行、星务管理及科学和遥测数据的存储以及存储数据发送前的格式编排。它还用于进行星上数据管理、控制律处理和星上控制程序的执行。

与其他数据处理单元的数据交换使用-冗余 OBDH 数据总线和 IEEE－1355 串行链路进行。两个接口单元把这些链路同探测器的其他单元联系起来。姿轨控系统接口单元负责姿轨控系统传感器、反作用轮、太阳阵驱动装置及推进传感器和作动器。远程终端单元与探测器其他系统和仪器连接。

A.7.4　有效载荷

金星快车探测器的有效载荷由各种光谱仪、光谱成像装置及覆盖紫外到热红外波长范围的成像装置、等离子体分析仪和磁强计组成。这些仪器将能对金星的大气、等离子环境和表面进行非常详细的研究。研究的目的在于加深对金星大气成分、循环和演化史的认识。该探测器将探讨金星的表面特性及大气与表面的相互作用，并将寻找火山活动的迹象。这些仪器大都利用了"火星快车"或"罗塞塔"探测器所带仪器的设计或备件。它们装载在从火星快车探测器衍生而来的星体上，但针对金星轨道上的热和辐射环境做了适应性改进。仪器由欧洲空间局成员国和俄罗斯的科研机构合作提供。

（1）金星快车金星监测相机（VMC）

VMC 是一种广角、多通道 CCD 相机，工作于紫外、可见光和近红外光谱范围。

它的主要任务如下：

1）完成保障性成像（为来自其他仪器的数据提供全球成像背景资料）；

2）为通过全球多通道成像来研究金星大气的动力学过程提供便利；

3）为研究云顶未知紫外吸收物质的分布创造条件；

4）测绘表面亮度分布并搜寻火山活动。

VMC 的性能参数见表 A-25。

表 A-25　VMC 的性能参数

项目	参数
光谱范围/μm	4 台滤波器:0.365(紫外)、0.513(可见光)、0.935(红外)、1.010(近红外)
光谱分辨率/nm	5
视场(毫弧度)	300(总)、0.74(毫弧度/像素)

（2）金星快车空间等离子体与高能原子分析仪（ASPERA）-4

用途：研究高能中性原子、离子和电子。

任务：研究太阳风和金星大气之间的相互作用；定量描述等离子体过程对大气的影响；确定等离子体和中性气体的全球分布；确定外流大气物质的质量组成情况，并定量描述其流量；研究近金星环境的等离子体区域；提供未受扰动的太阳风参数。该仪器带有 4 台敏感器，见表 A-26。

表 A-26　ASPERA-4 台敏感器的性能参数

项目	NPI	NPD	IMA	ELS
测量的粒子	高能中性原子	高能中性原子	离子	电子
能量范围/keV	0.1~60	0.1~10	0.01~40	0.01~20
能量分辨率($\Delta E/E$)	—	0.8	0.1	0.07
质量分辨率	—	区分氢和氧		—
本征视场	9°×344°	9°×180°	90°×360°	10°×360°
角分辨率（半峰全宽）	4.6°×11.5°	5°×30°	5°×22.5°	5°×22.5°

"中性粒子成像仪"（NPI）是一种简单的高能中性原子方向分析仪，能以很高的角分辨率测定高能中性原子的流量。"中性粒子探测器"（NPD）能对高能中性原子的速度和质量进行测量。"离子质量分析仪"（IMA）是一种质量分辨分光计，能对主要离子成分（氢原子、氢分子、氦原子和氧原子）进行测量。电子光谱仪（ELS）可进行电子能量的测定。其中，NPI、NPD 和 ELS 三件仪器同机械扫描仪和数据处理单元（DPU）一起构成主装置，IMA 则单独安装。

（3）金星快车行星傅里叶光谱仪（PFS）

用途：一种红外光谱仪，对火星大气进行垂直光学探测。

任务如下：

1）对低层大气（从云层到 100 km）三维温度场进行全球性的长期监测；

2）测量已知的微量大气成分的浓度和分布；

3）搜寻未知的大气成分；

4）根据光学特性确定大气气溶胶的尺度、分布和化学组成；

5）研究大气的辐射平衡及气溶胶对大气能量特性的影响；

6）研究大气的全球循环、中尺度动力学和波现象；

7）分析表面与大气的交换过程。

PFS 的性能参数见表 A-27。

表 A - 27　　PFS 的性能参数

项 目	短波通道	长波通道
光谱范围/μm	0.9~5.5	5.0~45
光谱分辨率/nm^{-1}	2	2
光谱分辨能力（λ/Δλ）	5 500~1 500	1 000~100
视场（毫弧度）	35	70

（4）金星快车金星大气特征研究分光计（SPICAV）

SPICAV 是一种紫外和红外辐射成像光谱仪。它是由火星快车探测器上的 SPICAM 仪器衍生而来的。SPICAM 上有紫外和红外两个通道，而 SPICAV 新增了一个通道，即"红外太阳掩星（SOre）通道"，用于通过金星大气对太阳进行红外波长上的观测。该仪器的主要性能参数见表 A - 28。

表 A - 28　　SPICAV 的性能参数

项 目	紫外通道	红外通道	SOIR 通道
光谱范围/μm	0.11~0.31	0.7~1.7	2.3~4.2
光谱分辨率	0.8 nm^{-1}	0.5~1 nm^{-1}	0.2~0.5 cm^{-1}
光谱分辨能力（λ/Δλ）	约 300	约 1 300	约 15 000
视场（弧度）	(55×8.7) rad	0.2 像素	0.3~3 rad

（5）金星快车金星射电探测仪（VeRa）

VeRa 是一种射电探测实验仪器，将利用由探测器发射、直接通过大气或被金星表面反射并由地球上的地面站接收到的无线电波来研究金星的电离层、大气和表面。

它的任务如下：

1）在 80 km 至电离层顶（300~600 km，取决于太阳风的情况）之间对金星电离层进行射电探测。

2）对云层（35~40 km）和约 100 km 高度之间的中性大气进行射电探测。

3）确定该行星表面的介电特征、不平度和化学成分。

4）在金星处于轨道下合和上合之间时，研究日冕、延伸的日冕结构和太阳风紊流。VeRa 利用探测器上的转发器进行无线电发射和接收，但所发射的信号由其自身的超稳振荡器产生。

（6）金星快车可见光与红外热成像光谱仪（VIRTIS）

VIRTIS 是一种工作于近紫外、可见光和红外波段的成像光谱仪。它有不同的工作模式，可进行从单纯的高分辨率光谱测定到光谱成像等各种观测，旨在对金星大气各层及其中的云层进行分析，开展表面温度测量和研究表面与大气的相互作用现象。

VIRTIS 的性能参数见表 A - 29。

表 A - 29　VIRTIS 的性能参数

项目	测绘光谱仪		高分辨率光谱仪
	可见光通道	红外通道	红外通道
光谱范围/μm	0.25～1.0	1～5	2～5
最大光谱分辨率/nm	2	10	3
光谱分辨能力（λ/Δλ）	100～200	100～200	1 000～2 000
视场(毫弧度)	0.25	0.25	0.5－1.5

（7）金星快车磁强计（MAG）

用途：测量磁场强度和方向。

将提供任何组合场、粒子和波研究（如闪电和行星离子拾取过程）所需的磁场数据，以高时间分辨率测绘磁鞘、磁障、电离层和磁尾内的磁性，确定各等离子区域的边界，并研究太阳风与金星大气的相互作用。MAG 将在从直流到 32 Hz 的频率范围内对金星周围的磁场进行三维测量。它包括两台三轴磁通门传感器。外侧传感器（MAGOS）安装在一根 1 m 长的可伸缩支杆末端，而内侧传感器（MAGIS）则直接安装在星体上。这种双传感器布局能更好地监测探测器产生的杂散磁场。该仪器的性能参数见表 A - 30。

表 A - 30　MAG 的性能参数

项目	最小范围	默认范围	最大范围
磁场测量范围	±32.8	±262	±8 338.6
磁区分辨率/pT	1	8	128
静态磁场补偿/μT	±10	±10	±10

A.7.5　取得的成果

（1）极区大气涡流形变

太阳系中包括地球在内的行星在两极地区都有快速旋转的大气涡流现象，但都保持着近乎相似的形状，没有像金星这样形状如此多变。金星上的大气涡流现象已经发现很多年了，但是金星快车探测器上的 VIRTIS 通过高分辨率红外光谱测量让问题远比想象得复杂。最新的观测结果显示，外廓看起来像"s"或者"8"的涡流中心结构很不稳定，基本上不到 24 h 就改变一次形状，这不仅预示着金星复杂的天气，而且表明涡流的中心极有可能与地理极区不重合。

（2）近期是否存在火山活动

此前发射的美国麦哲伦号探测器上的合成孔径雷达发现了金星上数以千计的火山及喷发形成的平原，这看起来像是金星上的地质活动一直很活跃，但是缺乏直接的证据。金星快车探测器从不同角度给出了证明。

金星浓厚的大气和较高的表面温度意味着小规模的温度变化极难测量发现，但金星快车探测器上搭载的 VIRTIS 和 VMC 却能担当此任。由于它们能捕获 1 μm 频段的表面热辐射，而金星大气对这个频段的辐射吸收较弱。

其上的 VIRTIS 通过对热辐射的频谱测量来分析表面热源释放的化学成分，对金星南半球 3 个热源地区，艾姆德尔（Imdr）、忒弥斯（Themis）和迪翁（Dione）的观测数据显示，岩浆并没有完全风化，推断出火山于数千年或者数万年前有活动。

其上的 VMC 在伽尼基（Ganiki）裂谷地区也捕捉到一些短暂的、明亮的影像，并且显示的温度比周边高，但这不能肯定是火山喷发或者是有岩浆涌出。

关于火山活动的间接证据来自于火星大气中二氧化硫含量的大幅变化。金星快车探测器自 2006 年进入金星轨道，一直对上层大气的成分进行分析记录。统计结果表明，2006—2014 年间上层大气的二氧化硫含量下降明显，有可能是热诱导浮力羽流使火山灰向更高的空间飘浮的结果。

（3）金星的自转正在变慢

通过麦哲伦号探测器的 4 年观测，让科学家们将金星的自转周期精确到 243.018 5 个地球日，然而，16 年后的金星快车探测器却发现金星自转周期平均延长了 6.5 min。

一方面，科学家对 1 个金星日内发生的短期随机现象进行了研究，发现其并不会对金星的自转周期产生影响。另一方面，科学家通过探测器传回的数据对大气建模显示，大气的变化周期与金星自转速度变化的周期惊人的相似。

这些详细的测量为科学家判断金星到底是液态核心还是固态核心提供了依据。因为如果金星是固态核心，其重心应位于球体中央。在这种情况下，行星的自转受到外力的影响很小，而能影响金星旋转的最重要外力是由浓密大气高速运动产生的。就此推断，金星很大可能拥有一个液态核心。

（4）上层大气的超高速旋转

金星上层大气每 4 个地球日就能旋转 1 周，这和金星缓慢的自转速度（金星自转 1 周需要 243 个地球日）形成了鲜明的对比。为了探究造成上层大气超高速旋转的原因，金星快车探测器在 6 年时间里跟踪记录了距金星表面 70 km 高度的大气运动数据，结果发现上层大气旋转速度正在变快。

2006 年，金星快车探测器对在金星赤道南北纬 50°环状区域的监测数据显示，风速大概在 300 km/h，随着时间的推移，2013 年的数据显示风速已达到 400 km/h。同时观测数据显示，不同地区风速也不尽相同：低纬度地区大气平均 3.9 个地球日就能旋转 1 周，而其他地区大气自转 1 周则需 5.3 个地球日。

（5）金星上的降雪现象

金星因其由二氧化碳组成厚厚的大气层和如烤炉一般炙热的金星表面而著称，然而金星快车探测器在 5 年间收集的观测数据分析发现，距离金星表面大约 125 km 的大气处的温度低达 −175 ℃。尽管金星距离太阳更近，但是这个古怪的冷层比地球大气层的任何部分都更加寒冷。

金星快车探测器通过对穿透金星大气层的太阳光分析，得到不同高度的二氧化碳气体分子的密度，然后结合二氧化碳密度的信息与各个高度的大气压数据，计算出相应的气温。

金星上空 120 km 处炙热的亮区和寒冷的暗区的温度曲线图存在很大区别,通过观察明暗界线处的大气,就能得知不同区域产生的影响。由于某些高度的大气温度下降到二氧化碳冻结温度以下,因此那里可能形成了干冰。由小干冰或雪粒子构成的云团应该发生一定程度的反射,因此可能这里看起来会比大气中正常的日光层更亮。在特定高度,暗区可能起着更加重要的作用,但是在其他高度的大气层,亮区可能占据主导作用。该研究还发现,位于明暗界线处的冷层被夹在两个更加温暖的大气层中间。

(6)金星上空臭氧层

金星快车探测器上携带的 SPICAV,通过利用气体吸收特定波长光的特征,在位于金星表面 100 km 的上空发现臭氧层的存在。这个高度差不多是地球臭氧层高度的 4 倍,但金星臭氧层的厚度仅为地球臭氧层的 1%。金星成为太阳系行星中第 3 个被发现存在臭氧层的星体。

臭氧是含有 3 个氧原子组成的分子,它能吸收太阳大量的有害紫外线,是星球生命存在的必要条件。地球上氧气和臭氧的逐渐积累是在大约 24 亿年前开始的,尽管现在还不能完全找到确切的原因,细菌以废气的形式释放氧气必然起到了重要的作用。而根据计算机模型,金星中的臭氧是在阳光打破二氧化碳分子释放氧原子时形成的。这些原子在大气中由风横扫到星球的阴面,之后结合形成双原子氧分子,但是有些时候也会组成三原子臭氧分子。

(7)大气水分流失

金星快车探测器携带的 MAG 以及 ASPERA - 4,通过长时间的测量发现,金星大气的水分正在快速流失,并且暗区水分流失的速度更快。

据分析,造成大气水分流失的重要原因是金星缺乏产生磁场的内部机制,因此它无法阻挡射来的太阳带电粒子。金星暴露在太阳风所携带高能粒子轰击的环境下,太阳紫外辐射造成水分子中的化学键断裂,使其分解成原子——两个氢原子和一个氧原子,之后这些原子逃逸进入太空。

金星快车探测器已测量了氢氧原子的逃逸比率,并证实氢原子的逃逸数量是氧原子的 2 倍。因此,认为这些金星向太空逃逸的原子来源于水分子。同时,在金星大气层顶端还发现一种叫作氘的较重氢原子,这是由于氘这种质量较重的氢原子难以逃离金星的重力束缚。

(8)磁场重联现象

所谓"磁场重联",是指当太阳风(太阳向外喷射的高速带电粒子流)"刮"向本身有磁场的行星(如地球)时,如果两者磁场的磁力线方向相反,就会发生磁力线交叉、瞬间断开、再重新联结等现象。当这一现象发生时,磁场重联区域的带电粒子被加热、加速,太阳风的部分能量进入地球磁层,从而造成空间天气变化,如地球磁层亚暴、极光等。

可以由内部机制产生磁场的行星,如地球、水星、木星和土星,它们的外围会存在一个看不见的磁层。这一磁层意义重大,它会阻挡太阳发出的带电粒子,如电子和质子,使其发生偏移。正是这一特性形成了磁层——一层围绕行星周围的巨大"气泡"，在背离太阳的方向形成一道长长的延伸带，称为"磁尾"。

金星被一层浓厚的大气层包围，并且其并不拥有全球性偶极磁场。然而，此前科学家普遍认为，由于金星本身没有磁场（内禀磁场），不太可能存在磁场重联现象。但金星快车探测器的发现，也是最让人意外的一点便是，近期发现金星诱发磁场的磁尾处存在磁场重联现象。

金星快车探测器运行在一个近极轨轨道上，这一轨道特性对于某些设备，如磁强计和低能粒子探测器等进行太阳风—电离层—磁尾相互作用机制的探测工作非常理想。在此之前的探测项目，如先驱者号，要么由于轨道特性差异，要么由于探测时正处于不同的太阳活动水平上而未能探测到金星的这一重联现象。

2006 年 5 月 15 日，金星快车探测器穿过金星磁尾，在这里它探测到一个持续时间约为 3 min 的转动磁场结构。基于其持续时间和探测器运行速度的计算显示，这一区域的宽度约为 3 400 km。这一事件发生于距离金星 1.5 倍半径处，即距离金星约为 9 000 km，科学家们认为这是一个等离子体团。这是一种转瞬即逝的磁场圈层结构，一般发生于行星磁尾发生重联时。

对于金星快车探测器数据进行的进一步分析，显示出更多证明金星磁场与磁尾处等离子体之间存在能量交换的证据。数据同样显示，在很多方面，金星磁层就像是一个缩小规模的地球磁场。

地球的情况是，磁场重联现象一般发生在背阳处 10~30 倍地球半径处的磁尾和等离子体片位置上。由于地球的磁场要强大得多，可以推断金星的磁场重联如果存在，则应当发生在其背阳处 1~3 倍半径位置，而这正是金星快车探测器数据所证实的。

A.8　拂晓号探测器

A.8.1　科学目标与工程目标

金星探测器拂晓号探测的主要科学目标如下：

1) 观察金星云层下方大气及其表面的气候研究。
2) 观察金星大气粒子辐射现象研究。
3) 对金星进行近距离拍照。
4) 金星表面大气的超旋现象研究（60 倍于金星自转线速度，达 100 km/s），以期解释传统气象学说无法解释的现象。

A.8.2　任务过程

日本当地时间 2010 年 5 月 21 日 6 时 58 分（北京时间 5 时 58 分），日本 H - 2A 火箭搭载日本首个金星探测器拂晓号在鹿儿岛县种子岛宇宙中心发射升空。除拂晓号外，H - 2A 火箭还搭载其他 5 颗小型卫星。

2010 年 12 月 8 日，拂晓号在最终的轨道调整过程中，由于推力器出现故障，导致推力不足，以使航天器减速到足以被金星的引力捕获，从而与金星"擦肩而过"，未能如期进入绕金星轨道，它再次接近金星要等到 6 年以后，于 2015 年 12 月 7 日开始执行金星轨道进入机动，12 月 9 日正式宣布航天器成功进入金星轨道。

A.8.3　平台方案

拂晓号航天器平台是一个 1.45 m×1.04 m×1.44 m 的立方体，带有两个太阳电池翼，每个电池板的面积约为 1.4 m²。太阳电池板在金星轨道上提供超过 700 W 的电力。金星比地球离太阳更近，因此受到强烈的阳光照射。垂直于太阳电池板的两个平面不暴露在阳光下，银辐射材料被用来将热量传送到太空中。其余的表面覆盖着金色的绝缘材料，以保护航天器的内部免受阳光导致的温度上升的影响。航天器发射时的总质量为 517.6 kg（图 A-37）。

推进由 500 N 双组元推进剂、肼-四氧化二氮轨道机动发动机和 12 个单组元推进剂肼反作用控制推进器提供，其中 8 个推力为 23 N，4 个推力为 3 N。它是第一个使用陶瓷（氮化硅）制动推进器的航天器。发射时的总推进剂质量为 196.3 kg。

通信系统采用 1.6 m 高增益天线的 X 波段应答机（8 GHz，20 W）。高增益天线是平的，以防止热量在其中积聚。拂晓号还有一对安装在转盘上的中增益喇叭天线和两个用于指令上行链路的低增益天线。当高增益天线不面向地球时，中增益喇叭天线用于管理数据下行链路。

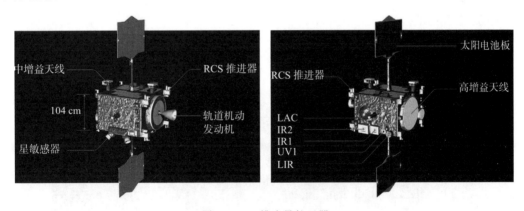

图 A-37　拂晓号航天器

A.8.4　有效载荷

拂晓号的有效载荷包括五个相机，它们可以获得紫外线和长波红外线之间不同波长的金星大气图像（图 A-38），还有一个超稳定的振荡器，用于测量温度和压力等的垂直分布。五个相机都面向同一方向安装，以便同时观测金星大气。

（1）1 μm 相机（IR1）

通过利用大约 1 μm 的波段，可以看到云层下方和金星表面附近的景象，并通过比较

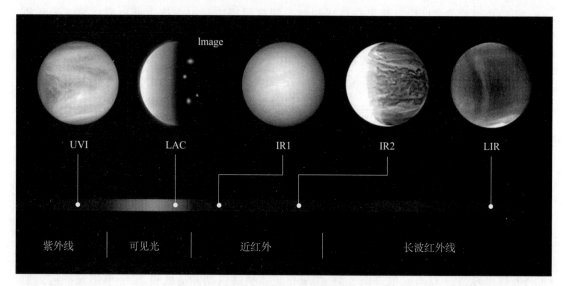

图 A-38　拂晓号的观测波长

不同波段的红外强度，可以研究云层在低层大气中的运动、水蒸气的分布、表面的矿物质组成，并可以检查活火山的存在。质量约为 6.7 kg，其中包括与 IR2 共用的电路，质量为 3.9 kg（图 A-39）。

波长：0.90 μm（夜面：地面和云层；日面：云）；0.97 μm（夜面：水蒸气）；1.01 μm（夜面：地面和云层）。

视场：12°×12°。

像元数：1 024×1 024。

探测器：硅 CSD/CCD 器件。

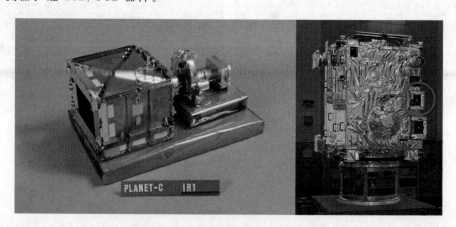

图 A-39　IR1 与其在拂晓号上的位置

（2）2 μm 相机（IR2）

可以通过从金星云层底部发出的 2 μm 波长来观测云层的密度、云颗粒的大小、一氧化碳的分布以及其他参数，从而可以深入了解低海拔地区的大气环流以及云层是如何形成的。在前往金星的途中也测量了黄道光，以研究太阳系中分布的尘埃。质量约为 18 kg（图 A - 40）。

波长：1.65/1.735/2.02/2.26/2.32 μm（黄道光/夜面 云和颗粒大小分布/日面：云顶高度/夜面：云和颗粒大小分布/夜面：二氧化碳）。

视场：12°×12°。

像元数：1 040×1 040。

探测器：铂硅 CSD/CCD 器件。

图 A - 40　IR2 与其在拂晓号上的位置

（3）长波红外相机（LIR）

用 10 μm 波长的红外线来测量云顶的温度。云顶二维温度分布可以用来研究上层云层中各种类型的波浪和对流，以及日面和夜面上层云顶的风速分布。质量约为 3.3 kg（图 A - 41）。

波长：10 μm（日面、夜面：云顶温度）。

视场：16°×12°。

像元数：240×320。

探测器：非冷却测辐射热仪。

（4）紫外成像仪（UVI）

UVI 获取紫外图像，使能够获得与云的形成有关的二氧化硫的分布，以及吸收紫外线的不明化学物质的分布。此外，还可以通过追踪金星云团在阳光中散射的紫外线所产生的黑暗和光线模式来测量云顶的风速。质量约为 4.1 kg（图 A - 42）。

波长：283/365 nm（日面：云顶二氧化硫/日面：不明吸收物质）。

视场：12°×12°。

像元数：1 024×1 024。

探测器：硅 CCD 器件。

图 A-41　LIR 与其在拂晓号上的位置

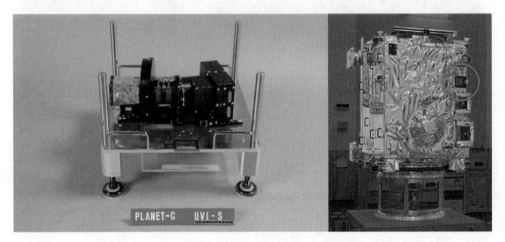

图 A-42　UVI 与其在拂晓号上的位置

（5）发光及气辉相机（LAC）

发光及气辉相机可以捕捉到 1/30 000 s 的亮度变化，每隔一小段时间检测一次闪电放电，可以用来解决关于金星大气中闪电发生的争议。此外，它捕捉到约 100 km 高空大气中氧气产生的气辉，使日面和夜面之间的大气环流和波动可视化。质量约为 2.3 kg（图 A-43）。

波长：545/480～605/557.7/777.4 nm（校正用/夜面：氧分子发出的气辉/夜面：氧原子发出的气辉/夜间：闪电放电）。

视场：16°×16°。

像元数：8×8。

探测器：多极雪崩二极管。

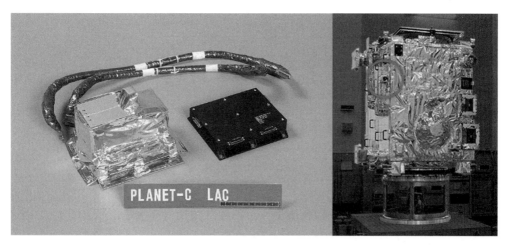

图 A - 43　LAC 与其在拂晓号上的位置

（6）超稳定振荡器（USO）

从地球上看，当拂晓号隐藏在金星后面时，由拂晓号发射的无线电波掠过金星大气层，到达地球。这会导致接收到的无线电波频率发生变化。通过分析这些变化，可以测量温度和硫酸蒸气的垂直分布。超稳定振荡器是一个无线电波发生器。

A.8.5　取得的成果

在 2015 年进入金星轨道几小时后，拂晓号首次发现了金星大气层中一个巨大的弯曲特征。这条巨大的曲线几乎一直延伸到南北两极之间，尽管有强烈的风，它仍然位于做阿佛洛狄忒台地的上空。后来的观察表明，这种"侧脸微笑"经常出现在金星上的几座高山上，一旦出现就会持续一个月左右。研究人员得出结论认为它们是由重力波引起的，重力波是空气在粗糙地形上移动时在大气中产生的涟漪。

拂晓号还在较低的云层中发现了一股在金星赤道附近以极快速度喷射的急流，这可能解释了在那里观察到的一些奇怪形状和漩涡——尽管急流本身尚未得到解释。不过已经绘制出了金星大气层的 3D 地图，包括空气的温度和压力及其组成部分，以及它们如何随时间变化。

A.9　真理号探测器

2014 年，NASA 向各大学、研究机构等征集"发现"级低成本行星科学任务提案。喷气推进实验室、加州理工学院等联合提出的真理号任务（金星发射率、无线电科学、干涉合成孔径雷达、地形学和光谱学，VERITAS）成为中选 A 阶段概念研究的任务之一。2021 年 6 月，真理号探测器计划获得 NASA 批准，预计将于 2029 年发射。

A.9.1　科学目标与工程目标

真理号任务主要目标包括：

1）生成金星全球高分辨率地形图，制成一系列金星全球图像，包括变形、表面组成、热发射和重力场图；

2）寻找金星上过去或现在水存在的证据；

3）确定当前的金星火山活动是否仅限于地幔柱区域，或是有更广泛的分布。

A.9.2　任务过程

图 A-44 显示了真理号任务的轨道设计。任务总持续时间为 64 个月（包括 1 个月的发射后检查），需要 1 480 m/s 的 ΔV。

在进入大椭圆金星轨道之后，科学观测将很快开始。在此期间，探测器在与金星快车相似的轨道上进行观测，金星发射率绘图仪（VEM）得到的观测结果可以与金星快车 VIRTIS 仪器的观测结果进行比较，并绘制具有更高信噪比和更多光谱细节的特征图。大约 4 个月后，探测器开始大气制动，降低高度，进入高度为 175～250 km、倾角为 88.5° 的近极地圆形轨道，开展第二阶段科学观测（图 A-45），持续 729 个地球日，环绕金星三圈。在大气制动（图 A-46）过程中，面积 52 m² 的太阳电池翼可产生足够的阻力来减少轨道能量，探测器通过精细的控制穿过金星大气层的上部。

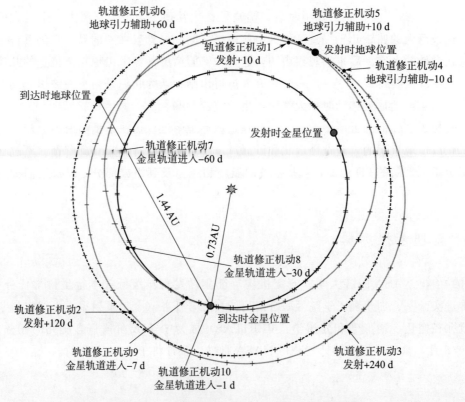

图 A-44　真理号任务 2021 年发射机会的轨道

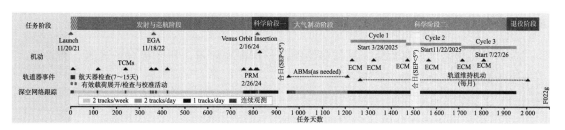

图 A-45　2021 年发射机会任务时间表

ECM—地球通信机动；PRM—周期缩减机动；ABM—大气制动机动；SEP—太阳、地球与探测器之间的夹角

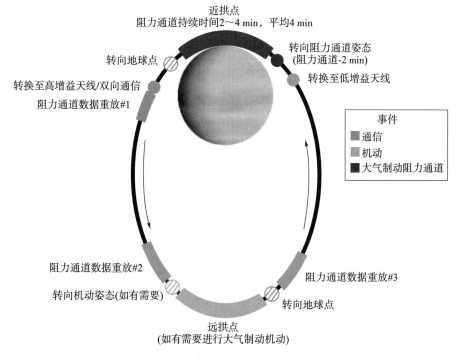

图 A-46　大气制动持续 257 天，提供了相当于 2.4 km/s 的 ΔV（见彩插）

A.9.3　平台方案

真理号探测器的热控管理方法是为了保证航天器的一个面始终朝向寒冷的天空，这意味着整个航天器周期性地旋转 180°，将金星发射率绘图仪从朝向天底、进行探测的方向翻转至朝向天空的方向。这种限制意味着第二阶段科学观测中金星发射率绘图仪只有一半的时间可以工作。

第二阶段科学观测期也是数据密度最高的任务阶段，探测器每天花 16 h 进行科学数据采集，剩下的 8 h 用于把数据通过下行链路传输至地球，开展重力科学测量。高增益通信天线固定安装在航天器的顶板上。在按计划收集数据的过程中，航天器将保持干涉合成孔径雷达（VISAR）指向偏离天底 30°处；金星发射率绘图仪则指向天底。在下行链路期间，通过把航天器整体转到朝向地球的姿态，让高增益天线指向地球。

A. 9. 4 有效载荷

为满足科学需求，真理号探测器将绘制高分辨率地形图，开展重力场观测，并将首次为金星绘制地表成分分布图和形变图。

（1）干涉合成孔径雷达（VISAR）

VISAR 生成全球高分辨率数字地面模型（DEM）、高达 15 m 分辨率的 SAR 图像和 2 mm 精度的地表形变测量（表 A - 31）。它只有一种操作模式，允许使用开/关命令进行简单操作。DEM 是使用单程 InSAR 产生的，两个天线之间有一个长度为 3.1 m 的固定（刚性）基线（图 A - 47）。最佳的观测方位是让天线的指向垂直于航天器平台的飞行轨迹，偏离天底的角度约为 30°。

表 A - 31　VISAR 数据产品可满足要求

性能	要求数值	实际值
高度精确度/m	10	4.4
最佳图像分辨率/m	20	15
DEM 覆盖率(%)	100%	148%
30 m 分辨率图像覆盖率(%)	100%	144%
15 m 分辨率图像覆盖率(金星表面区域粒度)	0.15	0.23
重复通过 I/F 形变误差/cm	2.0	0.2
重复通过 I/F 覆盖率(%)	0.1	0.16

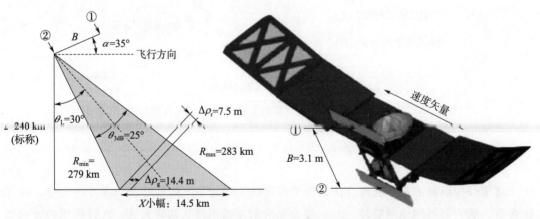

图 A - 47　VISAR 飞行构型，观测几何学为 DEM 数据获取进行了优化

VISAR 14 km 的带宽可保证相邻轨迹之间有足够的重叠，从而简化了图像的拼接。天线的支撑结构很紧凑，刚性地固定在航天器上。对于 14 km 的带宽，每个 0.6 m 高度的 VISAR 天线需要 2.5° 的横迹角视场。在 20 MHz 带宽下，SAR 图像很容易实现 15 m 的空间分辨率（横迹）。天线长度定为 3.9 m，以最小化 SAR 混叠效应。

VISAR 框图（图 A - 48）显示了喷气推进实验室（JPL）和意大利航天局（ASI）之间分系统职责的划分，ASI 提供了射频电子分系统（RFES）。数字电子分系统（DES）控制系统时序。一个线性调频信号发生器产生的雷达脉冲被路由到 RFES。两个冗余的、输出为 300 W 的 TWTA 之一放大脉冲进行传输。射频脉冲通过两个波导天线中的一个指向金星表面。两个天线都收集回波并将其路由到 RFES 中的两个射频前端接收器和一个频率下变频器中。DES 将每个接收器的信号数字化，并将输出首先传递给星载处理器（OBP），然后传递给固态记录器（SSR）。校准回路（使用重新路由的雷达脉冲）被用于校准雷达发射和接收路径。OBP 生成完全聚焦的 SAR 图像和干涉图，供 SSR 存储（图 A - 49）。所有 OBP 软件算法都很成熟，有飞行经验。在任务期间，可以将改进/校正软件上传到 OBP，提供额外的风险缓解方法，增加科学裕度。

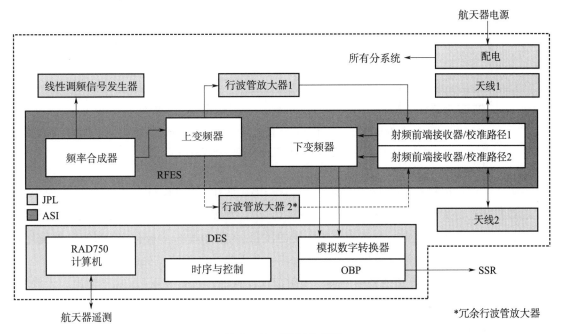

图 A - 48 VISAR 框图

金星轨道探测受限于可用的下行链路容量和 NASA 深空网络为"发现"级任务分配的资源。VISAR 的 OBP 通过将两个 SAR 天线的相干测量数据结合起来产生干涉图来减少数据量。重要的数据压缩（从 10 倍～1 000 倍）只发生在"期望平均"步骤之后，在此步骤中空间分辨率和空间采样频率降低（图 A - 49）。借助航天器星历的知识，VISAR 干涉图在地面上转换成金星表面 DEM。相同的 VISAR 测量结果通过星载处理，生成 30 m 和 15 m 空间分辨率的高分辨率雷达表面反射率 SAR 图像。DEM 和 SAR 图像产品遵循相同的处理流程。在重复轨道上，收集了一些数据用于重复通过干涉测量，这些数据不需要星载处理。

地基处理包括通过拼接产生金星全球 DEM 和 SAR 图像（使用辐射校正进行校准）。从同一地区采集的重复通过干涉测量（RPI）数据（间隔 243 天周期），通过处理得到精确的表面形变和相关测量。原始 RPI 数据还为更高分辨率的 DEM 分析和 OBP 算法验证提供了全分辨率干涉图。

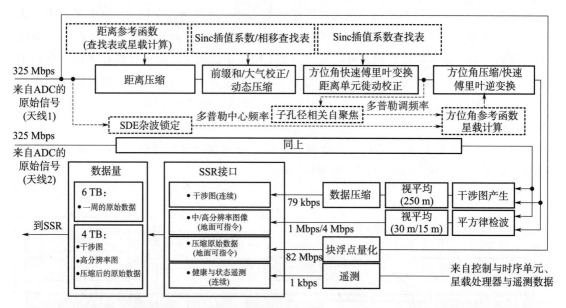

图 A‑49　VISAR 的输出数据量通过星载处理减少了 10～1 000 倍，保证了下行裕度。有飞行经验的
COTS 处理器中执行经过验证的处理算法

等效噪声后向散射系数（σ^0）设定为 −16.2 dB，这让 VISAR 可以对更低 σ^0 的极小粒度地形特征进行成像，而麦哲伦号（σ^0 为 −15 dB）则无法做到。总体辐射性能与麦哲伦号相当，但具有更好的空间分辨率。在选定的波长/入射角度，单极化（HH）足够使用，因为后向散射主要是由波长尺度的粗糙度效应（而不是介电效应）决定的。

VISAR 辐射定标方法强调端到端、发射前仪器特性，包括 TWTA 功率输出、天线增益和相位模式、相对于温度的基线稳定性、脉冲形状、接收器增益、A/D 转换器特性和校准回路特性等。在科学运行期间，校准回路使用路由通过接收器和 DES 的采样脉冲监测 TWTA 输出，以及 RFES 和 DES 特性。为了让图像产品的相对辐射标定优于 ±2.0 dB，比较了连续轨道通过之间的重叠。麦哲伦号对金星上非常粗糙表面的后向散射可作为绝对辐射校准的参考，校准范围在 ±1.0 dB 内。星历数据和连接点被用在轨道对之间，以提高星历的几何定位精度。

（2）金星发射率绘图仪（VEM）

德国宇航中心（DLR）的 VEM 仪器继承了金星快车上 VIRTIS 仪器的经验。它同样使用窄带大气窗口来研究金星的表面组成，但具有高得多的灵敏度以及光谱、空间覆盖率。VEM 的设计很大程度上借鉴了 DLR 的贝皮·科伦坡 MERTIS 仪器。它还吸取了 VIRTIS 的教训：带中心和宽度散射稳定性提高约 5 倍；挡板减少散射光，提高灵敏度；滤波器阵列（而不是光栅）带来了波长稳定性，最大限度地向焦平面阵列提供信号。

VEM 的空间分辨率受到金星大气散射的限制，对金星表面成像波段的要求是 100 km。VEM 的信噪比要求依赖于波段，范围为 4～500。基于 VIRTIS 对最小预期表面和大气辐射的测量（图 A‑50）而得出的预期性能很容易满足这些要求。任务要求覆盖率为 70%，VEM 可观测 88% 的金星表面，并提供了许多重复观测的机会。例如，凭借其30°视场，VEM 可以在约 15 h 的时间跨度内在邻近轨道上观测火山活动事件 10 次，满足短寿命热信号重复覆盖的要求。

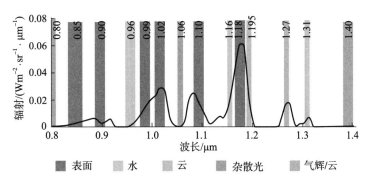

图 A-50　在所需光谱波段的夜侧辐射定义了 VEM 的最小期望信号（见彩插）

VEM 的框图如图 A-51 所示。挡板保护仪器不受杂散光的影响。远心光学器件将场景成像到滤波器阵列上。一个四镜头物镜将这幅图像传送到探测器上。30°光学视场在215 km 的高度产生 113 km 的扫描宽度，提供了对金星表面发射率和轨道-轨道重复覆盖的全面取样。VEM 以每像素 10 km 的速度过采样，以解释当地大气水汽的变化，去除云层。

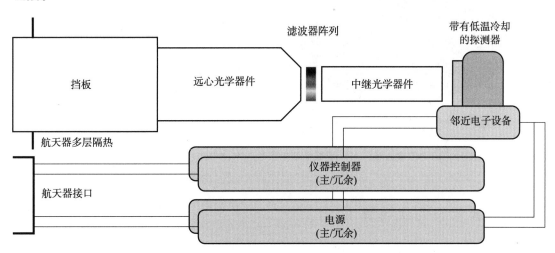

图 A-51　VEM 设计，使用了标准光学元件及冗余的仪器控制器和电源（见彩插）

VEM 使用多层介质涂层超窄带滤光片阵列将光线分成 14 个波段。滤波器阵列位于光路的中间焦点。每个波段都成像在焦平面阵列（FPA）的 17 个 500 像素行上。表面矿物学波段在云波段之间空间交错，在校准前后提供。

FPA 是一个航天级的 256×500 HgCdTe 探测器阵列，工作温度<200 K，以提供高信噪比。它用航天级 Ricor K508 冷却器冷却，平均失效时间>10 000 h。同样的冷却器在金星快车 SOIR 仪器上成功运行了 7 年。VEM 性能总结见表 A-32。

表 A - 32　VEM 性能

关键参数	能力	要求
条带宽度	128 km	50 km
地面分辨率	50 km	100 km
云顶分辨率	10 km	100 km
光谱波段	14	2
光谱范围/μm	0.85～1.7	1.02～1.19
光谱带宽（每波段）	10 nm	40 nm
1.02 μm 的信噪比	600	4

（3）重力科学

两个相干无线电链路（X 波段和 Ka 波段）通过高增益天线在 NASA 深空网络和航天器通信分系统之间提供通信。在 10 s 积分时间，双向 Ka 波段多普勒数据质量约为 0.015 mm/s，具有 145 km 的空间分辨率（任务要求为 200 km），在阶次为 130 时，精度为 3 毫伽（任务要求阶次为 95 时，精度为 7 毫伽）。

与麦哲伦号相比，真理号探测器的高分辨率全球均匀重力场分辨率提高了 3 倍（图 A - 52）。真理号结果将与麦哲伦号最佳分辨率成像在重叠区域进行交叉校准。

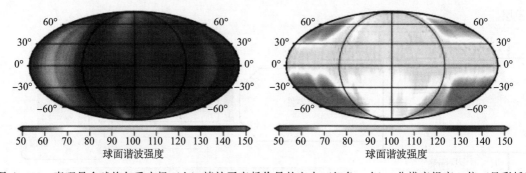

图 A - 52　真理号全球均匀重力场（左）填补了麦哲伦号的空白（红色，右），分辨率提高 3 倍（见彩插）

A.10　达芬奇号探测器

2014 年，NASA 征集"发现"级任务提案时，NASA 戈达德航天中心提出的金星深层大气惰性气体、化学和成像任务（DAVINCI）也被选中开展 A 阶段概念研究。2019 年，任务进行了改进，重命名为达芬奇号（DAVINCI＋），并参加了 NASA "发现"级任务竞赛。2021 年，NASA 批准了该计划，达芬奇号任务预计于 2029 年 6 月发射，将成为第一个把飞掠、下降探测器和轨道器结合成一个统一架构的金星探测任务。其结果将带来对金星的大气层、表面和演化路径的全新认识。该任务与真理号任务高度互补。

A.10.1　科学目标与工程目标

达芬奇号任务的科学目标包括：

1）研究金星大气起源和演化：了解金星大气的起源及其演变过程，以及它为什么不同于地球和火星的大气；

2）研究金星大气成分和金星地表的相互作用：了解水在金星上的历史和在低层大气中起作用的化学过程；

3）研究金星地表特性：了解金星特有的构造变形高地（tesserae）的起源及其构造，提高对火山和风化历史的认识。

A.10.2　任务过程

在 2019 年提交 NASA 评审时，达芬奇号任务主要设计包含 2026 年发射，以及 2027 年底之前的两次飞掠（图 A-53）。航天器抵达金星后，下降探测器将在穿越金星大气期间测量金星大气的化学性质，下降探测器开展的原位调查将与动态大气、云层，以及轨道器对金星表面特性的遥感观测相关联。

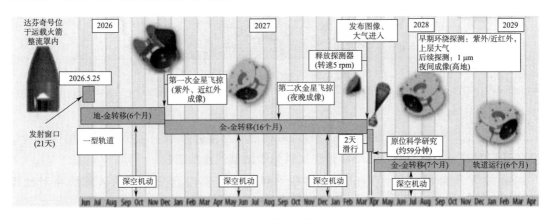

图 A-53　达芬奇号任务概念

A.10.3　平台方案

携带器/通信/轨道航天器平台是由洛马公司生产的（图 A-54）。

A.10.4　有效载荷

达芬奇号下降探测器主要科学载荷是金星分析实验室套件（Venus Analytic Laboratory, VAL）。VAL 的设计基于好奇号火星车上的火星样品分析仪（SAM）。该套件中含有 4 个科学仪器，将在探测器下降期间提供高保真协同测量：

1）金星质谱仪（VMS），将开展金星上稀有气体和痕量气体的综合原位调查；

2）金星可调谐激光光谱仪（VTLS），将对金星上的目标痕量气体和相关同位素比值

图 A - 54　达芬奇号任务组成

进行高灵敏度的原位测量；

　　3）金星大气结构调查套件（VASI），可在进入和下降期间对金星大气层结构和动态变化进行测量，为重建探测器下降过程提供化学测量的背景信息；

　　4）金星下降成像仪（VenDI），将在下降位置提供构造变形高地区域的高对比度图像。

　　轨道器上安装了一套多波段成像系统，包括紫外线、近红外线（1 μm）和工程窄视场模式。

附录 B 金星探测活动年表（1961—2010 年）

日期	探测器	国家和地区	运载火箭	任务类型	任务结果	任务概述
1961.2.4	金星-1961A (Venera-1961A)	苏	闪电 (Molniya)	金星撞击	失利	苏联第一颗金星探测器，先进入 328 km×224 km，倾角为 65°地球轨道，但此后未能离开地球轨道，2月26日解体，坠入大气层
1961.2.12	金星1号 (Venera-1)	苏	闪电 (Molniya)	金星撞击	失利	苏联第一颗飞掠金星的探测器，发射后先进入 319 km×198 km 地球轨道，同日该探测器进入飞向金星的轨道。与金星1号探测器的通信保持到2月17日，10天后因为未能建立重新联系，飞行任务失利。苏联甚至求助于英国的射电望远镜，但是仍无效果。估计金星1号探测器大概于1961年5月19日—20日在距金星约100 000 km处飞过
1962.7.22	水手1号 (Mariner-1)	美	宇宙神-阿金纳 B (Atlas-AgenaB)	飞掠金星	失利	运载火箭公式编码错误，发射后4 min 50 s，运载火箭偏离预定航向，在发射场以东几百千米的高空被安全官员指令自毁
1962.8.25	金星-1962A (Venera-1962A)	苏	闪电 (Molniya)	金星探测器	失利	未能离开地球轨道
1962.8.27	水手2号 (Mariner-2)	美	宇宙神-阿金纳 B (Atlas-AgenaB)	飞掠金星	成功	首次飞掠金星(109天后，距金星 34 830 km)，发现其表面温度远高于预计温度，探测到来自太阳的高能粒子
1962.9.1	金星-1962B (Venera-1962B)	苏	闪电 (Molniya)	金星探测器	失利	未能离开地球轨道
1962.9.12	金星-1962C (Venera-1962C)	苏	闪电 (Molniya)	飞掠金星	失利	未能离开地球轨道
1963.11.11	宇宙-21 (Cosmos-21)	苏	闪电 (Molniya)	金星试验	失利	未能离开地球轨道
1964.2.19	金星-1964A (Venera-1964A)	苏	闪电-M (Molniya-M)	飞掠金星	失利	未能进入地球轨道

续表

日期	探测器	国家和地区	运载火箭	任务类型	任务结果	任务概述
1964.3.1	金星-1964B (Venera-1964B)	苏	闪电-M (Molniya-M)	飞掠金星	失利	可能是因运载火箭故障导致任务失败
1964.3.21	金星-1964C (Venera-1964C)	苏	闪电-M (Molniya-M)	飞掠金星	失利	未能进入地球轨道
1964.3.27	宇宙-27 (Cosmos-27)	苏	闪电-M (Molniya-M)	飞掠金星	失利	未能离开地球轨道
1964.4.2	探测器-1 (Zond-1)	苏	闪电-M (Molniya-M)	飞掠金星	失利	5月14日通信故障，失去联系
1965.11.12	金星2号 (Venera-2)	苏	闪电-M (Molniya-M)	飞掠金星	失利	1966年2月27日在距离金星24 000 km处以足够精确的轨道飞掠金星，其任务是飞掠时所记录金星时拍摄影，但接近金星时超过了预期限度，导致无线电通信中断，因此未接收到任何关于金星环境的实际数据
1965.11.16	金星3号 (Venera-3)	苏	闪电 (Molniya)	金星探测器	失利	第一个硬着陆金星的探测器。在进入金星大气层前抛出金星着陆舱，但不清楚该操作是否完成。在探测器接近金星时，很明显由于高温使无线电通信受到破坏，没有返回任何数据。估计该探测器在1966年3月1日坠毁于金星表面
1965.11.23	宇宙-96 (Cosmos-96)	苏	闪电-M (Molniya-M)	金星探测器	失利	发射进入了与金星2号、金星3号相似的轨道，再次点火时可能发生了爆炸，解体成8块，在16天后坠毁
1965.11.23	金星-1965A (Venera-1965A)	苏	闪电-M (Molniya-M)	飞跃金星	失利	发射失利
1967.6.12	金星4号 (Venera-4)	苏	闪电-M (Molniya-M)	金星探测器	成功	首次成功地进行了金星大气层探测（10月18日）。发回了数据，在27 km高度坠毁
1967.6.14	水手5号 (Mariner-5)	美	宇宙神-阿金纳D (Atlas-Agena D)	飞掠金星	成功	第二次成功地飞掠金星（10月19日，3 990 km高度）
1967.6.17	宇宙167 (Cosmos-167)	苏	闪电-M (Molniya-M)	金星探测器	失利	宇宙167号探测器上装有金星5号的有效载荷，其轨道高度比金星4号略高。由于行星际级点火失败，未能离开地球轨道，运载火箭及其他3个碎片在6月25日坠入大气层

续表

日期	探测器	国家和地区	运载火箭	任务类型	任务结果	任务概述
1969.1.5	金星 5 号（Venera - 5）	苏	闪电 - M（Molniya - M）	金星探测器	部分成功	5 月 16 日，在距离金星 37 000 km 处释放出着陆舱，以 11.2 km/s 速度进入大气层，然后迅速地减速，在减速到 210 m/s 时，打开降落伞，并重新建立了与地面的通信，通信持续了 53 min，收集到 36 km 距离的数据，但此时压强达到 27 kg/cm²，在 24～26 km 高度，压碎了着陆舱
1969.1.10	金星 6 号（Venera - 6）	苏	闪电 - M（Molniya - M）	金星探测器	部分成功	5 月 17 日，着陆舱进入金星大气层，估计在 10～12 km 高度通信突然中断，着陆舱可能着陆在山上或高原上。连续 51 min 发射回 38 km 距离的金星数据
1970.8.17	金星 7 号（Venera - 7）	苏	闪电号 - M（Molniya - M）	金星探测器	成功	12 月 15 日，探测器释放的着陆舱打开降落伞，35 km 后登陆在金星表面。由于着陆舱下降太快，导致撞击在金星表面，造成通信中断，但后来苏联跟踪网又继续记录下易于理解的噪声信号。经过大量计算后处理，从中提取出 23 min 的宝贵数据，测得金星表面大气压强至少为地球的 90 倍，温度高达 470 ℃
1970.8.22	宇宙 - 359（Cosmos - 359）	苏	闪电 - M（Molniya）	金星探测器	失利	由于火箭发动机故障，探测器没能达到地球逃逸速度从而未能离开地球轨道
1972.3.27	金星 8 号（Venera - 8）	苏	闪电 - M（Molniya - M）	金星探测器	成功	成功着陆（7 月 22 日）并进行了大气层探测，降落后发回到 50 min 数据，化验了金星土壤，对金星表面的太阳光强度和云层进行了电视层转播
1972.3.31	宇宙 - 482（Cosmos - 482）	苏	闪电 - M（Molniya - M）	金星探测器	失利	未能离开地球轨道。发射后，探测器进入了地球轨道，后发动机出现故障，未能飞离地球轨道，将它送入一个 9 812 km ×210 km 的椭圆轨道，任务失利
1973.11.ᴜ	水手 10 号（Mariner - 10）	美	宇宙神半人马座（Altas - Centaur）	飞掠水星/金星	成功	首次飞掠水星，首次获得水星/金星图像（6 800 张图像）。1974 年 2 月 5 日在距金星 5 760 km 处飞过，1974 年 3 月 29 日在距水星 271 km 处飞过（发回 2300 幅图像）。1974 年 9 月 21 日在距水星 48 069 km 处飞过
1975.6.8	金星 9 号（Venera - 9）	苏	质子 K/Block D（ProtonK/Block D）	金星轨道器/着陆器	成功	首个金星轨道器（10 月 22 日）。它和金星 10 号形成第一对人造金星卫星。两者探测了金星大气结构和特性，首次发回了电视摄像机拍摄的金星表面全景图像

续表

日期	探测器	国家和地区	运载火箭	任务类型	任务结果	任务概述
1975. 6. 14	金星 10 号 (Venera – 10)	苏	质子 K/Block D (ProtonK/Block D)	金星轨道器/着陆器	成功	第二个金星轨道器(10 月 25 日),拍摄了金星表面图像,在着陆后发回 65 min 的图像和数据
1978. 5. 20	金星先驱者 1 号 (Pioneer – Venus – 1)	美	宇宙神-半人马座 (Altas – Centaur)	金星轨道器	成功	第三个金星探测器,一直工作到 1992 年 10 月 8 日烧毁
1978. 8. 8	金星先驱者 2 号 (Pioneer – Venus – 2)	美	宇宙神-半人马座 (Atlas – Centaur)	金星轨道器	成功	释放了 4 个子探测器,成功地进行了金星探测,获得了金星表面数据
1978. 9. 9	金星 11 号 (Venera – 11)	苏	质子 K/Block D (ProtonK/Block D)	金星着陆器	成功	金星 11 号和金星 12 号携带了多种科学仪器,可用来精确地测量金星大气成分,分析分散的太阳辐射光谱和检测土壤成分。在 12 月 25 日成功着陆后,工作了 95 min,但地面没有接收到金星表面图像
1978. 9. 14	金星 12 号 (Venera – 12)	苏	质子 K/Block D (ProtonK/Block D)	金星着陆器	成功	12 月 21 日成功着陆,运行了 110 min,没有发回图像
81. 10. 30	金星 13 号 (Venera – 13)	苏	质子 K/Block D (ProtonK/Block D)	金星着陆器	成功	第三次获得金星表面图像(第一次彩色图像);首次进行土壤分析。1982 年 3 月 1 日着陆后工作了 127 min
1981. 11. 4	金星 14 号 (Venera – 14)	苏	质子 K/Block D (ProtonK/Block D)	金星着陆器	成功	第四次获得金星表面图像(第二次彩色图像);再次进行土壤分析。1982 年 3 月 3 日着陆后工作了 57 min
1983. 6. 2	金星 15 号 (Venera – 15)	苏	质子 K/Block D (ProtonK/Block D)	金星轨道器	成功	对金星进行了雷达测绘(分辨率为 1~2 km),成为金星的人造卫星;第四个金星轨道器(1983 年 10 月 10 日),每 24 h 环绕金星一周,探测了金星表面以及大气层的情况
1983. 6. 7	金星 16 号 (Venera – 16)	苏	质子 K/Block D (ProtonK/Block D)	金星轨道器	成功	对金星进行了雷达测绘(分辨率为 1~2 km);第五个金星轨道器(1983 年 10 月 16 日),成为金星的人造卫星,每 24 h 环绕金星一周,探测了金星表面以及大气层的情况
1984. 12. 15	织女星 1 号 (Vega – 1)	苏	质子 K/Block D (ProtonK/Block D)	金星着陆器/飞掠哈雷彗星	成功	投放了首个金星气球(1985 年 6 月 11 日)并释放了着陆器(运行了 56 min,未拍照),1986 年 3 月 6 日首次在距彗星 8 890 km 处飞过
1984. 12. 21	织女星 2 号 (Vega – 2)	苏	质子 K/Block D (ProtonK/Block D)	金星着陆器/飞掠哈雷彗星	成功	投放了第二个金星气球(1985 年 6 月 15 日),并释放了着陆器(运行了 57 min,拍照),1986 年 3 月 9 日在距彗星 8 030 km 处飞过

续表

日期	探测器	国家和地区	运载火箭	任务类型	任务结果	任务概述
1989.5.4	麦哲伦号 (Magellan)	美	航天飞机/IUS	金星轨道器	成功	金星雷达测绘探测器。其任务是用高性能的合成孔径雷达对整个金星表面拍摄高分辨率的照片；为金星表面作了 98% 的重力地图，分辨率为 300 m，还为这颗行星作了 95% 的地方场图。1992 年 9 月 14 日，探测器的两台数据传输器有一台无法接收图像，另一台也处于半工作状态。1994 年 10 月 12 日最后一次与地面联系，10 月 13 日坠毁
2005.11.9	金星快车 (Venus Express)	欧	联盟-弗雷盖特 (Soyuz – Fregat)	金星轨道器	成功	已于 2006 年 4 月 11 日到达金星，然后调整为椭圆观测轨道（250～400 km×66 600 km），开展为期 500 天的探测工作。该探测器上搭载有 7 种科学仪器，可以对金星表面和气候等进行测绘
2010.05.21	拂晓号	日	H – 2A	金星探测器	入轨失利，5 年后再次入轨成功	拂晓号由 H – 2A 火箭直接从种子岛发射进地球运行轨道，发射后大约运行 180 天，即 2010 年 12 月就入绕金星运行轨道。拂晓号的金星观测轨道基本上是一个绕黄道面顺时针运行的长椭圆轨道，其近金星点高度约为 300 km，远金星点高度约为 80 000 km（是金星半径的 13 倍），轨道倾角约为 172°，轨道周期为 30 h

注：1 天文单位（AU）=1.495 978 7×10^8 km。

附录 C 大气模型和参数表

金星中低层大气模型见表 C-1，可用的金星高层大气模型见表 C-2，云雾层基本参数见表 C-3。

表 C-1 金星中低层大气模型

高度/km	温度/K	压强/bar	密度/(kg/m³)	纬向风速/(m/s)
0	735.3	92.1	64.79	0.39
1	727.7	86.45	61.56	0.65
2	720.2	81.09	58.45	1
3	712.4	76.01	55.47	1.2
4	704.6	71.2	52.62	1.33
5	696.8	66.65	49.87	1.5
6	688.8	62.35	47.24	1.78
7	681.1	58.28	44.71	2.1
8	673.6	54.44	42.26	3
9	665.8	50.81	39.95	4.07
10	658.2	47.39	37.72	4.75
11	650.6	44.16	35.58	6.82
12	643.2	41.12	33.54	7.82
13	635.5	38.26	31.6	11.01
14	628.1	35.57	29.74	13.67
15	620.8	33.04	27.95	17.76
16	613.3	30.66	26.27	20.34
17	605.2	28.43	24.68	22.33
18	597.1	26.33	23.18	24.96
19	589.3	24.36	21.74	26.22
20	580.7	22.52	20.39	27.83
21	572.4	20.79	19.11	29.24
22	564.3	19.17	17.88	30
23	556	17.66	16.71	30.86
24	547.5	16.25	15.62	31.51
25	539.2	14.93	14.57	32.39
26	530.7	13.7	13.59	33.34
27	522.3	12.56	12.65	34.04

续表

高度/km	温度/K	压强/bar	密度/(kg/m³)	纬向风速/(m/s)
28	513.8	11.49	11.77	34.64
29	505.6	10.5	10.93	35.29
30	496.9	9.581	10.15	36
31	488.3	8.729	9.406	36.36
32	479.9	7.94	8.704	36.71
33	471.7	7.211	8.041	36.67
34	463.4	6.537	7.42	36.85
35	455.5	5.917	6.831	37.17
36	448	5.346	6.274	37.57
37	439.9	4.822	5.762	38.09
38	432.5	4.342	5.276	38.99
39	425.1	3.903	4.823	40.19
40	417.6	3.501	4.404	41.52
41	410	3.135	4.015	43.48
42	403.5	2.802	3.646	45.27
43	397.1	2.499	3.303	47.27
44	391.2	2.226	2.985	49.97
45	385.4	1.979	2.693	54.14
46	379.7	1.756	2.426	57.5
47	373.1	1.556	2.186	59.27
48	366.4	1.375	1.967	60.81
49	358.6	1.213	1.769	61.39
50	350.5	1.066	1.594	61.27
51	342	0.934 7	1.432	60.3
52	333.3	0.816 7	1.284	59.94
53	323	0.710 9	1.153	59.24
54	312.8	0.616	1.032	59.26
55	302.3	0.531 4	0.921	59.64
56	291.8	0.455 9	0.818	60.79
57	282.5	0.389 1	0.721	62.3
58	275.2	0.330 6	0.629	63.81
59	268.7	0.279 6	0.545	68.52
60	262.8	0.235 7	0.469	78.49
61	258.65	0.197 7	0.400	86.47
62	254.5	0.165 9	0.341	91.86

续表

高度/km	温度/K	压强/bar	密度/(kg/m³)	纬向风速/(m/s)
63	249.95	0.138 5	0.289	93.68
64	245.4	0.115 6	0.2443	94.5
65	243.2	0.096 0	0.206	94.69
66	241	0.079 7	0.173	94.31
67	238.2	0.065 9	0.145	93.64
68	235.4	0.054 5	0.121	93.03
69	232.6	0.044 8	0.101	92.6
70	229.8	0.036 9	0.083 9	91.96
71	226.95	0.030 2	0.069 6	90.33
72	224.1	0.024 8	0.057 8	86.03
73	221.35	0.020 2	0.047 7	83.69
74	218.6	0.016 5	0.039 3	81.75
75	215.35	0.013 3	0.032 4	79.91
76	212.1	0.010 8	0.026 6	76.11
77	208.7	8.71e−03	0.021 8	69.82
78	205.3	7.01e−03	0.017 5	66.27
79	201.2	5.60e−03	0.014 5	63.39
80	197.1	4.48e−03	0.011 7	59.89
81	193.5	3.55e−03	9.57e−04	52.64
82	189.9	2.81e−03	7.73e−04	49.32
83	186.85	2.21e−03	6.17e−04	44.49
84	183.8	1.73e−03	4.93e−04	38.03
85	181	1.35e−03	3.90e−04	34.39
86	178.2	1.05e−03	0.003 088	29.81
87	175.9	8.15e−04	2.42e−04	27.52
88	173.6	6.31e−04	1.90e−04	23.66
89	171.5	4.86e−04	1.48e−04	19.63
90	169.4	3.74e−04	1.15e−03	15.19
91	168.3	2.86e−04	8.87e−04	14.55
92	167.2	2.19e−04	6.84e−04	14.08
93	167.2	1.68e−04	5.23e−04	13.17
94	167.2	1.28e−04	3.995e−04	11.9
95	168.2	9.81e−05	3.04e−04	11.13
96	169.2	7.52e−05	2.31e−04	10.58
97	170.6	5.78e−05	1.77e−04	10.17

续表

高度/km	温度/K	压强/bar	密度/(kg/m³)	纬向风速/(m/s)
98	172	4.45e−05	1.35e−04	9.86
99	173.7	3.44e−05	1.03e−04	9.76
100	175.4	2.66e−05	7.89e−05	9.76

表 C-2　可用的金星高层大气（热层）模型

名称	类型	覆盖范围	输入	输出
Pioneer Venus Thermospheric Model	经验模型	全球 140～250 km 高度	太阳活动指数、高度、纬度、地方时	CO_2、O、CO、N_2、He、N 数密度、质量密度和温度
VenusITM - IGGCAS	理论模型	全球 94～200 km 高度	太阳活动指数	CO_2、CO、O、N_2、O_2、NO、N（4S）、N（2D）、He、Ar 中性数密度，中性质量密度和中性温度、等离子体密度

表 C-3　云雾层基本参数

区域	高度/km	0.63 μm 处光学深度	颗粒平均直径/μm	平均数密度/cm⁻³
高雾层	70～90	0.2～1.0	0.4	500
高云层	56.5～70	6.0～8.0	类型 1：0.4	1 500
			类型 2：2.0	50
中云层	50.5～56.5	8.0～10.0	类型 1：0.3	300
			类型 2：2.5	50
			类型 3：7.0	10
低云层	47.5～50.5	6.0～12.0	类型 1：0.4	1 200
			类型 2：2.0	50
			类型 3：8.0	50

注：三态典型粒子半径分别为 0.15～0.2 μm（类型 1）、1～1.25 μm（类型 2）和 3.5～4.0 μm（类型 3）。

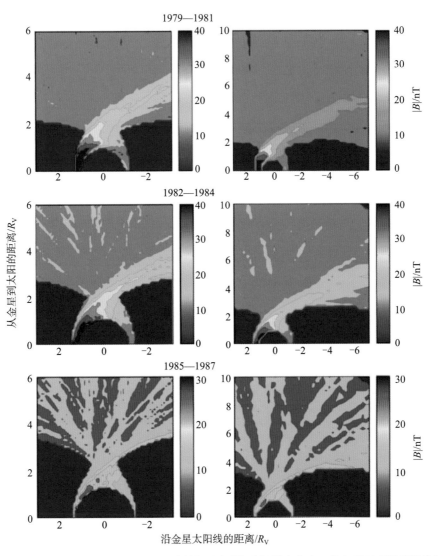

图 2 - 3　金星先驱者号（PVO）在金星周围观测到的磁场强度分布。从上到下观测周期分别为
1979—1981、1982—1984、1985—1987。由图可以看出，金星感应磁层的磁场强度随着太阳活动
从高年（上）到低年（下）逐渐变弱（Russell，et al.，2006）（P19）

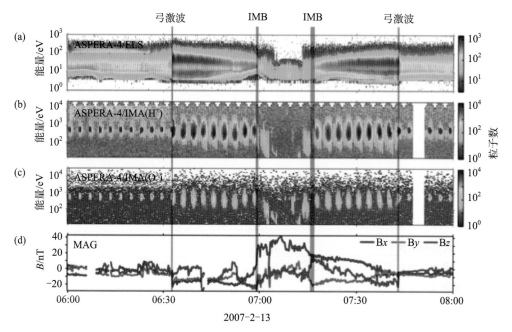

图 2-4　金星快车在 2007 年 2 月 13 日的轨道上观测到的典型粒子和磁场数据。分别为 ASPERA-4/ELS
观测到的电子能谱（a）、ASPERA-4/IMA 观测到的氢离子 H^+ 能谱（b）和氧离子 O^+ 能谱（c），
以及磁强计观测到的磁场（d）。可以看出，卫星在 6：35 和 7：45 左右穿入和穿出弓激波（Bow Shock），
弓激波以内能量电子的密度增加（a），同时质子温度升高（b）。卫星在 7：00 和 7：18 左右穿入和穿出
感应磁层边界（IMB），感应磁层边界以内可以看到金星氧离子（c），同时热电子急剧减少（a），
磁层强度增加（d）。（Futaana，et al.，2017）（P20）

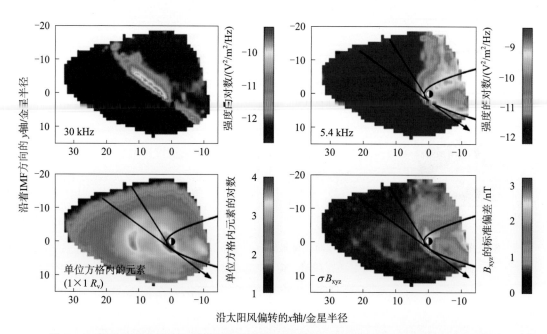

图 2-6　金星先驱者号在金星周围观测到的不同频率磁场扰动分布。左图为 30 kHz 磁场
扰动强度，右图为 5.4 kHz 磁场扰动强度（Russell，et al.，2006，PSS）（P22）

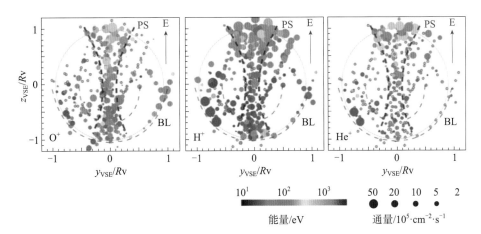

图 2-12　金星磁尾横切面观测到的平均离子通量，在 VSE 坐标系中，对流电场的发现沿着 Z 轴，

观测到的来自金星的出流离子种类从左至右分别为 O^+、H^+、He^+。圆点的

颜色代表了离子能量，圆点的大小代表了通量（Barabash，et al.，2007a）（P27）

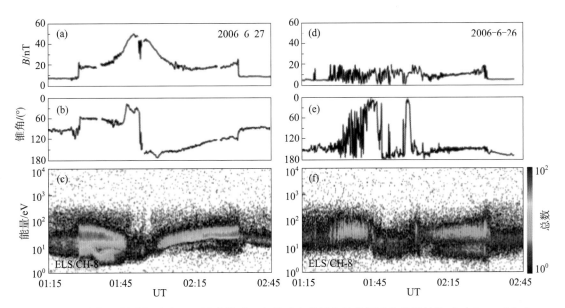

图 2-23　在行星际磁场垂直于日星连线时，金星感应磁层会呈现标准的拖拽结构［(a) ~ (c)］，

而当行星际磁场平行于日星连线时，金星感应磁层会"消失"［(d) ~ (f)］

（Zhang，et al.，2009）（P35）

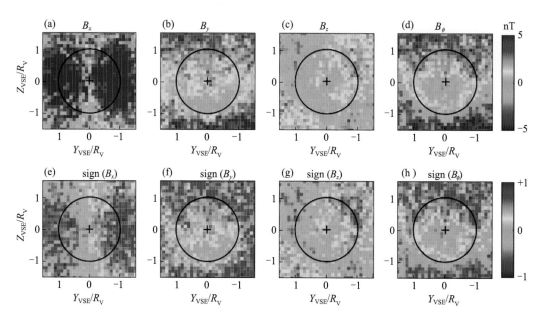

图 2-24　利用金星快车磁场观测，统计分析了在 VSE 坐标系下金星磁尾的磁场分量（x，y，z，ϕ）的强度 [（a）～（d）] 和方向 [（e）～（h）] 的分布（Chai，et al.，2016）（P36）

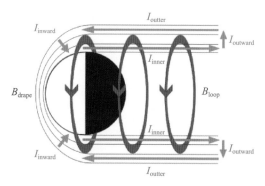

图 2-25　基于金星快车在磁尾的观测，构建的金星磁尾环形磁场（红色圆圈）和该磁场对应的电流体系（绿色箭头）（Chai，et al.，2016，JGR）（P37）

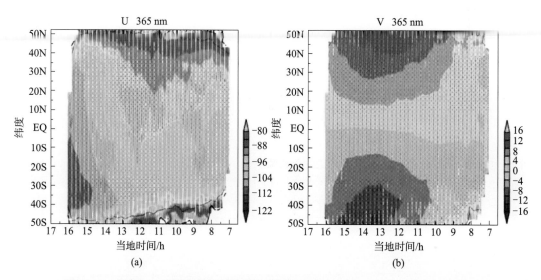

图 3-8　在 365 nm 波段观测云得到的平均风（Horinouchi，et al.，2018）（P57）

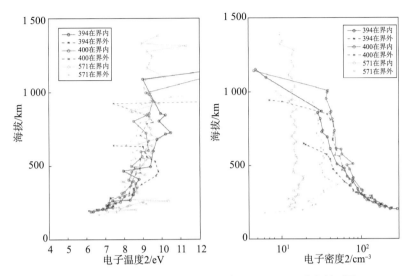

图 4-8 金星先驱者号不同轨道测量得到的 T_e 和 N_e 垂直剖面图 (P70)

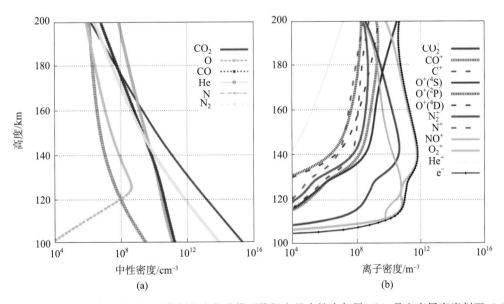

图 4-10 基于金星先驱者号观测数据的光化学模型模拟金星中性大气层 (b) 及电离层密度剖面 (a): (a) 图为中性粒子 CO_2、N_2、O、CO、He、N 密度，(b) 图包含 11 种离子密度 (Ambili, et al., 2019)(P71)

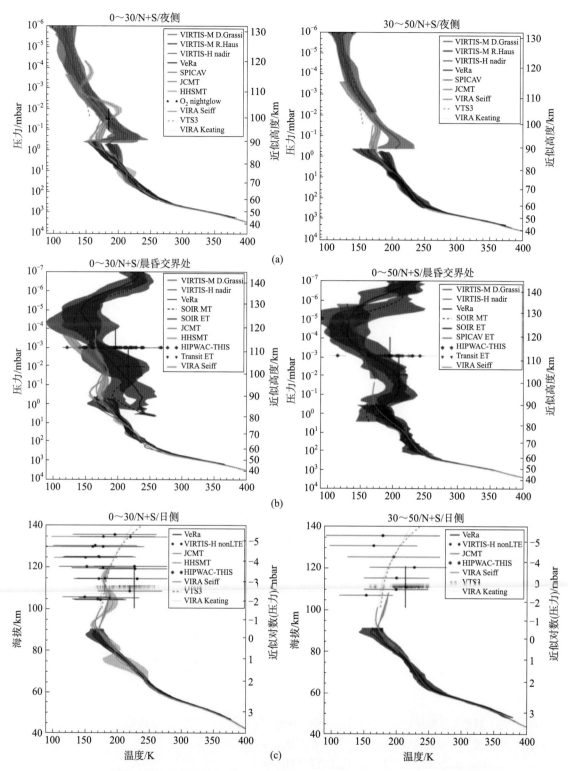

图 4-11　金星大气从赤道至南北纬 30°（左图）和从南北纬 30°～50°（右图）在夜侧（a）、
晨昏交接处（b）和日侧（c）的垂直温度廓线。图中不同实线代表不同仪器测量或
模型模拟结果，阴影表示不确定度（P72）

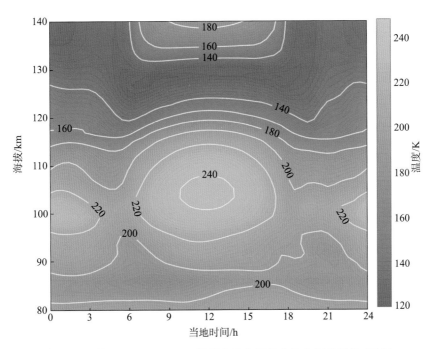

图 4 - 12　基于 IPSL - VGCM 模型参数化后的金星大气温度场（P73）

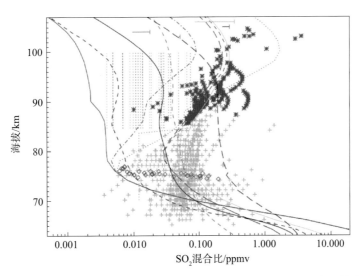

图 4 - 18　观测及模拟得到的 SO_2 混合比剖面。绿色十字为 SOIR 的观测，蓝色星号为 SPICAV - UV
的观测，红色菱形为哈勃太空望远镜的观测，洋红色点为麦克斯韦望远镜的观测，蓝色线条为 Zhang 等人
（2010；2012）的模拟结果，红色虚线为 Mills 和 Allen（2007）的模拟结果，黑色线条为
Krasnopolsky（2012）的模拟结果，青色线条为 Parkinson 等人（2015）的模拟结果
（Marcq，et al.，2017）（P77）

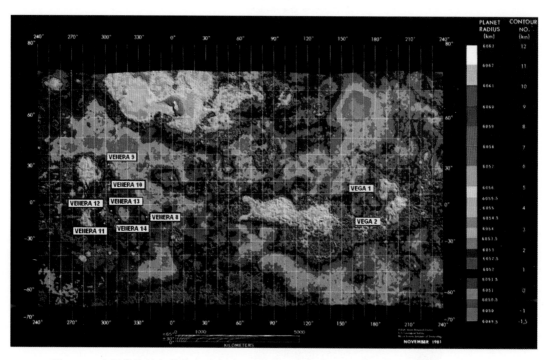

图 5-2　金星着陆任务着陆点示意图（https：//commons. wikimedia. org/w/index. php？
curid＝2051774，P89）

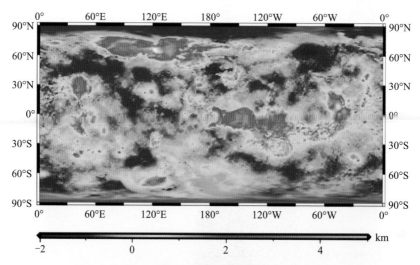

图 6-2　基于麦哲伦号搭载的测高仪获取的金星地形

（数据来源于 Rappaport，et al.，1999，P110）

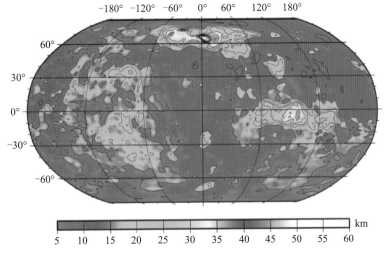

图 6-3 金星的壳层厚度分布 (修改自 James，et al.，2013，P115)

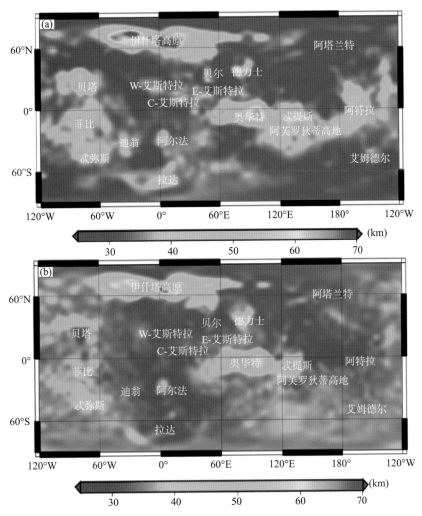

图 6-4 不考虑动力地形 (a) 和考虑动力地形 (b) 的金星壳层厚度

(修改自 Wei，et al.，2014，P115)

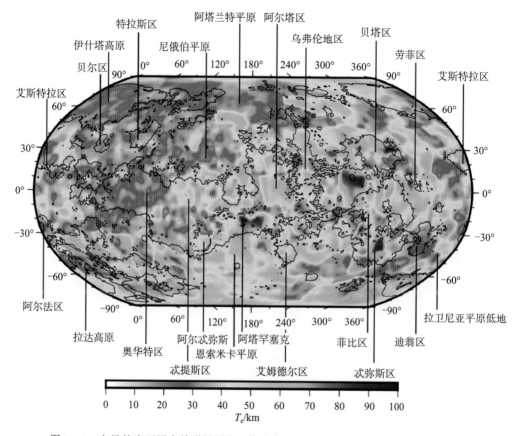

图 6-5　金星的岩石圈有效弹性厚度（修改自 Jimenez-Diaz, et al., 2015, P116）

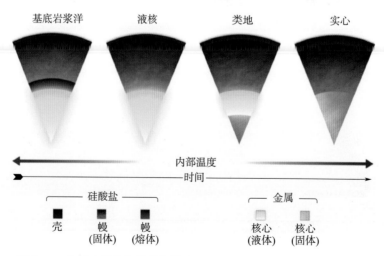

图 7-3　金星内部结构的可能模型（O'Rourke, et al., 2023, P128）

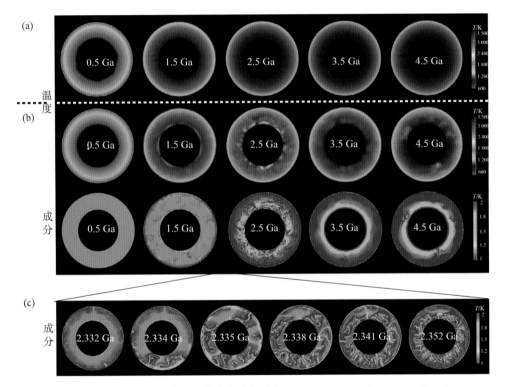

图 7 - 5　盖层对流与幕式翻转对流演化过程（Lourenco，et al.，2016，P130）

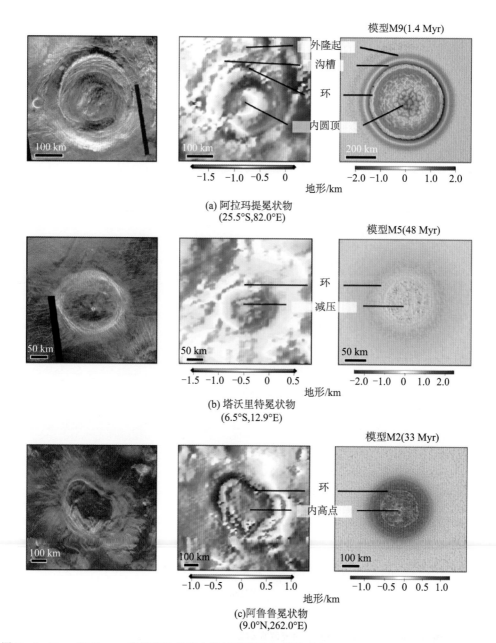

图 7-7 Nova 和 Corona 构造演化的动力学过程以及与观测对比（Gulcher，et al.，2020，P132）

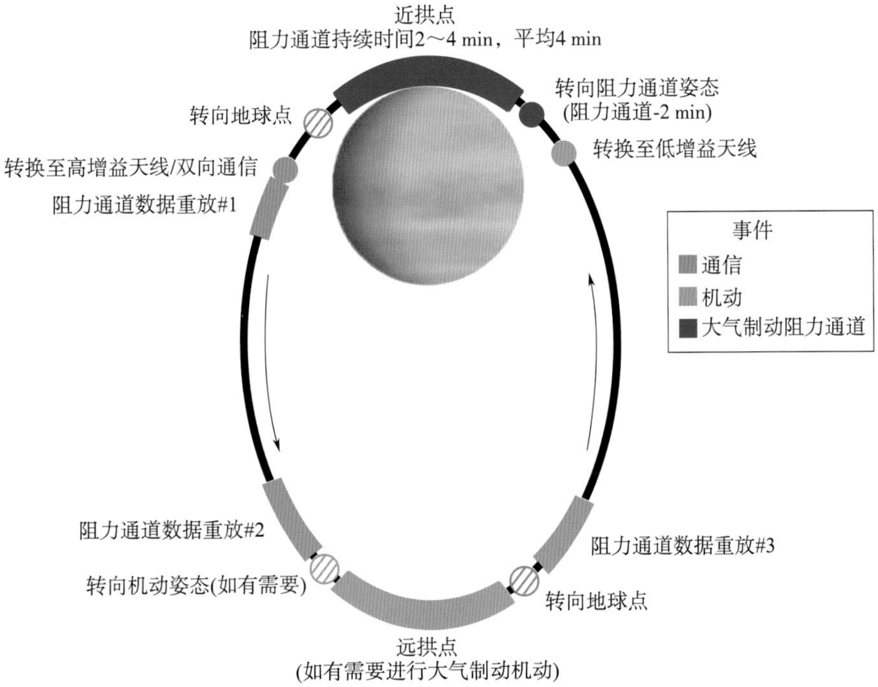

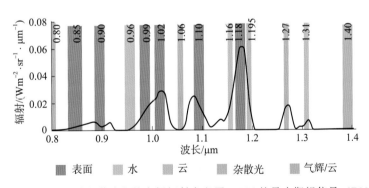

近拱点
阻力通道持续时间2～4 min，平均4 min
转向阻力通道姿态
(阻力通道-2 min)
转向地球点
转换至低增益天线
转换至高增益天线/双向通信
阻力通道数据重放#1
事件
通信
机动
大气制动阻力通道
阻力通道数据重放#2
阻力通道数据重放#3
转向机动姿态(如有需要)
转向地球点
远拱点
(如有需要进行大气制动机动)

图 A-46　大气制动持续 257 天，提供了相当于 2.4 km/s 的 ΔV（P217）

0.80
0.85
0.90
0.96
0.99
1.02
1.06
1.10
1.16
1.18
1.195
1.27
1.31
1.40
辐射/(Wm^{-2}·sr^{-1}·μm^{-1})
0.08
0.06
0.04
0.02
0
0.8
0.9
1.0
1.1
1.2
1.3
1.4
波长/μm
表面
水
云
杂散光
气辉/云

图 A-50　在所需光谱波段的夜侧辐射定义了 VEM 的最小期望信号（P221）

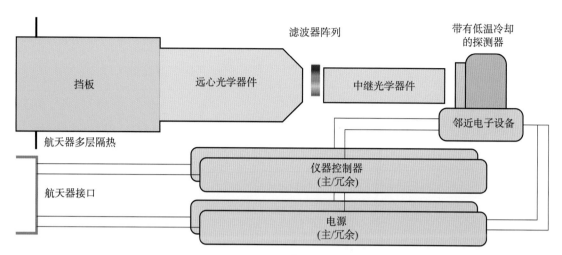

图 A-51　VEM 设计，使用了标准光学元件及冗余的仪器控制器和电源（P221）

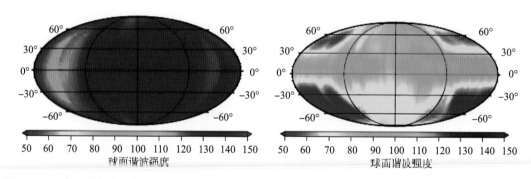

图 A-52　真理号全球均匀重力场（左）填补了麦哲伦号的空白（红色，右），分辨率提高 3 倍（P222）